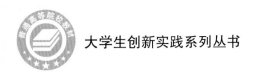

大学生创新实践系列丛书

EVOLUTION OF ARCHITECTURAL
INFORMATIONIZATION:
CAD-BIM-PMS INTEGRATION PRACTICE

建筑信息化演变
CAD–BIM–PMS 融合实践

胡　列

陶文婷　著

黄泳锋

哈尔滨工业大学出版社

内 容 简 介

本书全面介绍了 CAD、BIM 和 PMS 的概念,包括它们的基本特点、功能,以及在全球范围内的应用案例。本书详细介绍了这三项技术通过切换、并行、集成,融合于设计、施工、管理的各个方面,探讨了新兴技术、人工智能以及机器学习对建筑信息化的影响,并对建筑信息化未来的发展趋势进行了展望。本书可作为土木建筑专业学生深入理解建筑信息化的教材。对于建筑、设计和工程管理感兴趣的普通读者,本书可以作为易于理解的资源,帮助其了解这些技术如何改变人们的生活。

图书在版编目(CIP)数据

建筑信息化演变:CAD-BIM-PMS 融合实践/胡列,陶文婷,黄泳锋著. —哈尔滨:哈尔滨工业大学出版社,2024.8
ISBN 978 - 7 - 5767 - 1118 - 9

Ⅰ.①建… Ⅱ.①胡… Ⅲ.①建筑工程-信息化-研究 Ⅳ.①TU-39

中国国家版本馆 CIP 数据核字(2024)第 044063 号

策划编辑　李艳文　范业婷
责任编辑　李佳莹
出版发行　哈尔滨工业大学出版社
社　　址　哈尔滨市南岗区复华四道街 10 号　邮编 150006
传　　真　0451 - 86414749
网　　址　http://hitpress.hit.edu.cn
印　　刷　哈尔滨市石桥印务有限公司
开　　本　787 毫米×1 092 毫米　1/16　印张 23　字数 531 千字
版　　次　2024 年 8 月第 1 版　2024 年 8 月第 1 次印刷
书　　号　ISBN 978 - 7 - 5767 - 1118 - 9
定　　价　96.00 元

▌作者简介

胡列,博士,教授,1963 年出生,毕业于西北工业大学,1993 年初获工学博士学位,师从中国航空学会原理事长、著名教育家季文美大师。现任西安理工大学高科学院董事长,西安高新科技职业学院董事长。

先后被中央电视台"东方之子"特别报道,荣登《人民画报》封面,被评为"陕西省十大杰出青年""陕西省红旗人物""中国十大民办教育家""中国民办高校十大杰出人物""中国民办大学十大教育领袖""影响中国民办教育界十大领军人物""改革开放 30 年中国民办教育 30 名人""改革开放 40 年引领陕西教育改革发展功勋人物"等,被众多大型媒体誉为创新教育理念杰出的教育家。

胡列博士近年分别在西安交通大学出版社、华中科技大学出版社、哈尔滨工业大学出版社、清华大学出版社、人民日报出版社、未来出版社等出版的专著和教材,具体如下。

复合人才培养系列丛书:

高新科技中的高等数学

高新科技中的计算机技术

大学生专业知识与就业前景

制造新纪元:智能制造与数字化技术的前沿

仿真技术全景:跨学科视角下的理论与实践创新

艺术欣赏与现代科技

科技驱动的行业革新:企业管理与财务的新视角

实践与认证全解析:计算机 – 工程 – 财经

在线教育技术与创新

完整大学生活实践与教育管理创新

大学生创新实践系列丛书:

大学生计算机与电子创新创业实践

大学生智能机械创新创业实践

大学物理应用与实践

大学生现代土木工程创新创业实践

建筑信息化演变:CAD–BIM–PMS 融合实践

创新思维与创造实践

大学生人文素养与科技创新

我与女儿一同成长

智能时代的数据科学实践

概念力学系列丛书:

概念力学导论

概念机械力学

概念建筑力学

概念流体力学

概念生物力学

概念地球力学

概念复合材料力学

概念力学仿真

实践数学系列丛书:

科技应用实践数学

土木工程实践数学

机械制造工程实践数学

信息科学与工程实践数学

经济与管理工程实践数学

未来科教探索系列丛书:

科技赋能大学的未来

科技与思想的交融

未来科技文学:古代觉醒

未来科技与大学生学科知识演进

思维永生

丛书序

在这个充满变革的时代,创新成为推动科学、技术与社会发展的核心动力。作为一位长期从事教育工作的院士,我对于推动创新教育的重要性有着深刻的认识。胡列教授编写的"大学生创新实践系列丛书",以全面深入的内容和以实践为导向的特色,为读者呈现了关于如何将创新融入教育和生活的精彩蓝图。

该系列丛书从《大学生计算机与电子创新创业实践》开始,直观展示了在计算机科学和电子工程领域中,理论与实践如何结合,推动了技术的突破与应用。接着,《大学生智能机械创新创业实践》与《大学物理应用与实践》进一步拓展了读者的视野,展现了在机械工程和物理学中,创新思维如何引领技术发展,解决实际问题。

更进一步,《大学生现代土木工程创新创业实践》与《建筑信息化演变:CAD-BIM-PMS融合实践》让读者见证了土木工程和建筑信息化在当今社会中的重要性,以及它们如何通过创新实践促进了建筑领域的革新。

在《创新思维与创造实践》和《大学生人文素养与科技创新》中,胡列教授通过探讨创新思维与人文素养的关键作用,展示了在快速发展的科技时代中,如何保持人文精神和多元思维的活力。《创新思维与创造实践》跳出了具体技术领域的局限,强调了创新思维的力量及其在跨学科问题解决中的应用;而《大学生人文素养与科技创新》则强调了人文素养在激发创新思维、推动技术进步中的独特价值,鼓励读者在追求科技进步的同时,不忘人文关怀。

在《我与女儿一同成长》中,胡列教授用自己与女儿之间的故事,向读者展示了教育、成长与创新之间的紧密联系。这不仅是一本关于个人成长的书,更是一本关于如何在生活中实践创新的指导书。

通过胡列教授的这套丛书,读者不仅能学习到具体的技术和方法,更能领会到创新思维的重要性和普遍适用性。这套丛书对于任何渴望在新时代中取得进步的学生、教师以及所有追求创新的人来说,都是一份宝贵的财富。

因此,我特别推荐"大学生创新实践系列丛书"给所有人,特别是那些对创新有着无限热情的年轻学子。让我们携手,一同在创新的道路上不断前行,为构筑一个更加美好的未来而努力。

柏彦良

2024.7.5

中国工程院院士

国家科技进步奖特等奖 2 项、一等奖 1 项

国家教学成果奖一等奖 1 项

前　　言

在我们生活的世界里,建筑扮演着重要的角色。而在建筑的背后,有一套复杂的设计、施工和管理流程,需要巧妙地协调和执行。随着技术的发展,这个流程正在发生深刻的变化,特别是建筑信息化技术的应用,如计算机辅助设计(CAD)、建筑信息模型(BIM)和项目管理系统(PMS)的使用。

本书深入探讨了这些技术及其对建筑行业的影响,旨在为读者提供一个全面而深入的了解建筑信息化的平台,并且以实例为导向,直观展现这些工具如何在实际的建筑项目中得到应用。

本书全面介绍了 CAD、BIM 和 PMS 的概念,包括它们的基本特点、功能以及在全球范围内的应用案例,并详细介绍了这三项技术通过切换、并行、集成融合于设计、施工、管理的各个方面。

笔者深入研究了各种实际案例,详细介绍了这些技术在设计、施工和管理阶段的应用,包括结构设计、道路桥梁设计、室内设计,以及工程预算等各个方面。同时,本书探讨了新兴技术以及人工智能和机器学习对建筑信息化的影响,并对未来的发展趋势进行了展望。

对于土木建筑专业的学生,本书可以作为一本深入理解建筑信息化的教材。每一章节都深入浅出地介绍了一个主题,并通过实例揭示了理论在实践中的应用。

对于对建筑、设计和工程管理感兴趣的读者,本书可以作为一个易于理解的资源,帮助他们了解这些技术如何改变我们的生活。

笔者期待读者不仅能够理解这些技术的功能,还能洞察到它们背后的理念,从而能在自己的工作和生活中运用这些技术,创造出更好的建筑和空间。

陶文婷负责完成本书的部分基础理论和插图的补充与修订;黄泳锋参与本书的策划、修订和插图资料的收集与整理;任佳春参与了本书的插图制作与修订工作,在此一并致谢。

胡列

2023 年 7 月 3 日

▌目　　录

第1章 引 言

1.1 建筑信息化的定义与重要性

1.1.1 建筑信息化的定义

建筑信息化是在建筑设计、施工和管理过程中,利用计算机技术和信息系统来处理数据、传递信息和支持决策的建筑信息化的手段。它涵盖了使用 CAD、BIM、PMS 等工具和技术,以实现建筑行业的数字化、自动化和智能化。

建筑信息化在现代建筑行业中具有重要的意义。

1.1.2 建筑信息化的重要性

1. 提高设计效率和质量

CAD 技术:建筑师可以使用 CAD 软件快速创建、编辑和修改建筑图纸,减少了手工绘图的时间和错误,大大提高了设计效率和准确性。

BIM 技术:通过 BIM 技术,设计师可以创建一个综合的三维建模环境,其中包含建筑的几何信息、材料和组件的属性信息,以及各种工程数据。这使得设计师能够更好地协同工作、发现和解决问题,以提高设计质量。

2. 强化施工管理和控制

PMS 技术:PMS 可以实时监控施工进度和资源消耗程度并对质量进行控制,以提高施工效率和管理水平。

BIM 技术:BIM 提供了施工过程的可视化和模拟功能,帮助发现并解决施工冲突和协调问题。这有助于提前规划和优化施工流程,减少变更和重工,提高施工质量和安全性。

3. 优化资源利用和节约成本

BIM 技术:通过建立 BIM,可以对建筑材料、设备和人力资源进行精确的预测和管理。这有助于避免资源的浪费和冗余,实现资源的最佳利用。

PMS技术:PMS和成本管理系统可以实时监控项目的预算和成本情况,帮助项目团队及时采取措施进行成本控制。

4. 改善沟通和协作

BIM技术:通过共享BIM和使用协同设计工具,设计师、工程师、施工人员和业主可以实时交流和协作。这减少了信息传递的误差和时间延迟,提高了项目的整体效率和质量。

5. 促进智能化和可持续发展

BIM技术:通过BIM,可以进行建筑能源模拟和优化设计,以提高建筑能效和可持续性。

1.1.3 智能建筑管理系统

通过将传感器和自动化控制系统与建筑信息化集成,可以实现对建筑设备的智能监控和管理,以提高能源利用效率和环境可持续性。

综上所述,建筑信息化在建筑行业中的定义和重要性体现在提高设计效率和质量、强化施工管理和控制、优化资源利用和节约成本,以及促进智能化和可持续发展等方面。通过应用建筑信息化技术,可以推动建筑行业向数字化、自动化和智能化转型,提高整体效率和竞争力。

1.2 建筑信息化的发展历程

全球建筑信息化的发展历程是一个演进的过程,涵盖了CAD(计算机辅助设计)、BIM(建筑信息模型)和PMS(工程管理系统)等多个方面。全球建筑信息化的发展历程可以分为以下几个阶段。

1. 初始阶段(20世纪60年代至70年代)

这个阶段主要是计算机技术在建筑领域的初步应用,主要涉及CAD软件的研发和应用。CAD技术最初主要用于绘制二维图形和简单的三维模型。

2. 普及阶段(20世纪80年代至90年代)

随着个人计算机的普及和互联网技术的发展,建筑信息化开始进入普及阶段。这个阶段,建筑行业开始广泛使用CAD软件进行三维建模和可视化设计。同时开始探索BIM技术、PMS系统的初步应用。

3. 发展阶段(2000年至2010年)

随着互联网和云计算技术的发展,建筑信息化开始进入发展阶段。这个阶段,

BIM 技术得到了广泛应用,实现了建筑全生命周期的信息管理和协同工作。同时,PMS 系统开始实现网络化、协同化和集成化。这个阶段的 PMS 系统不仅涵盖了项目计划、进度和资源管理,还增加了质量管理、安全管理、合同管理等功能,进一步提高了项目管理效率和质量。

4. 智能化集成阶段(2010 年至今)

随着物联网、大数据、人工智能、云计算等新技术的应用,CAD、BIM 和 PMS 技术在建筑行业实现了数据互通与共享、智能化决策支持、实时监控与协同工作、虚拟化与仿真以及云端化与移动应用等智能集成技术。这个阶段,BIM 通过构建数字化的建筑信息模型,可以实现建筑全生命周期的信息管理和协同工作。PMS 系统通过智能化分析、预测和优化,可以进一步提高项目管理的精度和效率。同时,PMS 系统也开始支持移动端应用,方便项目团队随时随地进行协作和管理。

未来,全球建筑信息化将进一步发展,CAD、BIM 和 PMS 等技术将更加紧密地融合和广泛地应用。建筑行业将实现 CAD、BIM 和 PMS 的综合应用,实现设计、施工和管理等各个环节的无缝衔接和协同工作。

随着智能建筑和物联网技术的不断发展,全球建筑信息化将进一步推动建筑行业向智能化方向发展。智能建筑和物联网的应用将使建筑信息化更加智能化、高效化和可持续化。

综上所述,全球建筑信息化的发展历程经历了从 CAD 到 BIM 再到 PMS 的演进过程。这些技术的引入和应用推动了建筑行业的数字化、信息化和智能化发展,为建筑项目的设计、施工和管理提供了全面的支持和解决方案。随着技术的不断发展和创新,全球建筑信息化将继续迎来更广阔的发展前景。

1.3　建筑信息化的全球典型案例

1. 上海中心大厦(中国上海)

上海中心大厦(图 1.1)是中国上海的一座超高层建筑,是全球建筑信息化领域的杰出代表。

CAD 应用:CAD 技术在上海中心大厦的设计阶段起到了关键作用,帮助设计团队进行二维和三维图纸的制作和交流。

BIM 应用:BIM 技术在上海中心大厦的设计和施工阶段得到广泛应用,实现了建筑模型的三维可视化和协同设计。

图 1.1　上海中心大厦

3

PMS 应用:PMS 技术在上海中心大厦的施工和管理阶段发挥了重要作用,实现了进度管理、资源调配和质量控制等方面的优化。

2. 悉尼歌剧院(澳大利亚悉尼)

悉尼歌剧院(Sydney Opera House)(图 1.2)是世界上最具标志性的建筑之一,其独特的造型和结构给设计和管理带来了挑战。

图 1.2　悉尼歌剧院

CAD 应用:CAD 技术在悉尼歌剧院的设计过程中被广泛应用,帮助设计团队进行图纸的绘制和修改。

BIM 应用:BIM 技术在悉尼歌剧院的设计和施工阶段得到广泛应用,实现了建筑模型的精确建模和协同设计。

PMS 应用:PMS 技术在悉尼歌剧院的管理阶段起到了重要作用,实现了对维护计划和资产管理的有效控制。

3. 滨海湾金沙(新加坡)

滨海湾金沙(Marina Bay Sands)(图 1.3)是新加坡的标志性建筑群,包括酒店、会议中心和购物中心等。

图 1.3　滨海湾金沙

CAD 应用:CAD 技术在滨海湾金沙的设计和施工阶段扮演了重要角色,主要用于图纸的制作和工程的协调。

BIM 应用:BIM 技术在滨海湾金沙的设计和施工阶段得到广泛应用,实现了建筑模型的协同设计和工序优化。

PMS应用:PMS技术在滨海湾金沙的管理阶段得到了广泛应用,实现了项目设计和建设过程中的协作与沟通、成本管理、文档与信息管理等方面的优化。

上述案例展示了建筑信息化在全球范围内的应用,包括BIM、CAD和PMS技术。

1.4 中国建筑信息化的发展历程

1. 起步阶段(20世纪80年代至90年代初)

在这一阶段,中国开始尝试运用计算机技术等信息化手段改变传统施工技术与管理方式。最初的应用主要集中在结构计算、工程绘图等基础领域。例如,CAD技术开始被引入并应用于建筑设计领域,逐步替代了传统的手工绘图方式。

2. 发展阶段(20世纪90年代中后期至21世纪初)

随着计算机技术的普及和互联网的发展,建筑信息化进入了快速发展的阶段。国家层面开始重视并推广CAD技术的应用,提出了"甩图板"等倡议,进一步推动了CAD技术在建筑行业的普及。同时,建筑行业也开始探索信息技术在工程造价、招投标、项目管理等方面的应用。

3. 深化阶段(21世纪初至今)

进入21世纪后,中国建筑行业信息化的发展进一步深化。国家相继出台了一系列政策和规划,如《2011—2015年建筑业信息化发展纲要》,明确了建筑信息化的发展目标和方向。这一阶段,BIM技术开始兴起并逐渐得到广泛应用。BIM技术能够实现建筑全生命周期内的信息集成和共享,提高项目管理效率和质量。同时,云计算、物联网、人工智能等新技术也不断与建筑行业融合,推动了建筑信息化向更高层次发展。

未来,中国建筑信息化将进一步发展,CAD、BIM和PMS等技术将更加紧密地结合,实现建筑全生命周期的综合管理和控制。中国将加强智慧建筑和智能化技术在建筑信息化中的应用,推动建筑行业向智慧城市发展。随着数据共享和云计算技术的发展,中国建筑行业将更多地利用云平台和共享数据资源,提高协同工作和信息交流的效率。

中国建筑信息化的发展历程经历了从引进阶段到推广应用阶段再到深化应用阶段的过程。CAD、BIM和PMS等技术的引入和应用推动了中国建筑行业的数字化、信息化和智能化发展,为建筑项目的设计、施工和管理提供了全面的支持和解决方案。未来,中国建筑信息化将不断发展,实现CAD、BIM和PMS等技术的综合应用,进一步推动建筑行业的创新和发展。

总而言之,中国建筑信息化的发展历程经历了从引进阶段到推广应用阶段再到深化应用阶段的过程。CAD、BIM 和 PMS 等技术的引入和应用推动了中国建筑行业的数字化、信息化和智能化发展,为建筑项目的设计、施工和管理提供了全面的支持和解决方案。未来,中国建筑信息化将不断发展,实现 CAD、BIM 和 PMS 等技术的综合应用,进一步推动建筑行业的创新和发展。

1.5 中国建筑信息化的典型案例

1. 国家体育场

国家体育场又名鸟巢,是 2008 年北京奥运会的主体育场,也是中国建筑信息化的一个典型案例。鸟巢项目在设计、施工和管理阶段充分应用了 CAD、BIM 和 PMS 技术,这些技术的应用不仅提高了项目的设计与施工效率,还保证了项目的质量与安全性能。同时,建筑信息化也为鸟巢项目的后期运营和维护提供了便利和支持。

在设计阶段,CAD 软件被用于绘制鸟巢的建筑图纸(图 1.4),包括平面布局、立面设计和结构设计等。利用 CAD 技术,设计团队能够精确呈现建筑的各个部分,并进行设计优化和冲突检测。

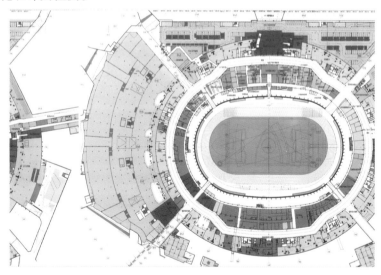

图 1.4 CAD 绘制鸟巢平面施工图

在施工阶段,BIM 技术被广泛应用于鸟巢的建设(图 1.5)。通过建立 BIM,施工方能够进行协同施工和进度控制,优化施工工序和资源安排,提高施工效率和质量。BIM 技术还可用于施工冲突检测、安全分析和施工模拟等方面,确保施工过程的顺利进行。

在管理阶段,PMS 技术被引入鸟巢的运营管理中。PMS 技术可以实时监控和管理鸟巢的设备运行状态、能耗情况、安全问题等,提供数据支持和决策依据。通过

PMS 技术,管理团队可以进行设备维护管理、能源管理和安全管理,以提高运营效率和资源利用率。

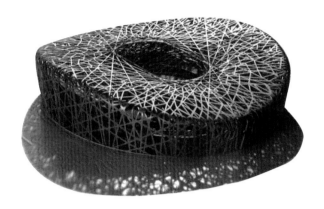

图 1.5 BIM 软件绘制鸟巢模型

鸟巢作为中国建筑信息化的典型案例,采用了 BIM 技术、智能化施工管理系统、物联网技术等多个方面的技术。通过数字化技术的支持,鸟巢在设计、施工和管理方面取得了显著的成果,为其他类似项目提供了宝贵的经验。

2. 北京大兴国际机场

北京大兴国际机场是中国建筑信息化的又一个重要案例,应用了 CAD、BIM 和 PMS 技术。

在设计阶段,CAD 技术被广泛用于绘制北京大兴国际机场的建筑图纸和平面布局(图 1.6)。通过 CAD 软件,设计团队能够快速创建和修改设计方案,准确展示机场的各个区域和功能布局,确保设计的合理性和准确性。

在施工阶段,BIM 技术在北京大兴国际机场的建设中发挥了重要作用。通过建立全面的三维 BIM,施工团队能够进行协同施工和碰撞检测,确保各个工程专业之间的协调和无冲突施工。BIM 还可用于施工过程的可视化展示和优化,以提高施工效率和质量。BIM 软件绘制的机场平面体系模型如图 1.7 所示。

在管理阶段,PMS 技术在北京大兴国际机场的运营和管理中起到关键作用。PMS 系统能够实时监控机场的设备运行状态、能耗情况和安全性能,提供数据支持和决策依据。通过 PMS 技术,管理团队可以进行设备维护管理、能源管理和安全管理,以优化机场的运营效率和服务质量。北京大兴国际机场部分模型与计算机模拟分析如图 1.8 所示。

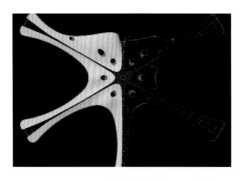

图 1.6 CAD 软件绘制机场平面图 图 1.7 BIM 软件绘制的机场平面体系模型

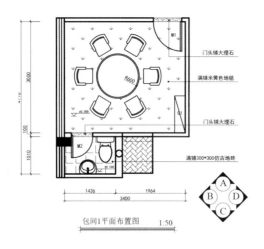

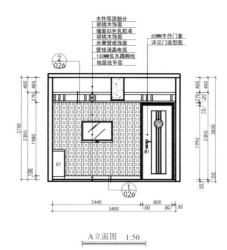

图 1.8 北京大兴国际机场部分模型与计算机模拟分析

北京大兴国际机场作为中国建筑信息化的典型案例,充分展示了 CAD、BIM 和 PMS 技术在大型交通基础设施建设中的应用和优势。数字化技术的引入使得机场的设计、施工和管理更加高效和精确,提高了工程的质量和运营的可持续性。这为未来类似项目的建设提供了宝贵的经验。

3. 广州塔

广州塔是中国建筑信息化的又一个典型案例,应用了 CAD、BIM 和 PMS 技术。

在设计阶段,CAD 技术被广泛应用于广州塔的建筑设计和结构分析。设计团队使用 CAD 软件创建了塔楼的平面图、立面图和剖面图等设计图纸,确保了设计的准确性和一致性。此外,CAD 软件还用于进行结构模拟和分析,以确保塔楼的结构稳定性和安全性。

在施工阶段,BIM 技术发挥了关键作用。通过建立全面的三维 BIM,施工团队能够进行协同施工和冲突检测,优化施工流程和资源利用。广州塔某部分模型示意图如图 1.9 所示。BIM 技术还提供了对施工进度和成本的可视化监控,帮助项目团队进行项目管理和决策。

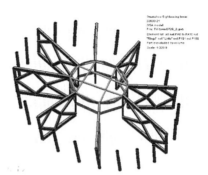

图 1.9 广州塔某部分模型示意图

在管理阶段,PMS 技术被应用于广州塔的运营和维护。PMS 系统可以监测和管理塔楼的各项运行数据,包括设备状态和能耗等。通过实时数据收集和分析,PMS 技术能够提供预警、警报功能,以及设备维护计划和优化建议,从而确保广州塔的安全运营和设备的正常维护。

广州塔作为一座标志性建筑,通过 CAD、BIM 和 PMS 等信息化技术的应用,实现了设计、施工和管理各个阶段的数字化和智能化。这些技术的应用不仅提高了工程的效率和质量,还为建筑行业的发展带来了创新和突破。广州塔的成功案例为其他类似建筑项目的信息化实践提供了借鉴和参考。

4. 上海环球金融中心

上海环球金融中心(图 1.10)是中国建筑信息化的又一个典型案例,它也应用了 CAD、BIM 和 PMS 技术。

在设计阶段,CAD 技术被广泛应用于上海环球金融中心的建筑设计和结构分析。设计团队使用 CAD 软件创建了建筑的平面图、立面图和剖面图等设计图纸,确保了设计的准确性和一致性。上海环球金融中心 CAD 绘制墙体立面图(部分)如图 1.11 所示。此外,CAD 软件还用于进行结构模拟和分析,以确保建筑的结构稳定性和安全性。

图 1.10 上海环球金融中心

在施工阶段,BIM 技术发挥了重要作用。通过建立全面的三维 BIM,施工团队能够进行协同施工和冲突检测,优化施工流程和资源利用。BIM 技术还提供了对施工进度和成本的可视化监控功能,帮助项目团队进行项目管理和决策。此外,BIM 技术还被应用于施工质量控制和安全管理等方面,提高了施工过程的效率和安全性。

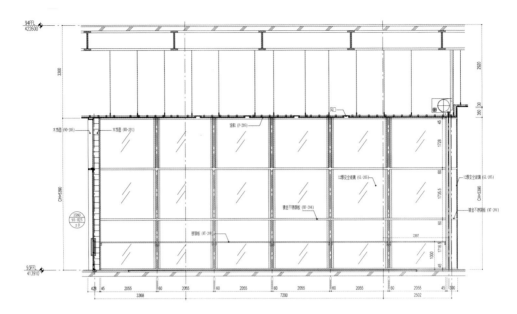

图1.11 上海环球金融中心CAD绘制墙体立面图（部分）

在管理阶段，上海环球金融中心项目团队利用PMS技术进行设备监测和维护管理。PMS系统可以实时监测建筑内部设备的运行状态、能耗数据和安全情况，并提供相应的报警和预警功能。通过数据分析和维护计划，PMS系统帮助管理团队进行设备的维护和保养，提高了设备的可靠性和运行效率。

在上海环球金融中心的建设过程中，CAD、BIM和PMS等信息化技术的应用实现了设计、施工和管理各个阶段的数字化和智能化。这些技术的综合应用为项目的成功实施和运营管理提供了强大的支持和保障，同时也为建筑行业的信息化发展做出了重要贡献。

5. 港珠澳大桥

港珠澳大桥（图1.12）是中国建筑信息化的又一个典型案例，它应用了CAD、BIM和PMS技术。

在设计阶段，CAD技术发挥了重要作用。设计团队使用CAD软件创建了桥梁的详细设计图纸，包括平面图、剖面图和结构图等。深水区主梁横截面如图1.13所示。CAD软件提供了精确的设计工具和功能，帮助设计师们进行桥梁的几何建模、结构分析和优化设计，确保了桥梁的结构稳定性和安全性。

图 1.12　港珠澳大桥

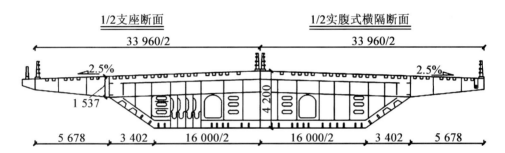

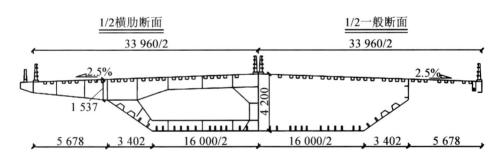

图 1.13　CAD 绘制深水区主梁横截面

在施工阶段,BIM 技术被广泛应用于港珠澳大桥的建设过程。通过建立全面的三维 BIM,施工团队能够进行协同施工、进度控制和资源管理。BIM 技术提供了准确的空间信息和构造信息,使得施工团队能够更好地协调不同工种的施工任务,避免冲突。此外,BIM 技术还能够进行施工工艺仿真和优化,帮助施工人员预先发现问题并进行调整,提高了施工的效率和质量。

在管理阶段,PMS 被应用于港珠澳大桥的运行和维护管理。PMS 系统可以实时监测桥梁的结构健康状态,并提供相应的预警和报警功能。通过数据分析和维护计划,PMS 系统帮助管理团队进行桥梁的定期检测、养护和维修,保证了桥梁的安全性和可靠性。

港珠澳大桥的建设充分展示了 CAD、BIM 和 PMS 等信息化技术在大型桥梁工程中的应用优势。这些技术的综合应用提高了设计、施工和管理的效率,减少了工程风险,为大桥的顺利建设和运营提供了坚实的基础。这一案例的成功实施为中国建筑信息化发展树立了榜样,同时也对全球建筑行业的信息化进程起到了积极的推动作用。

1.6 建筑信息化对建筑行业的影响

建筑信息化对建筑行业产生了深远的影响,使设计、施工和管理等方面都得到了显著的改进和提升。

1. 提高设计效率

建筑信息化技术(如 CAD 和 BIM)提供了先进的设计工具和方法,使得设计团队能够更快速、精确地完成建筑设计任务。CAD 软件可以实现绘图自动化和设计图纸标准化,减少了手工绘图的工作量和错误。BIM 技术则通过三维建模和协同设计,实现了不同专业之间的无缝协作,提高了设计的准确性和一致性。

2. 提升施工效率

建筑信息化技术在施工阶段的应用使得施工过程更加高效和精确。BIM 技术可以帮助施工团队进行施工工艺仿真和优化,预先发现并解决潜在的冲突和问题,提高了施工的效率和质量。此外,数字化的施工计划和 PMS 技术能够实时监控施工进度和资源使用情况,提供及时的信息和反馈,帮助管理团队做出正确的决策。

3. 提升工程质量

建筑信息化技术通过精确的数据和模型,提高了工程质量的控制和管理。CAD 和 BIM 技术可以进行结构分析和模拟,帮助设计师和工程师评估建筑的结构稳定性和性能。BIM 技术还可以与其他工程软件集成,进行工程分析和优化,确保工程的安全性和可靠性。此外,PMS 技术的实时监测和预警功能,能够提前发现潜在的问题,提醒工作人员采取相应措施,提高了工程的可靠性和持久性。

4. 降低成本和风险

建筑信息化技术通过优化设计、精确施工和有效管理,降低了建筑项目的成本和风险。CAD 和 BIM 技术可以帮助设计团队减少设计错误和重复工作,避免材料浪费和工期延误。BIM 技术可以提前发现并解决潜在的冲突,避免现场修改和重建,减少额外的成本和工程风险。PMS 技术的实时监测和数据分析,能够提前发现工程问题和设备故障,避免停工和损失。

5. 改善信息共享模式和协同合作

建筑信息化技术通过数字化的信息共享平台和协同工作环境,改善不同参与方之间的沟通和协作模式。CAD 和 BIM 技术使得设计团队、施工团队和管理团队能够实时共享设计和施工数据,减少信息传递的误差和延迟。PMS 提供实时的数据和反馈,使不同团队能够更好地协同工作和做出决策,提高项目的整体效率和成功率。

总之,建筑信息化对建筑行业产生了革命性的影响。它可以提高设计和施工的效率,提升工程质量,降低成本和风险,改善信息共享模式和协同合作。随着技术的不断进步和应用的推广,建筑信息化将继续发挥重要作用,推动建筑行业向数字化、智能化和可持续发展的方向发展。

第2章 建筑设计的基础知识

在建筑信息化的发展过程中,了解建筑设计的基础知识是必不可少的一步。本章将从3个方面探讨这个主题:建筑学基础、建筑构造与识图以及建筑设计与制图。

2.1 建筑学基础

2.1.1 建筑形式与空间

建筑形式与空间是建筑设计中的重要概念,涉及建筑物的外观、体量、布局以及内部空间的组织和布置。

(1)建筑形式。建筑形式是指建筑物在外观、体量和比例等方面的特征和表现。它是建筑师通过设计和构思所创造的建筑外形。建筑形式的选择和设计需要考虑建筑的功能、风格、文化背景和环境等因素。

(2)外观设计。建筑的外观设计包括建筑的整体形状、外立面的造型和材料的选择等。外观设计要考虑建筑在城市景观中的协调性和美学效果,同时也需要满足功能需求和结构要求。

(3)比例与尺度。建筑形式中的比例和尺度是指建筑各个部分之间的大小关系以及与周围环境的相互关系。合理的比例和尺度可以营造出舒适和谐的空间感。如图2.1所示为比例与尺度在建筑规划中的应用。

(4)平面布局。平面布局是指建筑内部平面空间的组织和布置。它涉及房间的功能分区、流线和空间序列等。平面布局的设计要考虑功能需求、人流动线、空间的连贯性和灵活性。如图2.2所示为居住区室内平面布局图。

图 2.1　比例与尺度在建筑规划中的应用

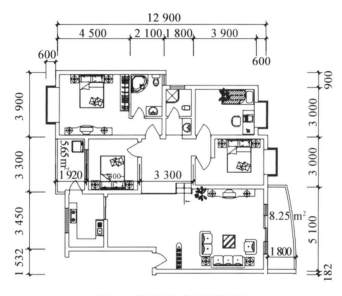

图 2.2　居住区室内平面布局图

　　（5）建筑空间。建筑空间是指建筑内部的三维空间，包括房间、厅堂、走廊等各种功能空间的组织和布置。建筑空间的设计要满足人们的活动需求、提供舒适的环境和创造具有艺术感的空间体验。

　　（6）房间功能与布局。建筑空间的设计要根据不同的功能需求进行合理的布局和组织。不同功能的房间应具备相应的空间尺寸、家具摆放和通风采光等要求。

　　（7）空间序列与流线。建筑空间的设计应考虑人们在空间中的行走路径和活动序列，以确保流线的顺畅和空间的连贯性。通过合理的空间序列设计，可以创造出引人入胜的空间体验。

　　（8）空间尺度与高度。空间尺度与高度的设计对于空间的舒适感和氛围的营造起着重要作用。不同功能的空间可以通过尺度和高度的变化来实现不同的空间感受，如宽敞感、温馨感等。

建筑形式与空间的设计是建筑师在设计过程中的重要考虑因素。通过恰当的形式和空间设计,可以创造出美观、功能合理且舒适的建筑环境,满足人们的需求,并与周围的环境和谐融合。

2.1.2 结构系统与材料选择

在建筑设计中,结构系统与材料选择对建筑物的安全性、稳定性、耐久性以及外观等方面起着重要作用。

1. 结构系统

建筑结构系统是指支撑建筑物自身质量和荷载的框架或构件系统。它影响着建筑物的稳定性、抗震性和承载能力等重要性能。

(1)框架结构。框架结构是一种常见的结构系统,它由柱、梁和横向框架组成,框架结构建筑如图 2.3 所示。框架结构可以提供较大的开间和灵活的布局,适用于各种建筑类型。

(2)空间网格结构。空间网格结构是一种由横纵向构件组成的三维网格结构。它可以提供较大的跨度和自由度,并具有良好的力学性能和空间美学效果。

(3)壳体结构。壳体结构是一种采用曲面形式构成的结构系统,它可以实现较大的跨度和独特的空间形态。壳体结构常用于体育馆、剧院等场馆的设计,如图 2.4 所示为采用壳体结构的西安奥体中心。

(4)悬索结构。悬索结构通过悬挂在支撑点上的悬索来支持建筑物的质量。它适用于大跨度的建筑设计,如桥梁和大型空间屋盖等。

2. 材料选择

建筑材料的选择对建筑物的结构性能、外观效果,以及周围环境具有重要影响。合理的材料选择可以提高建筑物的耐久性、节能性和可持续性。

(1)混凝土。混凝土是一种常用的建筑材料,具有良好的压缩强度和耐久性。它被广泛应用于建筑的结构构件,如柱、梁、板等,如图 2.5 所示为混凝土建筑。

(2)钢材。钢材具有高强度、高刚度和良好的可塑性等特点,适用于大跨度结构和高层建筑。它常用于构件和框架的制作。如图 2.6 所示为钢结构与玻璃建筑。

(3)木材。木材是一种传统的建筑材料,具有较好的抗压和抗拉性能,它适用于低层建筑和装饰性构件的制作,如图 2.7 所示为木结构建筑。

(4)玻璃。玻璃作为一种透明材料,常用于建筑的外立面和窗户,它可以提供自然采光和景观视野,同时还具有隔热和隔声的功能。

(5)复合材料。复合材料由两种或多种材料组合而成,具有综合性能优良的特点,在建筑领域中的应用越来越广泛。

图 2.3　框架结构建筑

图 2.4　采用壳体结构的西安奥体中心

图 2.5　混凝土建筑

图 2.6　钢结构与玻璃建筑

　　在建筑设计中,结构系统与材料选择应根据建筑物的功能需求、环境条件、可持续性要求和经济条件等因素进行综合评估和决策。合理的结构系统和材料选择可以确保建筑物的安全性、功能性和美观性。

图 2.7　木结构建筑

2.2　建筑构造与识图

2.2.1　构造的基础知识

　　构造是指建筑物的各个构件之间的连接和组装方式,以及构件本身的形式和结构。在建筑设计中,构造的基础知识是设计师必须掌握的重要内容,涉及构件与连接方式、力学原理和施工工艺等方面。

　　1.构件与连接方式

　　(1)构件。构件是构成建筑物的基本单元,如柱、梁、墙等。不同的构件在形式和

17

功能上有所区别,需要根据设计需求和力学要求进行选择和设计。如图2.8所示为轻钢龙骨石膏吊顶结构详图。

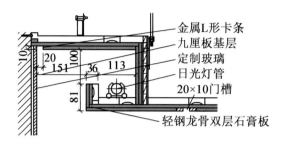

图2.8 轻钢龙骨石膏吊顶结构详图

(2)连接方式。连接方式是指不同构件之间的连接方法,如焊接、螺栓连接等。合理的连接方式可以确保构件之间的稳固性和协调性。如图2.9所示为玻璃隔断吊顶连接方式。

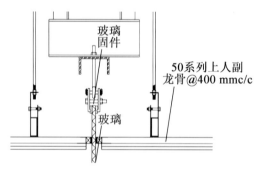

图2.9 玻璃隔断吊顶连接方式

2. 力学原理

(1)载荷。载荷是指作用在建筑物上的外力,包括静力载荷(如自重、风荷载、地震荷载)和动力载荷(如人员活动、设备振动)。设计师需要考虑各种载荷对建筑物的影响,以确保结构的安全性和稳定性。

(2)强度与稳定性。结构的强度是指结构抵抗外力破坏的能力;结构的稳定性是指结构抵抗失稳破坏的能力。设计师需要根据结构的力学特性,选择合适的材料和断面形状,以确保结构的强度和稳定性。

3. 施工工艺

(1)施工顺序。施工顺序是指按照一定的步骤和方法进行施工的过程。设计师需要考虑构件的安装顺序、施工工艺和施工要求,以便在施工中保持结构的完整性和稳定性。

(2)施工材料。施工材料是指用于连接和固定构件的材料,如螺栓、焊条和胶水等。设计师需要了解施工材料的性能和使用要求,以确保施工的质量和安全性。

构造的基础知识对于建筑设计师来说非常重要,它直接关系到建筑物的结构安全性、施工可行性以及功能能否实现等方面。设计师需要综合考虑构件与连接方式、力学原理和施工工艺等因素,以确保建筑物的稳定性、可靠性和美观性。

2.2.2　识图的基础知识

识图是指通过图纸来表达建筑设计的意图和信息。在建筑设计中,识图是设计师与施工方、相关专业人员之间进行沟通和交流的重要手段。

1. 绘图规范和标准

(1)绘图规范。绘图规范是指在绘制图纸时需要遵循的一系列规定和标准。这些规范包括线条粗细、字体大小、图例符号和尺度比例等,以确保图纸的一致性和易读性。灯控、开关相关图例见表 2.1 所列。

(2)标准符号。标准符号用于表示建筑设计中的各种元素和设备,如门窗、电器和管道等。标准符号的使用可以使图纸更加清晰和准确。

2. 图纸类型

(1)平面图。平面图是建筑设计中最常见的图纸类型,用于展示建筑物的平面布局,包括墙体、房间、门窗和设备等信息,如图 2.10 所示。

(2)立面图。立面图是建筑物外立面的纵向剖面图,用于展示建筑物的立面形象以及窗户、门、外墙装饰等细节,如图 2.11 所示。

(3)剖面图。剖面图是建筑物的横向或纵向剖切图,用于展示建筑物内部结构、空间布局和材料使用等。

(4)细部图。细部图是对建筑物某一部分或细节进行放大和详细描述的图纸,用于展示构造细节、材料连接和装饰细节等。

3. 图纸要素

(1)尺度比例。尺度比例是指在图纸上绘制的物体与实际尺寸之间的比例关系。常用的尺度比例包括 1:100、1:50、1:20 等,用于在有限的纸张空间上准确表达建筑物的尺寸。

(2)图例和注释。图例用于解释和说明图纸上的符号、标注和图形;注释则是对图纸内容的文字描述和解释,可以帮助理解图纸的意图和信息。

(3)尺寸标注。尺寸标注是指在图纸上对建筑物各部分的尺寸进行标注,以便施工方能够准确理解和执行设计意图。

表 2.1　灯控、开关相关图例

图例	名称	备注
	单极单控开关(普通,防水)	一般底边距地 1.3 m/床头为 0.65 m
	单极双控开关(双控,防水)	一般底边距地 1.3 m/床头为 0.65 m
	双极双控开关(普通,防水)	一般底边距地 1.3 m/床头为 0.65 m
	双极双控开关(双控,防水)	一般底边距地 1.3 m/床头为 0.65 m
	三极双控开关(普通,防水)	一般底边距地 1.3 m/床头为 0.65 m
	三极双控开关(双控,防水)	一般底边距地 1.3 m/床头为 0.65 m
	窗帘控制开关	一般底边距地 1.3 m
	柜门联动开关	安装于家具内
	主控制开关(插卡取电)	一般底边距地 1.3 m
	声光控自熄开关	一般底边距地 1.3 m
	地暖控制开关	一般底边距地 1.3 m
	人体感应开关	安装于天棚、墙壁、柜内

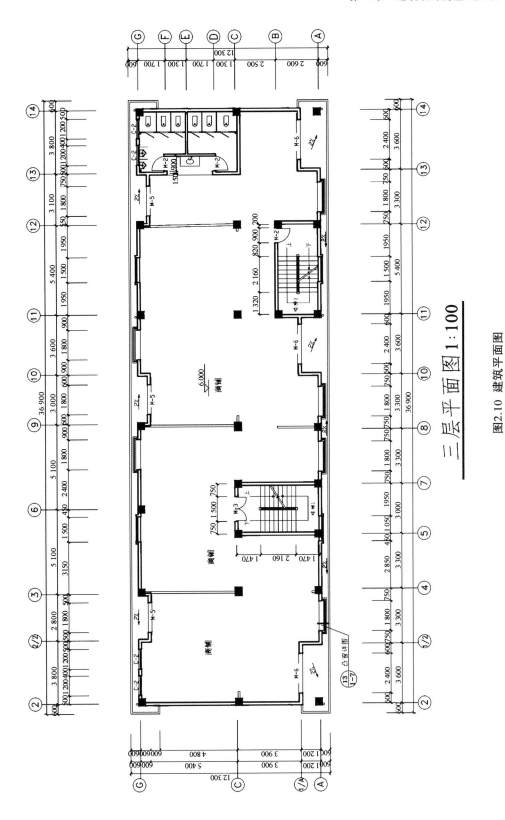

三层平面图 1:100

图2.10　建筑平面图

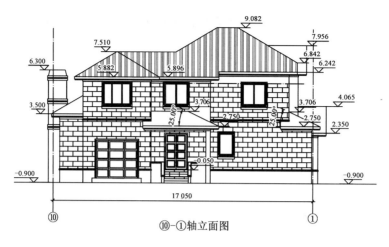

⑩-①轴立面图

图2.11 建筑立面图

4. CAD 软件和绘图工具

（1）CAD 软件。CAD（computer aided design）是计算机辅助设计的缩写，是一种利用计算机进行图纸绘制和编辑的工具。常用的 CAD 软件包括 AutoCAD、Revit、Archicad 等，它们提供了丰富的绘图功能和工具。如图2.12 所示为应用 AutoCAD 软件绘制建筑楼梯结构施工图。

（2）绘图工具。绘图工具包括直尺、曲线板和量角器等手持工具，以及绘图仪和打印机等辅助设备。这些工具可以帮助设计师绘制精确、准确的图纸。

综上所述，识图的基础知识涵盖了绘图规范和标准、图纸类型、图纸要素以及 CAD 软件和绘图工具。设计师通过掌握这些基础知识，能够有效地传达设计意图，提供清晰准确的图纸信息，以便与相关人员进行沟通和交流。

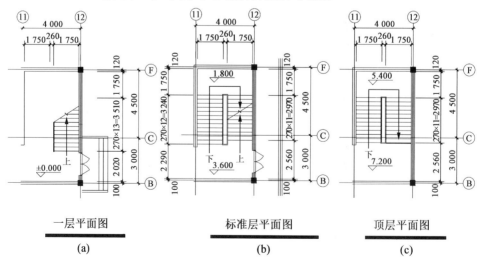

一层平面图   标准层平面图   顶层平面图

(a)   (b)   (c)

图2.12 应用 AutoCAD 软件绘制建筑楼梯结构施工图

2.2.3　应用案例

1. 建筑构造的识图:复杂建筑构造的识图案例

构造的识图是建筑设计中非常重要的一环,可以用来了解建筑物的概况、位置、标高、材料要求、质量标准、施工注意事项以及一些特殊的技术要求。它涉及建筑物内部结构的尺寸、组成和连接方式,如基础、墙、梁、柱、板、屋盖系统的设计要求、具体尺寸、位置、相互间的衔接关系以及所用的材料等。

案例名称:大型悬挑屋顶结构施工图识图

(1)项目概述。图 2.13 所示为某大学体育馆建筑模型,其特点是具有大跨度的悬挑屋顶结构,采用钢筋混凝土框筒和型钢与钢筋混凝土框架体系,屋盖采用局部双层网壳,悬挑为平面桁架,罩棚环向设两道平面桁架,为观众提供无遮挡的观赛视野。

图 2.13　某大学体育馆建筑模型

(2)结构类型。该悬挑屋顶结构采用平面桁架悬挑支承局部双层网壳,在环向设两道环向平面桁架,并在悬挑桁架平面外和屋面设支撑。结构主要由悬挑梁和支撑系统组成。

(3)结构识图。了解施工图中各承重结构的图示内容,包括结构类型、尺寸数据、材料、施工技术等。如该项目中悬挑梁采用双向悬挑设计,每侧悬挑长度达到 50 m,需要克服重力、风荷载等多种力的作用。CAD 软件绘制的体育馆钢结构桁架如图 2.14 所示。

(4)构件图识读。

①悬挑梁识读。悬挑梁是该结构的核心组成部分,其形状和尺寸需要精确识读。悬挑梁的识图包括平面图、立面图和剖面图的具体尺寸、连接细节和材料规格等信息的识读。

②支撑系统识读。支撑系统用于支持悬挑梁的质量和外部载荷。识图过程需要了解支撑柱、支撑梁等构件的位置、尺寸和连接方式等信息。应用 CAD 软件绘制的体

育馆支撑结构与连接轴承详图如图 2.15 所示。

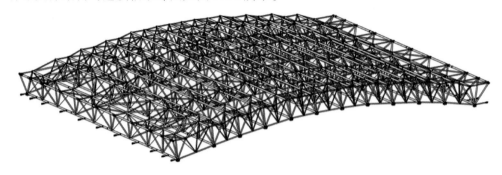

图 2.14　CAD 绘制的体育馆钢结构桁架

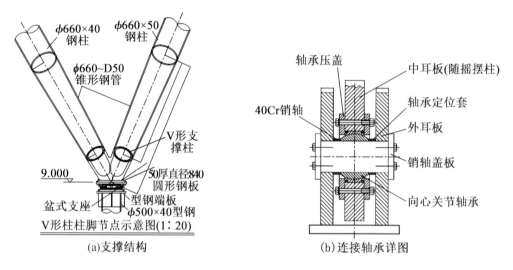

(a)支撑结构　　　　　　　　(b)连接轴承详图

图 2.15　应用 CAD 软件绘制体育馆的支撑结构与连接轴承详图

（5）连接细节施工图识读。

①焊接工艺要求。在识图过程中,需注意图纸中对焊接工艺的要求,包括焊接方法、焊缝质量等级、焊缝形式等的细节标注说明。这些要求是确保焊接质量的关键,必须仔细阅读并理解。

②焊缝标识。图纸中对于焊缝的标识,包括焊缝编号、焊缝位置和焊缝长度等。这些标识有助于施工人员准确找到需要焊接的位置,并确保焊接质量。

（6）详图识读。

①施工工艺要求。在识图过程中,应注意图纸中的施工工艺要求,了解施工方法、材料选择等方面的细节。这有助于确保施工质量和结构安全,并避免在施工过程中出现错误。

②材料清单。在识图过程中,需要注意图纸中的材料清单,如钢材、焊材和螺栓等构造材料的种类、规格和数量,以便采购和施工。

对于复杂建筑构造的识图,需要综合考虑多个方面,包括图纸的完整性、比例尺和尺寸、建筑物的结构和材料、设备和系统、图纸的标注和符号、施工工艺和方法、细节和构造以及结合实际现场进行核对和分析。这些方面的综合考虑有助于准确理解复杂建筑构造图纸的内容,确保施工的质量和安全性。

2. 室内设计构造的识图:商业设施室内设计识图案例

商业设施室内设计识图是指通过阅读和理解商业设施室内设计图纸了解商业设施的室内设计意图、方案和细节,从而准确地理解图纸、完成施工,并达到预期的效果。

案例名称:豪华购物中心室内设计识图

(1)项目概述。该项目是一座位于市中心的豪华购物中心,总面积约为 10 000 m^2。它包含多个楼层,可以提供多个零售空间。

(2)设计目标。本项目的设计目标是创建一个豪华、时尚、舒适且功能完善的购物中心,为顾客提供优质的购物和休闲体验。应用 AutoCAD 软件绘制的购物中心外部效果图如图 2.16 所示。

图 2.16　应用 AutoCAD 软件绘制的购物中心外部效果图

(3)室内布局与空间规划施工图识读。

楼层布局:识读每个楼层的平面布局,包括商店、餐厅、休闲区和卫生间等空间的位置、尺寸和分布。应用 AutoCAD 软件绘制的购物中心一层平面图如图 2.17 所示。

(4)建筑构造与装饰图纸识读。

①墙体与地面。识读图纸中墙体的材料、装饰方式(如壁纸、瓷砖等)以及地面的材料、饰面方式(如石材、地板等)。AutoCAD 软件绘制的购物中心外立面图、大厅立面展开图,如图 2.18、2.19 所示。

②天花板与照明。识读图纸中天花板的材料、吊顶方式,照明设施的位置、类型和灯具的规格、尺寸等。

③门窗与隔断。识读图纸中门窗的类型、材料和尺寸,以及隔断的位置、材料和构造方式。

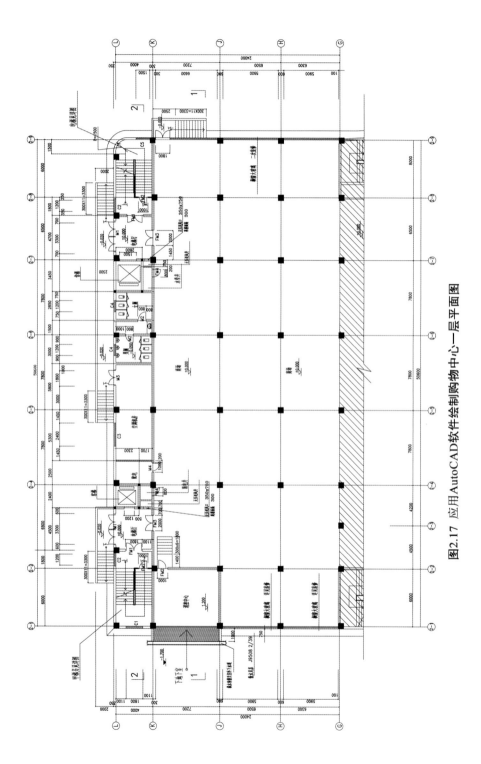

图2.17 应用AutoCAD软件绘制购物中心一层平面图

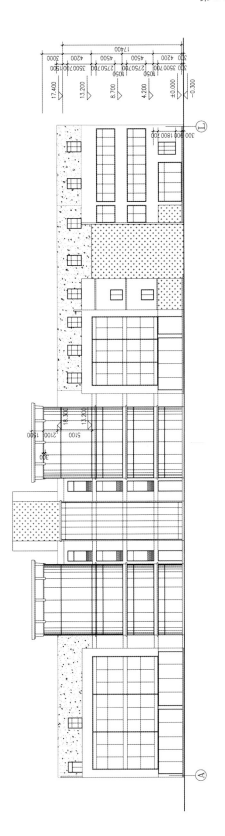

图2.18　应用AutoCAD软件绘制的购物中心外立面图

（5）室内家具与陈设图纸识读。

家具布置。识读图纸中各个区域的家具布置方案,包括展示柜、货架、柜台、座椅等家具的位置、尺寸和样式,确保室内设计的可行性和实施效果。

（6）电气与通风图纸识读。

①电气系统。了解图纸中电源插座和照明开关等电气设备的位置和布线方式。

②通风系统。识读图纸中通风口、风扇等通风设备的位置和通风管道的走向。

商业设施室内设计图纸识读需要综合考虑多个方面,既包括图纸的完整性,也包括安全规定和标准、施工工艺和方法等。通过全面理解和准确实施,可以更好地实现商业设施室内设计的目的。同时,还能帮助设计师与业主、施工团队进行有效的沟通和协作,确保设计方案的准确实施。

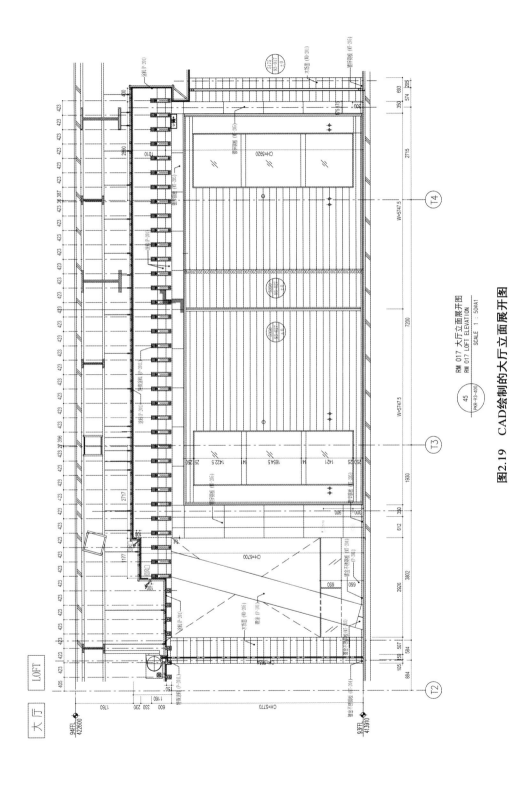

图2.19 CAD绘制的大厅立面展开图

3.道路桥梁构造的识图:高速公路桥梁结构识图案例

高速公路桥梁结构的识图是设计和施工过程中的重要环节,它涉及桥梁的结构形式、构件布置和尺寸规格等方面的信息。

案例名称:某高速公路桥梁结构识图

(1)桥梁类型。该项目为一座高速公路上的桥梁,桥梁结构为梁式桥,如图2.20所示。

图2.20 某高速公路桥梁总规划图

(2)桥梁位置图例。了解图纸中桥梁的位置、跨度和支座等基本参数。该桥梁是为道路为跨过河流及现状道路而设置,桥梁两端连接两个城市。桥梁分左右两幅,跨径布置均为30 m+50 m+30 m,桥梁纵坡为1.25%,结构为梁式桥。

(3)图纸类型和内容的识读。确定该桥梁施工图的图纸内容,如桥梁总体布置图、立面图、平面图和横截面图等。同时,要了解每张图纸的内容和作用,以便更好地理解整个桥梁结构的设计和构造。

①了解图纸比例和单位。确认图纸上的比例尺和尺寸单位,以确保准确解读图纸上标注的尺寸和细节。

②识读桥梁各部分构造。在图纸上识读桥梁的各个部分(如桥墩、桥台、梁板和支座等)的尺寸、结构、材料和施工技术等内容,并了解它们的作用和相互之间的关系,如图2.21、2.22所示。

③细节标注和符号。详细识读图纸上的标注和符号,包括钢筋的布置、混凝土的强度等级等,以便了解桥梁各个部分的具体构造要求。

④相关规范和资料。在识图过程中,应结合相关的规范和资料,如《公路桥涵设计通用规范》(JTG D60—2015)等,以确保对图纸的理解符合相关的标准和规定。

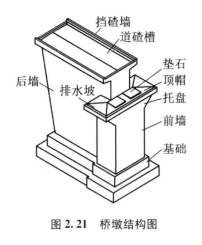

图 2.21　桥墩结构图

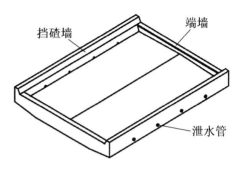

图 2.22　道碴槽结构图

⑤桥梁跨度。识读桥梁主要跨度和跨距的尺寸。

⑥构件尺寸。识读各个构件的几何尺寸,如墩柱高度、梁宽、拱形半径等。

(4)结构材料及施工技术的识读。在图纸中,应着重识读结构材料的标注与说明,包括材料的种类、规格、等级、数量等。这些标注和说明对于施工过程中的材料采购和加工非常重要。

(5)施工技术。根据图纸中的信息,了解桥梁结构的施工方法。例如,预制桥梁段的拼装施工、常规的浇筑施工等。不同的施工方法对施工技术和设备有不同的要求。还应仔细阅读图纸中标注的施工顺序或流程。合理的施工顺序对于确保施工安全和质量至关重要。同时,图纸中标注的特殊施工工艺,如涉及的新材料、新设备或特定的施工流程的要点和注意事项。

通过高速公路桥梁结构的识图,可以全面了解高速公路桥梁的结构设计、施工要求和细节,确保施工人员理解桥梁的结构要求,准确实施桥梁的建设工作。此外,识图还有助于沟通和协作,促进设计、施工和监理团队之间的良好合作。

4. 建筑工程管理构造的识图:大型建筑项目管理与识图案例

大型建筑项目的管理与识图是建筑工程管理中的重要环节,两者之间存在密切的联系,良好的项目管理需要精确的图纸识读能力。在大型建筑项目中,图纸是指导施工、安装和运行的基础,因此项目管理人员必须具备对图纸的深入理解和解读能力,理解建筑、结构、机电等各种专业的图纸,以便协调各个施工队伍的工作,确保项目按照设计要求进行。

案例名称:某大型办公楼建筑项目管理与识图

(1)项目背景。该项目为一座大型现代化办公楼,主体结构采用钢筋混凝土框架结构,地上七层,地下一层,总建筑面积约 $11\ 000\ m^2$。

(2)项目启动与规划。明确项目的目标、范围、时间计划、预算等,制定项目管理计划,组建项目团队,进行项目授权。

（3）收集图纸资料。在项目开始前,需要收集所有相关的图纸资料,包括建筑、结构、给排水、电气等各个专业的图纸。

（4）深化设计。根据初步设计,进行详细的结构、机电、消防、环保等专业设计,完善设计方案,满足施工要求。

（5）审查图纸。对收集到的图纸进行审查,检查其完整性、准确性和规范性。确保图纸符合国家及地方的相关法律法规、规范和标准。

（6）了解项目概况。在阅读图纸的过程中,需要了解项目的概况,包括建筑物的规模、结构形式、功能布局等,如图 2.23 所示为 AutoCAD 绘制的某办公楼建筑施工图。

（7）确定施工重点和难点。根据图纸和项目概况,确定施工的重点和难点,制定相应的施工方案和措施。

（8）编制施工进度计划。根据图纸和项目概况,编制施工进度计划,包括各道工序的施工时间和人力、物力等资源的安排。

（9）制定材料采购计划。根据图纸和项目概况,制定材料采购计划,确定所需材料的规格、数量和质量要求等。

（10）安排施工队伍和设备。根据施工进度计划和材料采购计划,安排施工队伍和设备,确保施工顺利进行。

（11）项目识图。标注项目相关的识图要求,如施工图纸、工艺流程图和设备布置图等。

5. 工程预算与造价的识图:高层住宅楼工程项目预算与造价识图案例

工程项目的预算与造价是项目管理中至关重要的一部分,是对工程项目进行造价定量和分析的过程,包括项目建议书、可行性研究报告、工程预算、预算控制和决算等方面。在工程造价的识图过程中,需要通过施工图纸和相关信息对项目的各项费用进行分析和评估,以确定项目的预算和造价控制。

案例名称:某高层住宅楼工程项目预算与造价识图

（1）项目背景与目标。

该建筑为某住宅区某栋住宅楼,总建筑面积为 5 111.2 m²,地上建筑面积为 4 612.6 m²,地下建筑面积为 498.6 m²;建筑使用年限分类为 3 类,设计使用年限为 50 年;建筑层数为地上 10 层,地下 1 层;地上、地下建筑分类均为二类;建筑耐火等级为一级;建筑抗震烈度为 8 度;建筑结构形式为钢筋混凝土剪力墙结构。

（2）了解图纸目录和设计说明。

首先,阅读图纸目录,了解各个图纸的内容和组织结构。然后,查看设计说明,了解工程概况、设计要求、材料使用和施工注意事项等。

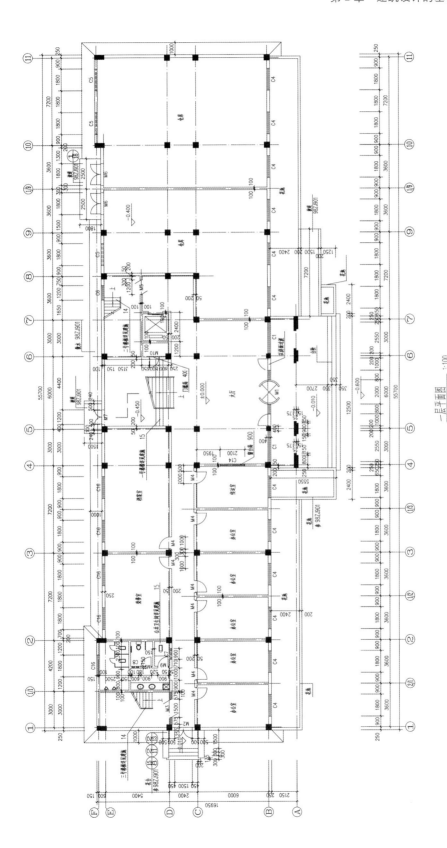

图2.23　AutoCAD绘制的某办公楼建筑施工图

一层平面图　1:100

（3）理解建筑平面图。

建筑平面图是施工图的重要组成部分,用于表示建筑物的平面布置和各个房间的尺寸,墙、柱、门窗的位置,楼梯走向等。通过平面图,可以了解建筑物的整体布局和构造要求。某高层住宅楼建筑平面图如图 2.24 所示。

（4）识读建筑立面图。

如图 2.25 所示,识读建筑立面图,了解建筑物的朝向、层数和层高,阳台外墙面的装饰材料等。

（5）分析结构图。

结构图是用来表示建筑物承重结构的图纸,包括基础、柱、梁、板等,如图 2.26 所示。通过分析结构图,可以了解建筑物的承重体系和构造要求,为施工提供依据。

（6）审查设备图。

设备图包括给排水、电气和暖通等专业的图纸,用于表示各种设备的布置和安装要求。在识读设备图时,需要重点关注各种设备的型号、规格、安装位置以及与其他系统的接口。

（7）核实工程量。根据图纸中的尺寸和比例,核实各个部分的工程量,包括建筑的体积、面积、长度等。

（8）查找价格信息。

根据施工图纸中的材料和设备要求,查找相应的市场价格信息。

（9）建立构造清单。

根据图纸和标注信息,建立项目的构造清单,包括构造名称、数量和尺寸等。

（10）评估构造成本。

根据构造清单中的信息,结合市场行情和成本数据,评估每个构造的成本。

（11）造价分析与控制。

①构造成本分析。对每个构造的成本进行分析,找出造价的主要构成部分。

②控制成本风险。通过识图和成本分析,识别潜在的成本风险,并采取相应的控制措施。

③编制预算报告。根据识图和成本分析的结果,编制项目的预算报告,明确项目的总造价和各项费用分布。

（12）预算与造价的调整。

根据项目需求和预算限制,对预算进行调整和优化。针对造价过高或者超出预算的构造,提出替代方案或者采取价值工程的措施。

通过识读工程项目预算与造价的相关图纸,可以帮助项目团队更好地了解和控制项目的造价,确保项目在预算范围内顺利进行。

6. 风景园林设计的识图:公园绿地设计的识图案例

风景园林设计的识图过程是对公园绿地设计的图纸进行分析和评估,以确定设计方案和实施计划。

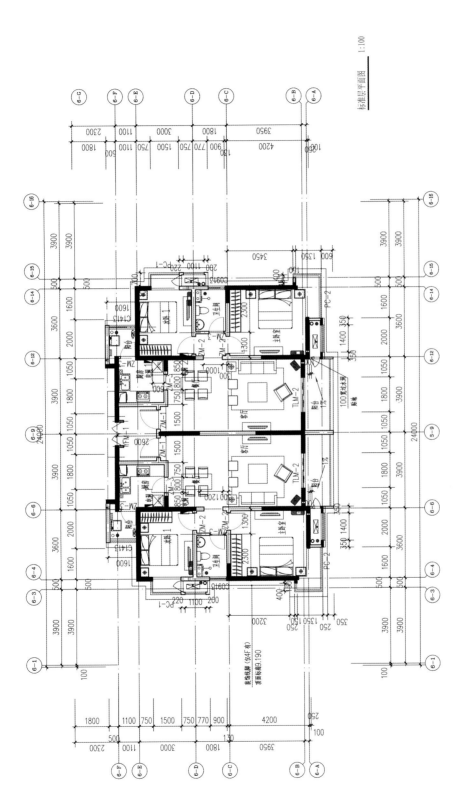

图2.24 某高层住宅楼建筑平面图

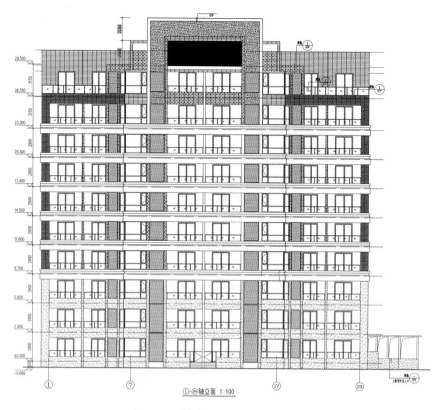

图 2.25 某高层住宅楼建筑立面图

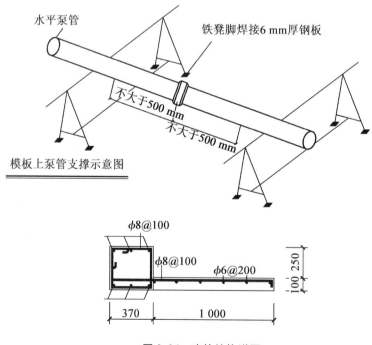

图 2.26 建筑结构详图

案例名称:某公园绿地设计与识图

(1)项目背景与目标。

该项目为陕西省安康市某河滨公园设计,以自然式设计风格为主,结合地形与山水,融入绿化、亭台、曲径、水景和假山等元素,旨在营造一个自然又饱含人文底蕴的景观。

(2)识图过程。

①设计说明。设计说明是向使用者传达设计意图、理念和具体实施方案的元素,一般在图纸中以文字说明的形式呈现。本案例的设计说明包括设计理念;原则和目标;公园绿地的整体风格和特色;场地分析(如对公园绿地的地形、地貌、水文、植被等自然条件的分析)及利用和改造方案;功能分区(如根据公园绿地的使用需求,划分不同的功能区域,分为休闲区、运动区、景观区等,并说明各区域的特色和功能定位);景观设计(如描述公园绿地的景观设计,包括植物配置、水景设计、小品造型等),并说明景观的视觉效果和生态效益,同时考虑季节变化和植物生长特性)。

②总平面规划图的识读。总平面图是施工图中的重要组成部分。本案例的总平面规划图包含公园绿地设计的整体布局和规划方案,包括道路、植被、景点和设施等的位置和形状,以及设计范围和规划目标,展示了设计的主要内容和要求,如图 2.27 所示。在识读过程中,需要注意道路系统的走向、宽度、连接方式等,以及植被的分布情况(如植物的类型、数量、生长状况等),便于后期进行道路规划和设计施工,以及植物种植和绿化设计,另外,还需要注意图纸中的比例尺和标注说明。

图 2.27 公园绿地总平面规划图

③竖向设计图的识读。竖向设计图是一种表示园林中各个景点、各种设施及地貌等在高程上的高低变化和协调统一的图样,主要表现地形、地貌、建筑物、植物和园林道路系统等各种造园要素的高程等内容。根据图纸充分了解现场地形地貌的实际情况,包括地形的高低起伏、地貌的形态特征,要注意景观要素的位置和高程等。

④景观节点详图识读。景观节点是公园绿地设计中的重要组成部分,包括入口景观、中心景观和休闲景观等,如图 2.28 所示。在识图中要观察景观的构造和材质,了解各元素的布局、形状和尺寸等信息,如图 2.29 所示。同时,要注意图纸中标注的材料和工艺要求,以确保施工的可行性。

图 2.28　景观节点效果图

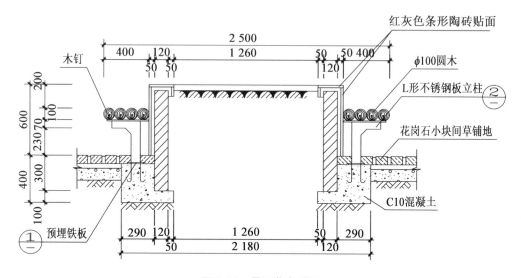

图 2.29　景观节点详图

⑤植物配置图。植物配置图主要反映公园绿地设计的植物配置,包括植物种类、数量和分布等内容,对于评估设计的合理性和生态效益十分重要。

⑥节点构造详图。节点构造详图是用来详细表示景观节点构造和施工工艺的图纸。通过对节点构造详图的识读,可以深入了解每个景观节点的具体构造、材料选择、施工工艺等方面的信息,如图 2.30 所示。在识图过程中,要理解图例中标注的材料种

类、规格、数量、施工工艺流程、构造方式、尺寸、材料的拼接、收口、固定及处理方式等信息。

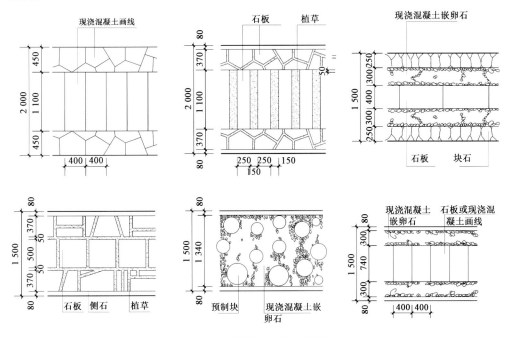

图 2.30 景观节点构造详图

7.物业设施管理构造的识图:居住区物业设施管理与识图案例

物业设施管理是一项综合性工作,它涉及多个领域的知识,如设施的规划、设计、采购、安装、使用、维护和报废等。在这个过程中,识图是其中一个重要的环节。识图是物业设施管理的基础,它涉及对设施图纸的识读和理解。这些图纸包括建筑平面图、电气线路图、给排水图和暖通空调图等。通过识图,管理者可以了解设施的布局、设备的配置和各种管线的走向等信息,从而更好地进行设施的维护和管理。

案例名称:某居住区物业设施管理与识图

(1)项目背景与目标。

该物业设施管理项目是一栋高层住宅楼,共20层,其中1~3层为商业用房,4~20层为住宅,总建筑面积约为2万 m^2,其中住宅面积约为1.5万 m^2,商业用房面积约为0.5万 m^2,住宅用途为出租和出售,商业用房用途为商铺和办公。

(2)项目的管理目标。

①设施维护。保持物业设施的良好运行状态是首要任务,包括定期检查和维护设施,及时修复损坏或故障的设施,以及根据需要进行更新或替换。通过有效的设施维护,可以延长设施的使用寿命,降低维修成本,并确保设施的安全性和可靠性。

②安全管理。安全管理包括制定和执行安全规定,定期进行安全检查,以及及时

处理安全隐患。通过有效的安全管理,降低事故风险,保护人员和财产的安全。

③效率提升。效率提升包括优化能源使用,减少浪费,以及提高设备的使用率和性能。通过提高效率,可以降低运营成本,同时为租户和业主提供更好的服务体验。

(3)识图过程。

①熟悉图纸语言。施工图纸通常使用专业的符号和语言,因此需要掌握国家相关制图标准,熟悉图纸中的符号和规定,以便更好地理解图纸内容。

②建筑平面图的识读。在物业设施管理中,建筑平面图的识读是至关重要的。建筑平面图是反映建筑物内部和外部空间布局的详细图纸,它提供了关于建筑物结构、功能、设备和细节的全面信息。通过了解建筑平面图,可以分析各个区域的布局和设施分布,如图2.31所示。

③建筑设备施工图的识读。设备施工图主要展示建筑物内的各种设备和系统的布置与安装情况,包括电气、给排水、暖通空调和消防等系统。在识图过程中,首先,要了解建筑设备施工图的基本组成和内容。建筑设备施工图主要包括平面图、系统图和详图等。平面图主要展示了设备和系统的平面布置情况;系统图是对各个设备和系统的整体结构和相互关系的详细描述;详图是对某些具体部位或细节提供更具体的安装和施工信息的详细图纸。其次,要注意阅读图纸上的图例、符号和标注。这些是建筑设备施工图的特定语言,需要熟悉它们的含义和用途。例如,电气图纸中的开关、插座、灯具等都有各自的符号表示;管道图纸中的各种管件、阀门、附件也有相应的符号表示。同时,还要关注设备和系统的安装位置和走向。了解设备和系统的安装位置,它们在建筑物中的分布和功能,知道它们如何连接和流动,有助于更好地维护和管理。最后,还要注意阅读图纸上的技术要求和施工说明。例如,电气图纸中的技术要求可能包括电气设备的接地、防雷等安全措施;管道图纸中的施工说明可能包括管道的防腐、保温等特殊要求。

④识读施工图中的设施清单。设施清单一般会列出建筑物内的所有设施和设备,包括各种系统、组件和设备等,是物业管理团队了解和维护设施的重要参考依据。要注意阅读设施的安装和施工说明,包括设施的安装位置、走向、连接方式等详细信息。这些信息对于设施日后的维护和检修非常重要,也有助于更好地理解设施的结构和布局。此外,还要关注设施的维护和保养要求,包括设施的保养周期、维护内容和技术要求等信息。了解这些要求有助于制订合理的维护计划,确保设施的长期运行,并延长使用寿命。以下为一份消防系统清单范例。

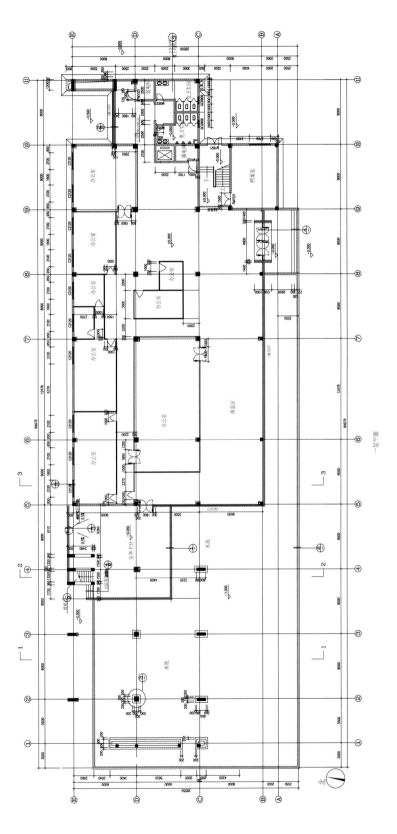

图2.31　建筑平面图

消防系统清单范例

火灾报警主机及联动控制柜

负责整个系统的监控及联动控制,对各模块的输入信号状态进行监视,对各种联动逻辑控制关系的运行进行监控。当发生火灾时,能接收火灾探测器、手动报警按钮、水流指示器、压力开关等火灾报警触发器件的报警信号,按设定的逻辑进行相应的动作。同时,联动控制相关的消防设备,进行灭火。向城市"119"火警中心发送火警信号及消防电梯迫降指令。控制电梯停于首层,或监控其迫降状态。启动设在公共区域的应急广播系统,向建筑物内的人员提供疏散指引。强制点亮应急照明灯具,切断非消防电源,迫降所有电梯至首层等。由设在消防控制室内的总线联动控制盘,接收火灾报警信号,按设定的控制逻辑,通过总线网络启动相应的消防设备。同时,总线联动控制盘可以通过联动逻辑控制关系实现对消防设备的精确控制,也可通过消防设备对重要消防设施进行手动控制。总线联动控制盘具有手动优先功能。总线联动控制盘设有紧急启动按钮,在紧急情况下可手动启动任何一台受控设备,具有消音和解除消音功能。总线联动控制盘设有显示装置,可显示火灾报警部位编码、总线设备的运行状态和报警信号等。报警主机的备用电源设专用电源线路和设备供电,且具备限流、限压功能。专用电源线路的敷设应采用穿金属管或阻燃硬质塑料管保护的方式布线。专用电源设备的供电容量应保证在断电后消防控制室内的消防设备连续工作 3 h 以上。消防控制室内的消防设备应采用双回路供电或单回路配发电机组的方式供电。为保证在火灾发生时能正常供电,市电供电回路的用电设备容量应包括消防设备用电,消防设备用电量不应小于灭火应急照明、电动防火门窗、电动防火卷帘、消火栓泵、自动喷水灭火系统泵、气体灭火动作负荷和防烟排烟系统主机维持工作的总用电量。此外还有防火门监控主机及模块、火灾警报装置、消防应急广播装置、消防电话主机及插孔等其他消防设备。

(4)设备维护与保养。

在物业设施管理中,设备的维护与施工图纸的识读是密不可分的。通过认真阅读和理解施工图纸,结合实际情况进行设备的维护和检修工作,可以有效地保障物业设施的正常运行和使用安全。施工图纸是设备维护的重要参考依据。通过识读施工图纸,可以了解设备的安装位置、连接方式、管线路由等信息,这些信息对于设备的维护和检修至关重要。例如,在电气系统中,通过识读图纸可以了解电路的走向、电器的规格和型号,以及电箱的接线方式等,这对于排查电气故障、更换电器设备以及维护电路系统都十分重要。施工图纸还可以指导设备的维护和检修工作。在设备维护过程中,需要根据图纸的标注和说明进行操作,如设备的拆装顺序、管路的清洗和更换等。如果没有施工图纸或者图纸不清晰,可能会导致维护和检修工作的混乱和失误,给物业设施带来不必要的损失和安全隐患。

8.建筑电气工程技术构造的识图:建筑电气系统识图案例

建筑电气工程技术构造的识图需要了解建筑的负荷等级和供电电源,掌握电气元件和线路的表示方法,理解配电系统和控制逻辑,熟悉设备和系统的维护要求。

案例名称:某高层建筑电气系统识图案例

(1)项目背景与目标。

随着城市化进程的加速和人口的快速增长,高层建筑已成为城市建筑的主流。然而,高层建筑的电气系统设计复杂,需要专业人员进行识图和分析。本项目旨在通过对某高层建筑电气系统施工图的识读和分析,了解其电气系统的构成和运行方式,为高层建筑电气系统的维护和管理提供依据和支持。

(2)项目目标。

掌握高层建筑电气系统的基本构成和原理;掌握电气系统施工图的识读方法和技巧;分析电气系统的配电和控制逻辑;了解设备和系统的维护要求和维护要点;结合实际进行应用和案例分析。

(3)工程概况。

该建筑为某高档住宅小区,地理位置优越,交通便捷,视野开阔,是理想的城市居住场所。本建筑为地下 1 层,地上 27 层的高层住宅。总建筑面积为 20 537.12 m^2,建筑高度为 79.4 m,建筑耐火等级为一级,建筑抗震烈度为 8 度,建筑结构形式为钢筋混凝土剪力墙结构,地上、地下部建筑分类均为一类。

(4)设计依据。

《民用建筑电气设计标准》　　　　GB 51348—2019

《建筑防火通用规范》　　　　　　GB 55037—2022

《供配电系统设计规范》　　　　　GB 50052—2009

《低压配电设计规范》　　　　　　GB 50054—2011

《住宅设计规范》　　　　　　　　GB 55096—2011

《火灾自动报警系统设计规范》　　GB 50116—2013

《建筑电气与智能化通用规范》　　GB 55024—2022

(5)设计内容。

①强电:动力与照明,避雷与接地。

②弱电:火灾自动报警系统、电话、电视、网络、楼宇可视对讲、监控系统。

③描述建筑电气系统项目的背景信息,包括建筑类型、规模和用途等。

(6)供电方式。

本建筑消防设施、电梯、应急照明供电等级为一级,其他设备及照明按三级负荷考虑。一路 0.4 kV 动力电源进线,一路 0.4 kV 照明电源进线,一路备用电源进线,均由变配电室引入地下层。

(7)线路敷设。

电力电缆、控制电缆均为阻燃型电线电缆或耐火电缆。各楼层用电设备电力电源均采用电缆由地下室配电箱、配电柜引出,并沿电缆桥架引往各层用电设备,竖井以外用电设备的电线电缆穿钢管敷设。电线电缆均为铜芯电线电缆。照明支路分别敷设零线和接地线,弱电各系统回路竖井外部全部穿钢管沿墙、现浇板、地坪或吊顶内暗敷设。

①建筑平面图识读。

本项目建筑平面图如图 2.32 所示。建筑平面图的识读要点包括了解建筑物的整体布局,包括楼层数、各楼层的功能和划分、建筑物的朝向、出入口位置等信息;查找设备和设施的位置,如配电箱、照明灯具和消防设施等。这些信息和电气系统施工图的识读密切相关。同时还需要注意图纸中的细节和标注,这些标注可能会对电气系统的设计和安装产生重要影响。例如,需要注意墙体的厚度、门窗的高度等信息。通过阅读建筑平面图,可以更好地理解和掌握电气系统的设计意图和要求,为后续的电气系统施工和维护提供依据和支持。

②电气平面布置图识读。

了解施工图的平面布置,包括房间的划分、主要设备和设施的位置等;识读图中电气设备和线路的符号,了解电气设备的数量、规格型号、安装位置等信息;识读图纸上标注电气设备的位置和类型,如配电箱、开关、插座等的位置。本项目建筑标准层电气布置图如图 2.33 所示。

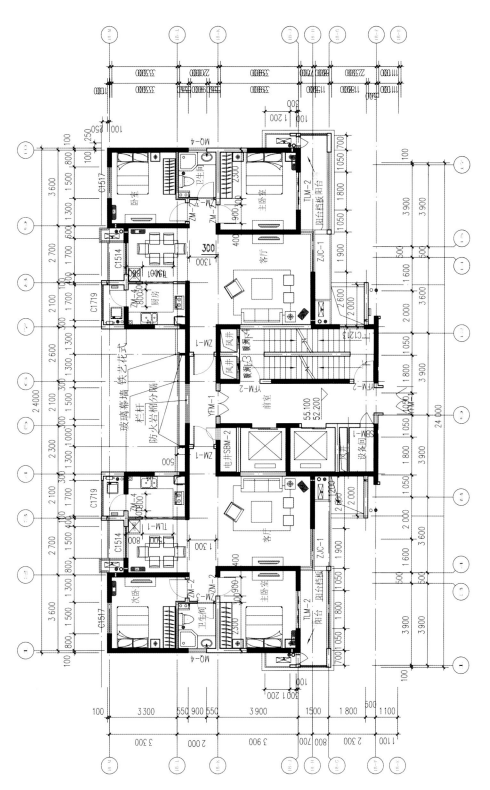

图2.32　建筑平面图

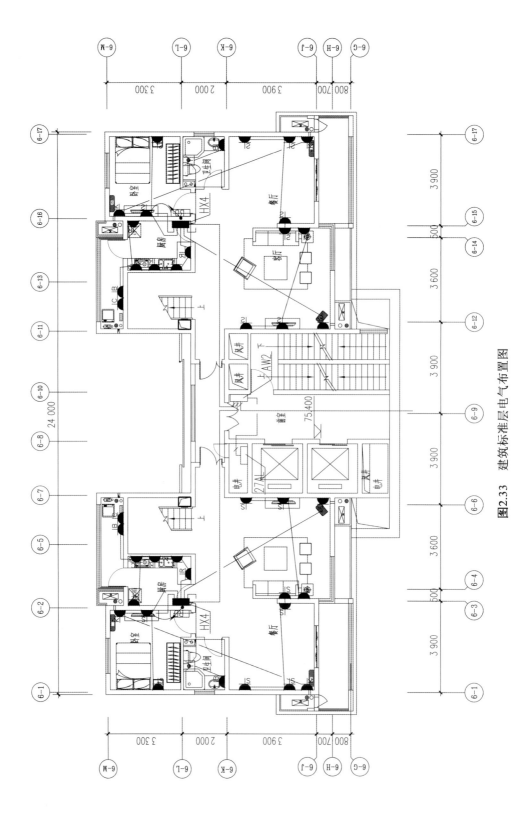

图2.33 建筑标准层电气布置图

2.3　建筑设计与制图

2.3.1　建筑设计的基本概念

人类的生存离不开衣食住行,"住"就必须有相应的房屋,所以建造房屋是人类基本生活需要的手段之一,也是人类最原始建筑活动的基本动因。中国古代把建造房屋及从事相关土木工程的活动称为"营建"或"营造"。"建筑"一词表示建筑工程的营造活动,同时又表示这种活动的结果,既建筑物。它是某个时期某种风格建筑物以及建筑物所体现的技术和艺术的统称。建筑通常也是建筑物和构筑物的统称。建筑物提供人们在其中生活、生产或从事其他活动的房屋或场所,如住宅、医院、教学楼和工业厂房等。人们一般不在构筑物中生活、生产,但构筑物具有特定的使用目的,如纪念碑、水塔、大坝、挡土墙、道路、桥梁和烟囱等。

(1)设计目标。

建筑设计的主要目标是满足人们对于建筑物的安全性、功能性、艺术性、经济性和创新性的需求。

建筑设计的创新理念和概念包括以下内容。

①可持续性和生态设计。可持续性是当前建筑设计的重要理念,它强调在建筑设计、施工和使用过程中降低对环境的负面影响,并充分利用可再生资源,如太阳能和风能等。生态设计是可持续性的一种实现方式,它旨在将生态学原理应用于建筑设计中,以提高建筑的生态效益。

②人文主义设计。人文主义设计强调以人为本的设计理念,注重满足人的需求和情感体验。这种设计理念关注人的生活和文化背景,将人的因素融入建筑设计中,以创造更加人性化的建筑空间。

③数字化设计和智能建筑。数字化设计和智能建筑近年来发展迅速。数字化设计利用计算机技术进行建筑设计,可以提高设计的精度和效率。智能建筑则通过集成各种智能化系统,如楼宇自动化系统、智能照明系统等,提供更加舒适、便捷和高效的建筑环境。

④地域性和文化传承。地域性和文化传承是建筑设计中的重要概念。地域性设计关注当地的文化、自然环境和地理特征,旨在创造与当地环境相协调的建筑作品。文化传承则是将传统文化元素与现代建筑设计相结合,以弘扬和传承当地的文化遗产。

⑤灵活性和可变性。灵活性和可变性是现代建筑设计的重要理念之一。它强调建筑空间的灵活性和适应性,以满足不同使用者的需求和变化。通过采用可移动的隔

墙、可调整的家具和设备等,可以增加建筑空间的多样性和灵活性,使其更好地适应未来的需求。

(2)建筑设计的形式与空间。

建筑设计的形式与空间是相互关联的。在建筑设计中,形式与空间的组合方式对建筑的整体形象和空间感受有着至关重要的影响。不同的组合方式会产生不同的空间效果。例如,封闭的空间可以给人以安全感和私密感,开放的空间则更加通透和流动。比例与尺度也是影响空间感受的重要因素。比例是指建筑物各部分之间的相对大小和关系,尺度则是指建筑物与周围环境之间的相对大小和关系。合理的比例和尺度可以使建筑物看起来更加协调和平衡,同时也会给人带来舒适感和愉悦感。光影与色彩也是建筑设计中的重要因素。光影的变化可以营造出丰富的视觉效果,影响空间的气氛和情感。色彩的运用则可以强调或改变空间的感受,创造出独特的美学效果。因此,设计师需要根据建筑的使用需求和环境条件,选择合适的光影与色彩,创造出舒适、和谐的空间环境。

(3)结构与材料。

结构是建筑物的骨架,它决定了建筑物的承重和支撑方式。材料也是建筑物的物质基础,它不仅影响着建筑物的外观和质感,还对建筑物的性能和成本有着重要影响。不同的材料具有不同的物理、化学和力学性能,因此需要根据建筑物的使用环境和设计要求选择合适的材料。另外,在建筑设计中,需要根据建筑的功能、规模和造型要求等因素选择合适的结构形式,对于高层大型建筑,钢结构或钢筋混凝土结构是常用结构,对于大型工业厂房、体育馆等,多选用悬挑结构和壳体结构。

合理的结构设计能够保证建筑物的稳定性和安全性,有效抵抗各种自然灾害和人为因素对建筑物的破坏。结构设计的合理性和科学性直接决定了建筑物的质量和寿命,因此,在建筑设计中,必须高度重视结构设计的科学性和合理性,确保建筑物的安全性和耐久性。

随着科技的发展,新型结构和新型材料不断涌现,为建筑设计带来了更多的可能性和挑战。新型结构如空间结构、悬挂结构和折叠结构等,能够实现更加独特和创新的建筑形式;新型材料如碳纤维复合材料、智能材料等,具有更高的强度、刚度和耐久性,能够满足更加复杂和多样化的建筑设计需求。

(4)建筑信息化的发展。

建筑信息化是指在建筑行业运用信息技术,特别是计算机、网络、通信、控制、系统集成和信息安全等技术,实现信息化、数字化乃至智能化转型的过程。这个过程中,通过构建一个虚拟的三维建筑模型,将建筑设计、施工和运营的各阶段信息进行集成和协同管理,从而实现项目目标的可视化和可控化。

目前,建筑信息化已经进入成熟阶段,信息化应用已经涵盖建筑的各个方面。同时,随着信息技术的发展,BIM 技术逐渐成为建筑行业的主流技术,它为建筑行业带来了数字化、可视化的变革,提高了建筑设计、施工和运营的效率。

未来,随着人工智能、大数据、云计算等新技术的不断发展,建筑信息化将会更加智能化、自动化和数字化。人工智能技术可以应用于建筑行业的各个环节,如建筑设计、施工管理、物业管理等,提高工作效率和质量。大数据技术可以为建筑行业提供数据分析和预测能力,为决策者提供更加科学和准确的数据支持。云计算技术可以为建筑行业提供更加灵活和可靠的计算和存储服务,降低成本和风险。

(5)制图与表达。

在建筑设计、施工过程中,施工图设计理念的展示,清晰、准确、完整地表达出了设计意图。更是施工的依据,在建筑施工中,施工图为施工人员提供详细的施工方案、材料选用、构造做法以及各工种的相互配合等具体信息。这些图纸涵盖了建筑施工的全部过程,从规划定位、建筑设计到具体的施工步骤和要求都有明确的指示,使得建筑施工能够有序、高效地进行。

2.3.2 制图的基础知识

在建筑设计中,制图具有至关重要的作用。通过绘制图纸,设计者可以将构思和想法具体化、可视化,以清晰地表达设计意图、展示建筑外观和内部结构、表现空间关系等。图纸是施工前的必要准备,为施工提供技术指导。设计图纸可以指导施工人员理解图纸,完成对应的施工任务。在绘制施工图时,应包括具体的尺寸、位置、材料选择以及预埋件位置等信息。这些详细的说明对于保证施工质量和进度至关重要。

此外,图纸也是与建设单位、规划部门等其他相关方沟通的桥梁。通过图纸,设计单位可以向相关方展示设计意图,建设单位和规划部门则可以依据图纸进行审批和决策。

以下是制图的基础知识。

1. 图纸类型

(1)建筑施工总平面图是表示建筑所在地区的总体规划布局的图纸,包括地形、地貌、原有建筑、新建建筑、交通道路和绿化等信息。

(2)建筑施工平面图是表示建筑的平面布置的图纸,包括内部构造、各个房间的布局、尺寸和面积等信息。

(3)建筑施工立面图是表示建筑的外观造型、墙面装饰和门窗等信息的图纸。

(4)建筑施工剖面图是表示建筑内部构造、材料、层高和楼板厚度等信息的图纸。

(5)建筑施工详图是表示新建筑局部构造、尺寸和材料等信息的图纸,如门窗详图、楼梯详图等。

此外,建筑施工图中还包括结构施工图和设备施工图等类型。结构施工图包括基础平面图、基础剖面图和屋盖结构布置图等;设备施工图包括采暖施工图、电气施工图和通风施工图等。

2.投影概念及应用

(1)概念。

投影是光线照射物体,在预设的面上绘制出被投射物体图形的方法。根据光线的不同,投影可以分为中心投影法、平行投影法和斜投影法。在建筑施工图中,通常采用平行投影法,也称正投影法。在建筑施工图中,投影的特性包括实形性、积聚性、类似性和相关性。这些特性可以帮助设计人员正确地绘制建筑物的各个面和结构。

(2)应用。

①三视图。三视图是指主视图、俯视图和左视图,是分别从正面、上面和左侧3个方向观察建筑物所得的投影图。如图 2.34 所示,通过三视图,可以全面地表达建筑物的形状和结构,并且可以发现设计中存在的问题。

②建筑形体的剖面图。剖面图是用假想的剖切平面将建筑物切开,用正投影法绘制的垂直于剖切平面的投影图。通过剖面图,可以了解建筑物的内部构造和空间关系,还可以表示建筑物的高度、各部分之间的关系以及各部分的材料和做法等信息。

③建筑形体的轴测图。轴测图是用轴测投影法绘制的单面投影图。这种图可以同时在一个画面上表示物体的长度、宽度和高度,给人以直观的立体感。在建筑施工图中,轴测图主要用于辅助设计、施工和效果展示等,如图 2.35 所示。

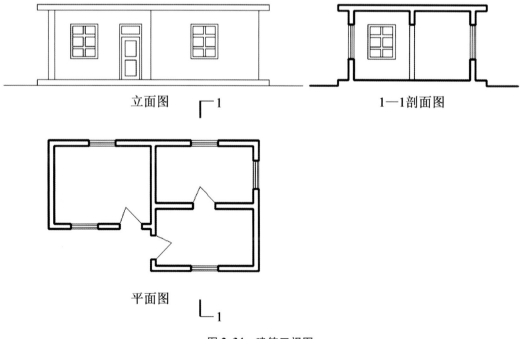

立面图 ⌐1   1—1剖面图

平面图 ∟1

图 2.34　建筑三视图

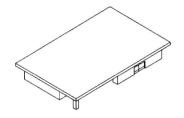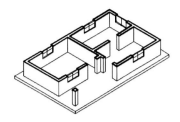

图 2.35　轴测投影图

3. 制图标准

在建筑施工图中,必须掌握国家制图标准,它规定了图纸的格式、标注方式、符号含义等,以确保图纸的准确性和一致性。其中包括图纸幅面、标题栏、比例、字体、图线、符号和尺寸标注等具体规定。在实际应用中,应严格遵守国家制图标准进行绘制,才能确保建筑施工的质量和安全。

制图的基础知识对于建筑设计师和绘图人员来说非常重要,它们是建筑设计的沟通和表达工具,能够准确地传达设计意图和技术要求。通过掌握制图的基础知识,可以有效地绘制出清晰、准确和专业的建筑图纸,促进设计团队之间的协作和沟通,实现建筑设计的顺利进行。

2.3.3　应用案例

1. 结构设计与制图:多层住宅结构设计与制图案例

结构设计与制图是建筑设计过程中非常重要的环节,它涉及建筑物的结构系统和构件的设计,以及将设计内容以图纸形式表达出来。如图 2.36 所示为多层住宅结构设计概念图。

（1）结构设计。

确定建筑物的结构系统,如钢筋混凝土框架结构、钢结构或混凝土框架剪力墙结构等。

进行结构计算和分析,包括载荷计算、静力分析和动力分析等,以确定结构的强度和稳定性。

图 2.36　多层住宅结构设计概念图

设计主要结构构件,如柱、梁、板和墙等,确定其尺寸、材料和布置方式,应用 CAD 软件绘制高层住宅标准层灌注桩施工图如图 2.37 所示。

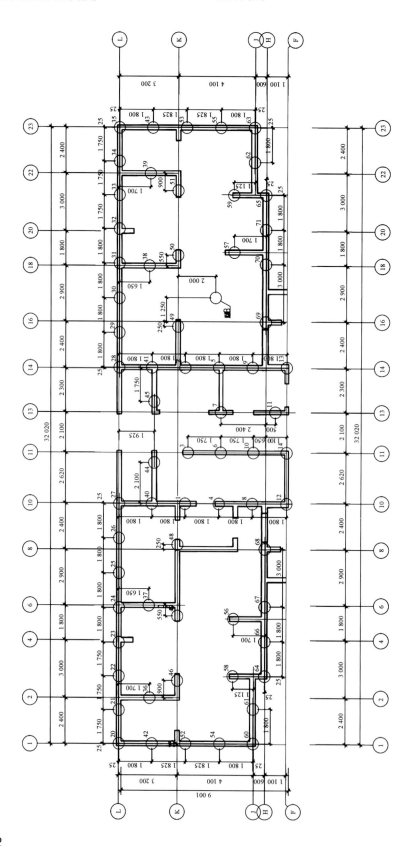

图2.37 高层住宅标准层灌注桩施工图

(2)结构制图。

绘制结构平面图,展示不同楼层的结构布置和构件位置。

绘制结构剖面图,显示建筑物纵向的结构形式和构件分布,如图 2.38 所示。

绘制结构细部图,包括节点连接细节图、支座细节图和墙体开洞细节图等,建筑楼梯二层平面图如图 2.39 所示。

标注结构构件的尺寸、材料和编号,使用符号和标注表示不同构件的特征。

(3)结构施工图制图。

绘制结构施工平面图,显示各个楼层的结构施工布置和施工工序。

绘制结构施工剖面图,展示建筑物纵向的施工顺序和施工细节。

绘制构件节点图,详细说明不同构件的连接方式和施工要求。

标注施工图中的施工顺序、材料要求和施工质量要求等。

通过结构设计与制图,可以将多层住宅的结构方案转化为具体的图纸表达,为施工提供准确的信息和指导。结构设计与制图的精确性和准确性对于保证建筑物的结构安全和施工质量非常重要。同时,结构制图也与其他设计专业的图纸密切相关,需要与建筑、机电、给排水等专业进行协调和配合,确保各专业之间的一致性和一体化。

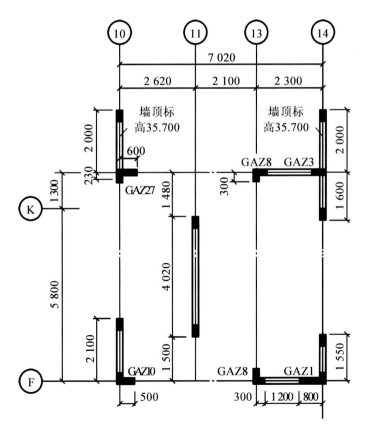

图 2.38 建筑剪力墙结构平面图

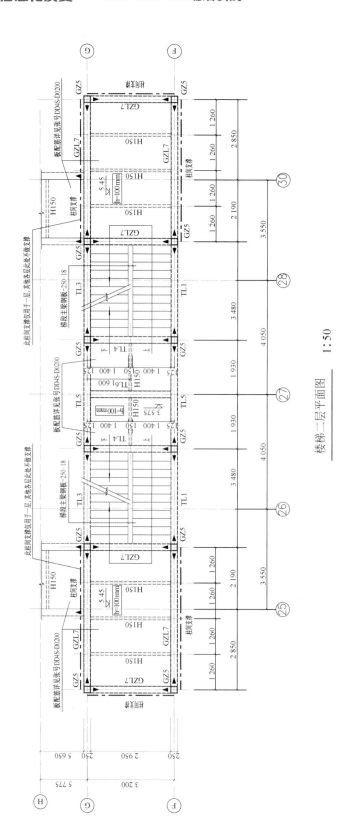

楼梯二层平面图　1:50

图2.39　建筑楼梯二层平面图

2. 道路桥梁设计与制图:城市立交桥设计与制图案例

道路桥梁设计与制图是城市交通基础设施建设中重要的组成部分。城市立交桥模型概念图如图 2.40 所示。

(1)设计阶段。

首先确定立交桥的结构类型,如梁式桥、拱桥、斜拉桥等,并根据具体要求选择合适的设计方案。

然后,进行桥梁的结构计算和分析,考虑桥梁的载荷、强度、稳定性等因素,确保桥梁安全可靠。再设计桥梁的主要构件,如桥面、桥墩、桥台和梁段等,确定其尺寸、材料和布置方式。

图 2.40　城市立交桥模型概念图

(2)绘制结构图。

绘制立交桥平面布置图,展示桥梁与道路的交叉和连接关系,包括桥梁的位置、长度和跨径等参数,如图 2.41 所示。

绘制桥梁纵断面图,展示桥梁的纵向形状和横断面特征,包括桥墩、桥台、桥面和支座等。

绘制桥梁横断面图,展示桥梁横向的几何形状和构造特点,包括梁段、横梁和纵梁等。

绘制桥梁细部图,详细说明桥梁的节点连接、支座设计和防水措施等。

(3)绘制施工图。

绘制桥梁施工平面图,显示桥梁的施工布置和施工顺序等,包括桥梁模板、脚手架等,桥台平面图如图 2.42 所示。

绘制桥梁施工剖面图,展示桥梁的纵向施工顺序和施工细节,包括混凝土浇筑和预应力张拉等。

绘制桥梁构件节点图,详细说明桥梁各构件的连接方式和施工要求,如桥墩、桥台和梁段等。

标注施工图中的尺寸、材料和施工质量要求,确保施工过程符合设计要求。

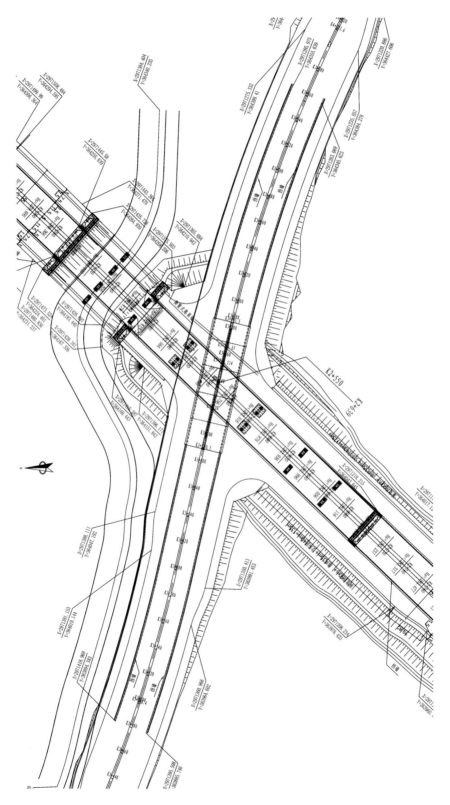

图2.41　立交桥平面布置图

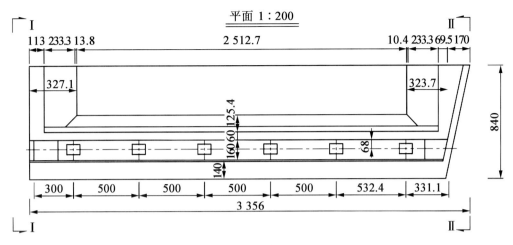

图 2.42　桥台平面图

通过道路桥梁设计与制图,可以将城市立交桥的设计方案转化为具体的图纸表达,为施工提供准确的信息和指导。桥梁设计与制图的精确性和准确性对于保证桥梁的结构安全和施工质量非常重要。同时,桥梁制图也需要与其他设计专业的图纸进行协调和配合,如道路设计、排水设计等,确保各专业之间的一致性和协同作用。

3. 工程项目管理与制图:大型商业综合体设计与项目管理制图案例

大型商业综合体设计与项目管理涉及多个方面,包括规划、设计、施工和运营等环节,大型商业综合体模型如图 2.43 所示。

图 2.43　大型商业综合体模型

(1)规划阶段。

绘制商业综合体的总体规划图,包括用地布局、建筑分布、交通道路和停车场等。

绘制商业综合体的功能分区图,标明各个区域的功能定位和使用类型,如商业区、办公区和娱乐区等。

绘制商业综合体的景观规划图,展示绿化景观、公共空间、人行道和广场等设计要素。

(2)设计阶段。

绘制商业综合体的平面布置图,展示各个建筑物的位置、面积和相互关系。

绘制商业综合体的建筑立面图,展示建筑物的外立面设计和造型特点。

绘制商业综合体的剖面图,显示建筑物的纵向分布、楼层高度和空间布局。

绘制商业综合体的室内设计图,包括商铺平面布置、装修风格和空间分隔等。

(3)施工阶段。

绘制商业综合体的施工平面图,展示施工场地、施工分区和施工顺序。应用AutoCAD软件绘制商业大楼平面图,如图2.44所示。

绘制商业综合体的施工剖面图,展示施工工序、构件安装和施工细节。如图2.45所示,应用AutoCAD软件绘制商业大楼室外立面图。

绘制商业综合体的构件节点图,详细说明各个构件的连接方式和施工要求,如图2.46、2.47所示。

绘制商业综合体的施工细部图,包括墙体施工、地面铺装、装修等具体细节。

(4)运营阶段。

绘制商业综合体的平面布局图,标明商铺、餐厅和停车场等的位置和编号。

绘制商业综合体的室内导视图,用于指引消费者到达各个区域和商铺。

绘制商业综合体的消防设施图,标明灭火器、疏散通道等重要设施的位置。

绘制商业综合体的安防系统图,包括监控摄像头、门禁系统等安全设备的布置。

通过项目管理制图可以将大型商业综合体的设计方案和项目要求转化为具体的图纸,为项目的规划、设计、施工和运营提供指导和参考。同时,制图的准确性和清晰度对于确保项目的顺利进行和达到预期目标非常重要。

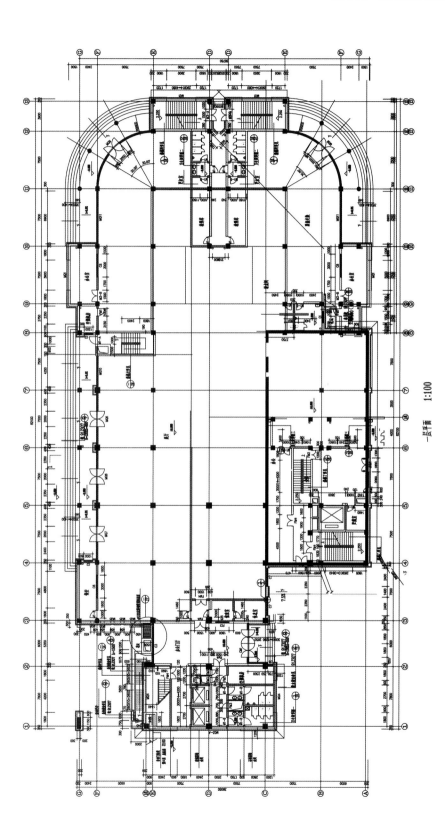

图2.44　商业大楼平面图

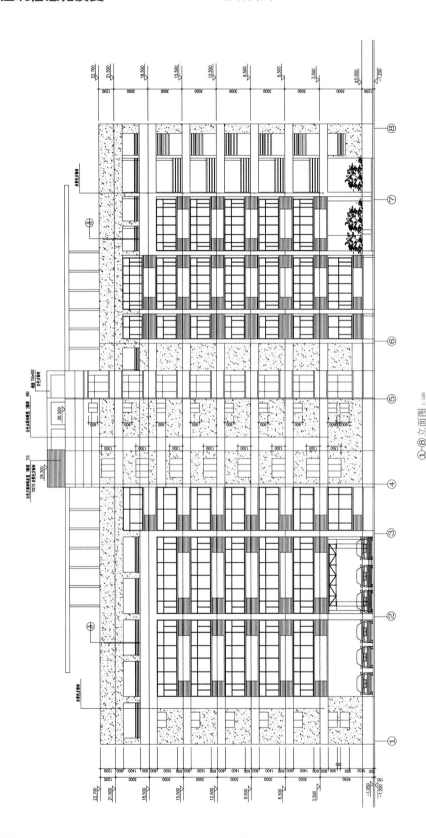

①~⑧立面图 1:100

图2.45 商业大楼室外立面图

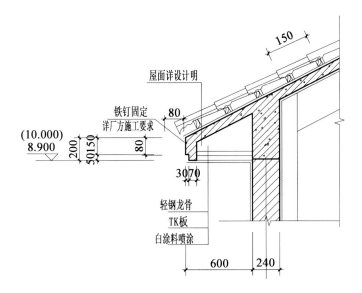

图 2.46 坡屋顶结构图

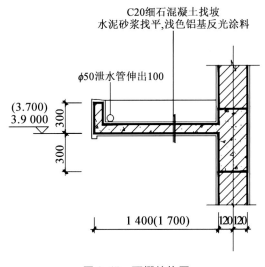

图 2.47 雨棚结构图

4.建筑设计与制图在工程监理中的应用:城市轨道交通站点工程监理案例

建筑设计与制图在城市轨道交通站点的工程监理中起着关键的作用,确保项目按照设计要求进行施工并达到高质量标准。

(1)站点设计审查。工程监理人员使用 CAD 软件对轨道交通站点的设计图纸进行审查,要检查站点平面布局、建筑结构、设备布置、通风系统和疏散通道等是否符合规范和标准。

(2)施工图审查。工程监理人员使用 CAD 软件对轨道交通站点的施工图进行审查,要核对施工图与设计图之间的一致性,确保施工图中包含了所有必要的细节,如尺寸、标高、材料规格等,如图 2.48、2.49 所示。

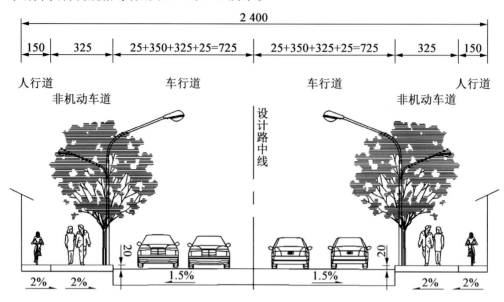

图 2.48　城市轨道交通站点道路横断面图

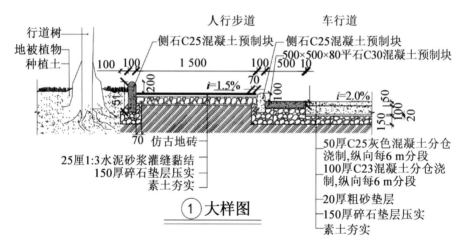

图 2.49　道路路面结构图

(3)工程变更管理。如果在施工过程中需要进行设计变更,工程监理人员将使用 CAD 软件进行变更图的制作和审查,要确保变更图与原始设计的一致性,并将变更信息及时更新到施工图纸中。

(4)施工现场监测。工程监理人员使用 CAD 软件进行现场监测和记录,要绘制站点的平面布置图,并在图纸上标注施工进度、质量问题和安全隐患等信息,以便及时跟踪和解决问题。

(5)质量控制与验收。工程监理人员使用 CAD 软件进行质量控制和验收,要绘制站点各个部位的剖面图和细节图,并与设计图进行对比,确保施工质量符合设计要求,并记录相关的质量,检查和验收结果。

(6)文档管理。工程监理人员使用 CAD 软件对相关文件和图纸进行管理,要建立电子档案,存储设计图纸、施工图纸、变更图、检查记录等文件,以便随时查阅和追溯。

通过 CAD 软件的应用,城市轨道交通站点的工程监理人员可以更加高效、准确地进行设计审查、施工图审查、变更管理、现场监测、质量控制和文档管理等工作,确保轨道交通站点的建设过程顺利进行,并达到设计要求和标准。

5. 工程造价与制图:城市绿地工程预算与制图案例

城市绿地工程的造价与制图是在项目规划和设计阶段,对绿地建设进行预算和制作相应的图纸,以确保项目按照预算要求进行施工并达到设计要求。城市绿地设计规划模型,如图 2.50 所示。

(1)预算编制。在城市绿地项目规划和设计阶段,工程造价人员使用专业的造价软件,结合项目设计图纸和相关数据,进行绿地工程的预算编制。他们根据工程量清单、工程材料价格、劳务费用等因素,计算出项目的总造价,并细化到不同的工程部位和构件。

图 2.50 城市绿地设计规划模型

(2)预算审查。工程造价人员使用 CAD 软件对绿地工程的预算进行审查,要检查预算表中的工程量、单位价格、费用计算公式等内容,确保预算的准确性和合理性。同时也要与设计人员进行沟通,核对预算与设计的一致性。

(3)预算调整。如果在绿地工程的规划和设计阶段,发现预算超支或者需要调整预算分配,工程造价人员会使用 CAD 软件进行预算调整,对预算表中的相关项目进行修改,以满足项目的预算要求。

(4)制图编制。在绿地工程的设计阶段,工程造价人员使用 CAD 软件制作绿地工程的图纸,根据项目设计要求和规范,绘制绿地工程的平面图、剖面图和细节图等。这些图纸包含绿地工程的布局、景观元素、材料规格和尺寸等信息,为项目施工提供准确的指导。

(5)制图审查。工程造价人员使用 CAD 软件对绿地工程的图纸进行审查,要核对制图与设计要求的一致性,检查图纸上的尺寸、比例和标注等是否准确、清晰。同时,与设计人员进行沟通,解决制图中的问题和疑问。

(6)文档管理。工程造价人员使用 CAD 软件对绿地工程相关的文件和图纸进行管理,要建立电子档案,存储预算表、制图文件和审查记录等文档,以便随时查阅和追溯。

通过 CAD 软件的应用,城市绿地工程的工程造价人员可以更加高效、准确地进行预算编制、预算审查、预算调整、制图编制和制图审查等工作,确保绿地工程的预算控制和施工图纸的准确性,从而实现绿地工程的顺利实施。

6.室内设计与制图:高级住宅室内设计与制图案例

在高级住宅室内设计与制图中,室内设计师使用 CAD 软件来创建详细的室内设计方案,并制作相应的图纸以指导施工和装饰工作。

(1)方案设计。室内设计师根据客户需求和设计要求,使用 CAD 软件创建高级住宅室内设计方案,考虑空间布局、功能需求、材料选择、色彩搭配等因素,通过 CAD 绘制平面布置图、立面图、透视图等,展示室内空间的整体设计理念和效果。

(2)平面布置图。室内设计师使用 CAD 软件制作高级住宅室内平面布置图,如图 2.51 所示。这些图纸展示了房间的尺寸、墙体位置、家具布置和功能区划等信息。它们用于指导施工人员在实际空间中进行布线、砌墙和家具安装等工作。

(3)立面图。室内设计师使用 CAD 软件绘制高级住宅室内的立面图。这些图纸展示了各个房间的立面细节,包括墙壁装饰、窗户设计、门的位置和样式等。立面图帮助施工人员理解和实施设计师的意图,确保装饰和装修工作的准确性。

(4)透视图。室内设计师使用 CAD 软件制作高级住宅室内的透视图,如图 2.52 所示。透视图通过透视投影技术,展示了房间的三维效果和空间感。这些图纸帮助客户更好地理解设计方案,同时也为施工人员提供了装修和装饰的参考。

(5)详细图纸。室内设计师使用 CAD 软件制作高级住宅室内的详细图纸。这些图纸包括各种细节,如石膏板天花板图、地板铺设图、电气布线图和水暖管道图等。详细图纸为施工人员提供了具体的指导,确保各项工作按照设计要求进行。

通过 CAD 软件的应用,室内设计师能够更加准确、高效地创建高级住宅室内设计方案,并制作相应的图纸以指导施工工作。这有助于实现设计师的意图,并确保高级住宅室内的装修和装饰质量。

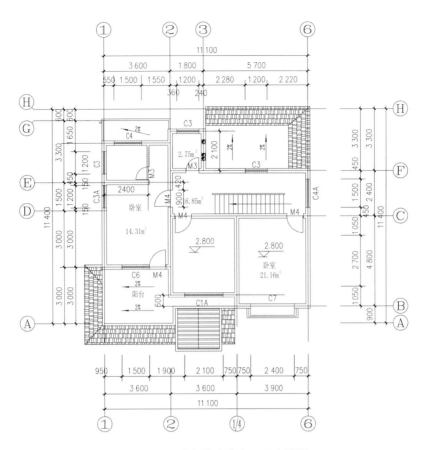

图 2.51　高级住宅室内平面布置图

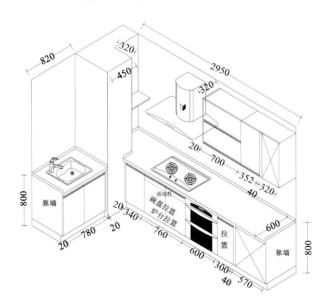

图 2.52　部分三维透视图

7.风景园林设计与制图:城市公园景观设计与制图案例

在城市公园景观设计与制图中,风景园林设计师使用 CAD 软件来创建详细的景观设计方案,并制作相应的图纸以指导施工和建设工作。

(1)方案设计。风景园林设计师根据城市公园的功能需求、环境特点和设计目标,使用 CAD 软件创建景观设计方案,考虑地形地貌、植被配置、景观元素和路径系统等因素,通过 CAD 绘制平面布局图、剖面图、透视图等,公园景观平面设计图如图 2.53 所示,展示公园的整体设计理念和效果。

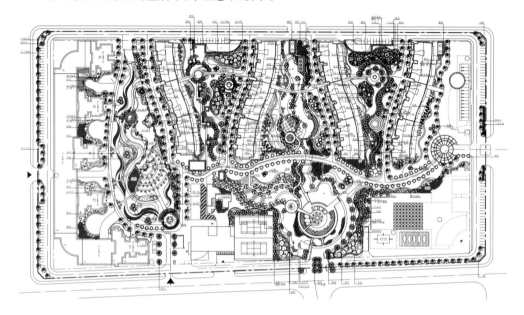

图 2.53 公园景观平面设计图

(2)平面布局图。风景园林设计师使用 CAD 软件制作城市公园的平面布局图。这些图纸展示了公园各个区域的尺寸、路径网络和景观元素布置等信息,用于指导施工人员在实际场地中进行土方工程、植被种植和硬质景观建设等工作。

(3)剖面图。风景园林设计师使用 CAD 软件绘制城市公园的剖面图。这些图纸展示了公园不同区域的地形变化、景观元素高度和水体配置等细节,如图 2.54 所示。剖面图帮助施工人员理解设计师的意图,确保施工过程中的地形造型和景观布置的准确性。

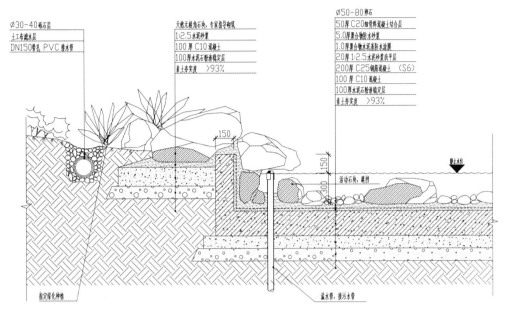

图 2.54　水池剖面图

（4）透视图。风景园林设计师使用 CAD 软件制作城市公园的透视图。透视图通过透视投影技术，展示公园的三维效果和空间感。这些图纸帮助客户和决策者更好地理解设计方案，同时也为施工人员提供了景观建设的参考。

（5）详细图纸。风景园林设计师使用 CAD 软件制作城市公园的详细图纸。这些图纸包括各种细节，如植物配置图、景观照明图和水体系统图等，如图 2.55、2.56 所示。详细图纸为施工人员提供了具体的指导，确保公园的景观元素、植被和水体系统按照设计要求进行建设。

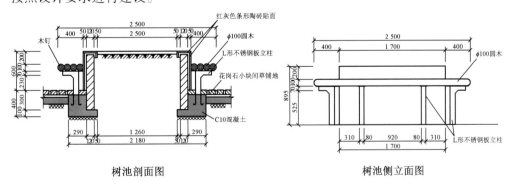

树池剖面图　　　　　　　　　　　　树池侧立面图

图 2.55　细节景观的剖面、立面施工详细图

通过 CAD 软件的应用，风景园林设计师能够更加准确、高效地创建城市公园的景观设计方案，并制作相应的图纸以指导施工和建设工作。这有助于实现设计师的意图，并确保城市公园的景观质量和用户体验。

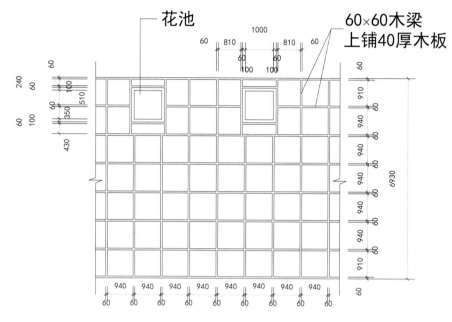

图 2.56　CAD 绘制木栈道梁平面图

8. 建筑电气设计与制图:办公楼电气系统设计与制图案例

在办公楼电气设计与制图中,使用 CAD 软件可以有效地进行电气系统的设计和制图工作。

(1)电气系统设计。

①办公楼电源布置图。使用 CAD 软件绘制办公楼电源布置图,如图 2.57 所示,标注主配电房、分配电盘、开关柜和电源插座等设备的位置和连接方式。

②照明系统设计。使用 CAD 软件设计办公楼的照明系统,包括照明灯具的布置、开关的位置、灯具的回路连接等信息。

③动力系统设计。使用 CAD 软件设计并绘制办公楼的动力系统,包括插座和电器设备的布置、电缆的敷设路径和连接方式等信息。

④火灾报警系统设计。使用 CAD 软件设计办公楼的火灾报警系统,包括火灾报警探测器的布置、报警设备的位置和联动控制等信息。

(2)电气系统制图。

①电气布线图。使用 CAD 软件制作办公楼电气布线图,标注电缆的敷设路径、电缆规格、连接点和接线方式等信息。

②照明布置图。使用 CAD 软件制作办公楼照明布置图,标注照明灯具的位置、类型和回路连接等信息。

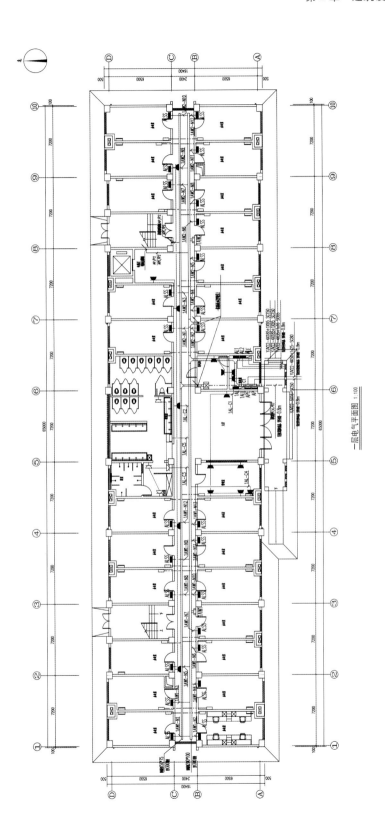

图2.57　办公楼电源布置图

③动力布置图。使用CAD软件制作办公楼动力布置图,标注插座和电器设备的位置、规格和回路连接等信息。

④火灾报警布置图:使用CAD软件制作办公楼火灾报警布置图,标注火灾报警探测器和报警设备的位置、类型和联动控制方式等信息。

通过CAD软件的应用,可以更准确、高效地设计和建设办公楼的电气系统。制作电气设计图纸和布置图纸可以提供详细的信息和指导,有助于电气工程师和施工人员进行电气系统的安装和维护工作。此外,CAD软件还可以方便地进行设计修改和更新,以满足不同项目需求和标准要求。

第3章 CAD 基础知识

在建筑信息化的演变中,CAD 起着至关重要的作用。本章将以 CAD 为主题,从其基本概念和原理、软件操作和工具、绘图准则和标准,到文件格式和交换,以及在建筑设计中的应用等方面展开介绍,让读者对 CAD 有一个全面的理解。

3.1 CAD 的基本概念和原理

3.1.1 CAD 的定义

CAD 是一种利用计算机技术辅助进行设计和绘图的工具和技术。软件提供了一系列功能和工具,使设计师能够创建、修改和优化各种类型的图形和模型。

CAD 的定义可以从以下几个方面来理解。

(1)设计工具。CAD 是一种设计工具,它通过计算机技术和软件实现了传统手绘设计的数字化替代。设计师可以使用 CAD 软件进行二维和三维图形的绘制、编辑、修改和分析。如图 3.1 所示为通过 CAD 软件绘制建筑二维施工图。

(2)自动化和效率。CAD 软件具有自动化功能,可以自动执行一些重复性的任务,如尺寸标注、图形复制和变换等,以提高设计的效率和准确性。此外,CAD 软件还提供了各种设计工具和功能,如草图工具、构建工具和模型库等,使设计过程更加快捷和方便。

(3)可视化和演示。CAD 软件可以生成高质量的可视化图像和模型,使设计师能够更清晰地展示设计概念和方案。通过 CAD 软件,设计师可以从不同视角观察和分析设计,进行灯光和材质的模拟,以便团队更好地理解设计意图。

(4)数据交互和协作。CAD 软件支持多种数据格式的导入和导出,使设计团队能够在不同的软件和平台之间进行数据交流和协作。如图 3.2 所示为 CAD 图纸导出为 JPG 图片。设计师可以与其他专业人员共享 CAD 文件,进行设计审查和协同工作,以提高团队合作的效率和质量。

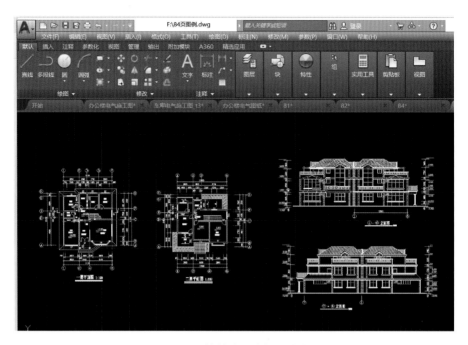

图 3.1 CAD 软件绘制建筑二维施工图

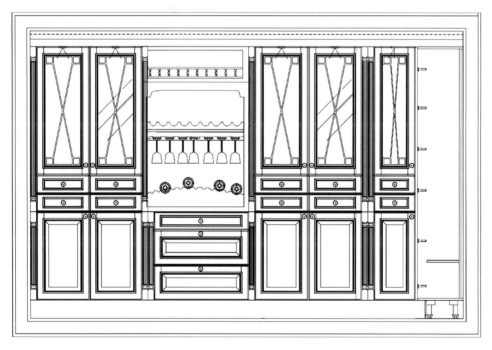

图 3.2 CAD 图纸导出为 JPG 图片

　　总之,CAD 是一种利用计算机技术进行设计和绘图的工具和技术,它提供了丰富的功能和工具,使设计师能够以更高效、准确和可视化的方式进行设计工作。CAD 在各种领域的设计和工程中都得到了广泛的应用,如建筑设计、机械设计和电子设计等。

3.1.2　CAD 的发展历程

（1）早期研究阶段（20 世纪 50 年代）。在早期研究阶段，CAD 主要是针对计算机技术的研究和探索。这个时期的 CAD 软件主要关注数学建模和计算机图形学等基础理论的发展。

（2）计算机辅助设计工具的引入（20 世纪 70 年代）。随着计算机技术的进步，第一批商业化的 CAD 原型软件开始出现。这些原型软件主要用于二维绘图和简单的几何建模。这个时期的 CAD 原型软件主要面向机械设计和电子设计等领域。

（3）三维建模和渲染技术的发展（20 世纪 80 年代）。随着计算机图形学和硬件技术的进步，三维建模和渲染技术在 CAD 领域得到广泛应用。这个时期的 CAD 软件系统能够进行更复杂的三维建模和真实感渲染，为设计师提供更具表现力和可视化的工具，如图 3.3 所示。

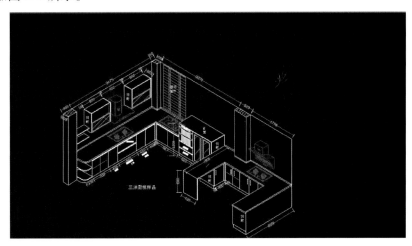

图 3.3　CAD 绘制三维建模界面展示

（4）数据库和参数化设计的引入（20 世纪 90 年代）。随着计算机存储和处理能力的提升，CAD 软件开始引入数据库和参数化设计的概念。这使得设计师可以更好地管理和重用设计数据，并实现参数化和自动化设计。

（5）BIM 的兴起及 CAD 与云计算、人工智能的融合（2000 年至今）。BIM（building information modeling）作为 CAD 软件的一个重要发展方向，从设计到建造和管理阶段提供了全生命周期的信息集成。如图 3.4 所示为 BIM 三维建模绘图界面展示。BIM 通过集成建筑模型和相关信息，促进了设计团队和利益相关方之间的协作和沟通。近年来，CAD 技术与云计算、人工智能等新兴技术的融合进一步推动了 CAD 的发展。云计算提供了更高效的数据存储和处理能力，人工智能为 CAD 软件带来了智能化的功能和自动化的设计工具。

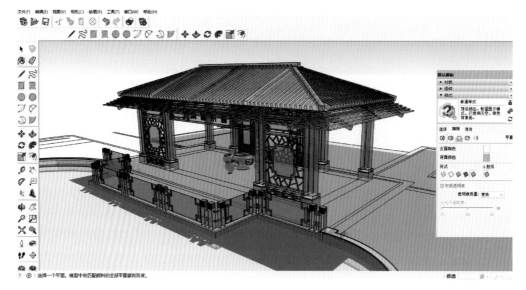

图 3.4 BIM 三维建模绘图界面展示

总体而言,CAD 经历了从二维绘图到三维建模、数据库管理、参数化设计、BIM 以及与新兴技术的融合等多个阶段的发展。CAD 软件成为现代设计工作中不可或缺的一部分,是一款强大、高效的设计软件。

3.1.3 CAD 的基本组成

CAD 软件的基本组成包括以下几个部分。

(1)用户界面(UI)。CAD 软件通常提供一个用户界面,用于与设计师进行交互。用户界面包括菜单、工具栏、命令行或图形界面等,使设计师能够方便地操作和控制 CAD 软件。

(2)绘图和建模工具。CAD 软件提供各种绘图和建模工具,用于创建、编辑和修改设计图和模型。这些工具包括线段、圆弧、多边形、曲线、曲面等几何元素的绘制工具,以及拉伸、旋转、缩放、倾斜、剖切等操作工具。

(3)数据库和数据管理。CAD 软件使用数据库来存储和管理设计数据。这些数据库可以包含设计图形、模型、属性、材料信息、尺寸约束等与设计相关的数据。通过数据库,设计师可以方便地管理和查询设计数据,并实现数据共享和协作。

(4)渲染和可视化工具。CAD 软件通常提供渲染和可视化工具,用于将设计图形和模型以更真实、逼真的方式显示出来。这些工具包括光照、阴影、纹理、材质、透明度等效果的设置,以及渲染算法和渲染引擎,用于生成高质量的渲染图像和动画。

(5)数据交换和格式。CAD 软件支持各种数据交换和格式,以便与其他设计工具和系统进行数据交流和共享。常见的 CAD 数据格式包括 DWG(AutoCAD 原生格式)、

DXF(数据交换格式)、STEP(标准化产品数据交换格式)等,这些格式使得 CAD 软件能够与 BIM 软件和制造系统进行数据集成和相互操作。

(6)自动化功能和编程接口。CAD 软件通常提供自动化功能和编程接口,允许用户编写脚本、宏或自定义程序来扩展 CAD 功能和自动化设计过程。这些接口基于特定的编程语言或脚本语言,如 AutoLISP、Python 和 Visual Basic 等。

(7)辅助分析和仿真工具。一些 CAD 软件提供辅助分析和仿真工具,用于评估设计的性能、可行性和安全性。这些工具包括结构分析、流体力学分析、碰撞检测、可视化仿真等,帮助设计师进行设计优化和决策。

以上是 CAD 软件的基本组成部分。不同的 CAD 软件可能会有不同的特点和功能,以满足不同领域和行业的设计需求。

3.2 CAD 软件的基本操作和工具

3.2.1 常用 CAD 软件简介

以下是几种常用 CAD 软件的简介。

1. AutoCAD

AutoCAD 是由 Autodesk 开发的最著名和被广泛使用的 CAD 软件之一。它提供了强大的二维和三维设计工具,适用于各种领域,包括建筑、土木工程和机械设计等。AutoCAD 具有丰富的绘图和建模功能,支持自定义命令和界面,以及数据交换和协作。

2. SolidWorks

SolidWorks 是一款专注于三维机械设计的 CAD 软件,其绘图界面如图 3.5 所示。它提供了全面的建模和装配工具,可以进行零件设计、装配设计和工程图的创建。SolidWorks 具有友好的用户界面和强大的模拟和分析功能,可用于产品设计和工程计算。

3. CATIA

CATIA 是由达索公司开发的一款全面的 CAD/CAM/CAE 软件。它广泛应用于航空航天、汽车和工业设计等领域。CATIA 具有强大的三维建模和装配功能,支持复杂曲面设计和大型装配体的管理。

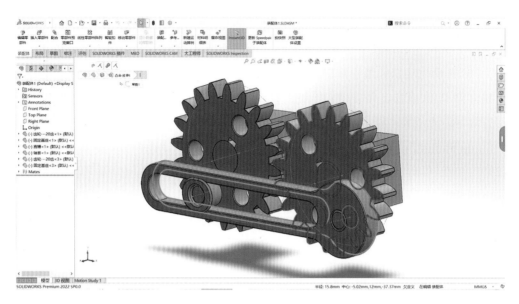

图 3.5　SolidWorks 绘图界面

4. Autodesk Revit

Autodesk Revit 是一款专注于 BIM 的 CAD 软件,其绘图界面如图 3.6 所示。它提供了完整的建筑设计和建模工具,可以进行建筑物的三维建模、参数化设计和施工文档生成。Autodesk Revit 具有实时协作和数据共享功能,适用于建筑行业的全过程管理。

图 3.6　Autodesk Revit 绘图界面

5. SketchUp

SketchUp 是一款易于学习和使用的 3D 建模软件,其绘图界面如图 3.7 所示。它主要用于建筑、室内设计和景观设计等领域。SketchUp 具有直观的绘图工具和丰富的模型库,支持快速创建和编辑 3D 模型。

图 3.7　SketchUp 绘图界面

6. Rhino

Rhino(Rhinoceros)是一款强大的三维建模软件,主要用于工业设计、珠宝设计和造型艺术等领域。Rhino 具有灵活的曲面建模和自由形式设计工具,支持广泛的文件格式和插件扩展。

这些 CAD 软件具有不同的特点和适用领域,根据具体的设计需求和行业特点,选择适合的 CAD 软件可以提高工作效率和设计质量。

3.2.2　CAD 绘图工具

CAD 绘图工具是用于创建和编辑 CAD 图纸的软件工具。这些工具提供了丰富的绘图功能和操作选项,使用户能够绘制、修改和管理各种设计元素,CAD 绘图界面主菜单如图 3.8 所示。以下是一些常见的 CAD 绘图工具。

图 3.8 CAD 绘图界面主菜单

1. 绘图工具

(1)直线工具:用于绘制直线段。

(2)弧线工具:用于绘制弧线或圆弧。

(3)多边形工具:用于绘制多边形,如三角形、四边形等。

(4)圆工具:用于绘制圆。

(5)椭圆工具:用于绘制椭圆或椭圆弧。

2. 修改工具

(1)移动工具:用于移动绘图元素的位置。

(2)缩放工具:用于调整绘图元素的大小,如图 3.9 所示。

(3)旋转工具:用于旋转绘图元素的角度,如图 3.10 所示。

(4)拷贝工具:用于复制绘图元素。

(5)偏移工具:用于在图纸上创建平行的线或形状。

(6)标注工具:用于标注图例的具体尺寸与文字描述,如图 3.11 所示。

(7)尺寸工具:用于添加尺寸标注,测量长度、角度等。

(8)文字工具:用于添加文字注释或标签,如图 3.12 所示。

(9)标志工具:用于标记特定的点、位置或特征,如图 3.13 所示。

3. 图层工具

(1)图层管理工具。如图 3.14 所示,图层管理工具用于创建、编辑和管理不同的图层,以便于组织和控制图纸上的绘图元素。

(2)图层属性工具。用于设置图层的可见性、颜色和线型等属性。

4. 填充和渲染工具

(1)填充工具:用于填充封闭形状的颜色、图案或渐变。如图 3.15 所示为应用 CAD 填充工具绘制建筑立面材质。

(2)渲染工具:用于在 3D 模型中添加材质、纹理和光照效果。

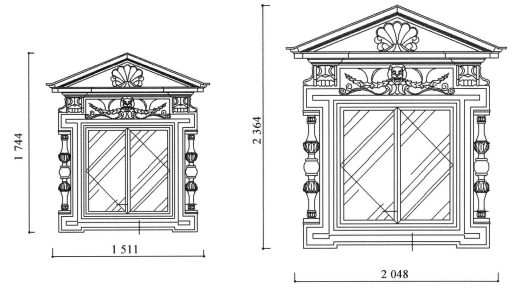

图 3.9   应用 CAD 缩放命令调整绘图元素的大小

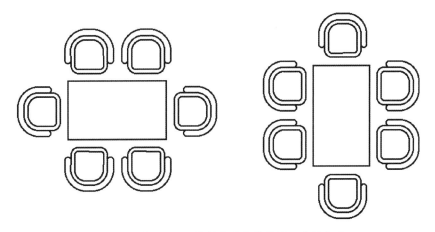

图 3.10   应用 CAD 旋转命令旋转绘图元素的角度

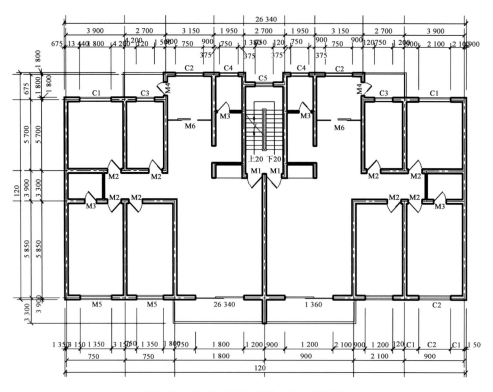

图 3.11　CAD 绘制建筑施工图中的标注

图例表

序号	图例	名　称　及　规　格	安装高度	备　　注
1	⊗	灯　1X13W	安装高度　2.4米	
2	⊘	金卤灯　1X70W	安装高度　3.5米	
3	▭	安全出口标志灯　1X2.5W　PAK-Y01-101E08X	安装高度　2.4米	应急时间不少于　90分钟
4	▬	节能吸顶灯　T5/28W　PAK190400	吸顶安装	
5	⊛	防水防尘灯　PAK190300	吸顶安装	
6	▣	应急灯　2X3W　PAK-Y10-208AX	安装高度　2.4米	应急时间不少于　90分钟
7	⊙	节能吸顶灯　2X22W　PAK190400	吸顶安装	
8	✦	暗装三极开关　V33/1/2AY	安装高度　1.3米	
9	✦	暗装双极开关　V32/1/2CY	安装高度　1.3米	
10	✦	暗装单极开关　V31/1/2BY	安装高度　1.3米	
11	✆	声控开关　VS01	安装高度　1.8米	仅声控
12	⬓	单相二、三极插座　V15/10USL	安装高度　0.3米	
13	⬓	单相三极插座　V15/15CS	安装高度　2.0米	热水器(浴厕)安装高度　0.3米
14	⬓	单相防溅三极插座　V15/15CS	安装高度　2.3米	带防溅盖
15	⬓	单相带开关二、三极插座　V15/10USL	安装高度　1.8米	
16	⬓	单相防溅二、三极插座　V15/10USL	安装高度　1.4米	带防溅盖
17	⬓	单相带开关二、三极插座　V15/10USL	安装高度　1.1米	
18	⊡	电话插座　VT01	安装高度　0.3米	
19	⊡	信息插座　VC01	安装高度　0.3米	
20	⊡	电视插座　V31VTV75	安装高度　0.3米	
21	⊡	室内对讲分机	安装高度　1.3米	
22	⊙	紧急呼叫按钮	安装高度　1.0米	
23	▣	门铃按钮	安装高度　1.3米	

图 3.12　应用 CAD 添加文字注释

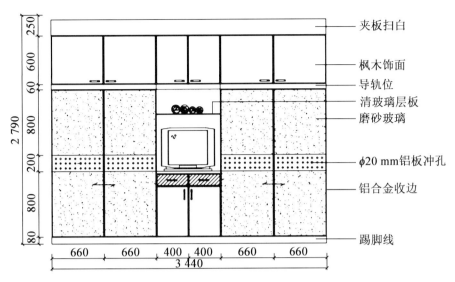

图 3.13　应用 CAD 标记

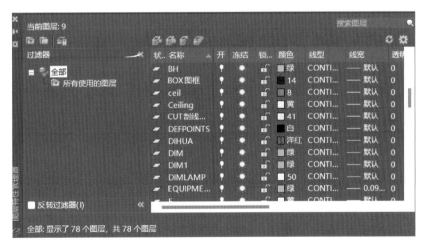

图 3.14　CAD 图层管理工具

5. 块和符号工具

(1)块工具:用于创建和管理块,以便于重复使用和组织复杂的绘图元素。块定义对话框如图 3.16 所示,菜单栏插入块如图 3.17 所示。

(2)符号库工具:用于访问和插入预定义的符号和图形。

6. 文件导入和导出工具

(1)导入工具。

用于将其他文件格式(如图像、CAD 文件等)导入到 CAD 软件中。CAD 软件中导入 PDF 文件下拉菜单如图 3.18 所示。

(2)导出工具:用于将 CAD 图纸导出为其他文件格式(如图像、PDF 文件等)。

CAD 图纸导出 PDF 文件对话框如图 3.19 所示。

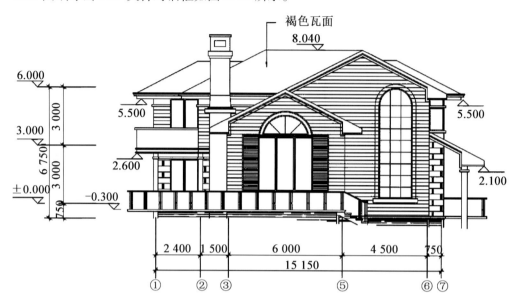

图 3.15　应用 CAD 填充工具绘制建筑立面材质

图 3.16　块定义对话框

图 3.17　菜单栏插入块

图 3.18　CAD 软件中导入 PDF
文件下拉菜单

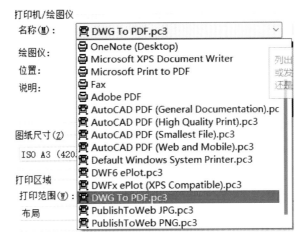

图 3.19　CAD 图纸导出 PDF 文件对话框

以上是常见的 CAD 绘图工具,不同的 CAD 软件可能会有不同的工具名称和功能组合。使用这些工具,用户可以灵活地创建、编辑和处理 CAD 图纸,实现各种绘图需求和设计目标。

3.2.3　CAD 修改工具

CAD 软件提供了多种修改工具,用于编辑和修改绘图元素。以下是常见的 CAD 修改工具。

(1)移动工具:用于移动绘图元素的位置。可以选择一个或多个对象,并通过拖动来改变它们的位置。应用 CAD 移动命令绘制室内布置图如图 3.20 所示。

(2)缩放工具:用于调整绘图元素的大小。可以选择一个或多个对象,并通过拉伸或收缩来改变它们的尺寸。

(3)旋转工具:用于旋转绘图元素的角度。可以选择一个或多个对象,并通过拖动旋转手柄来改变它们的方向。

(4)镜像工具:用于创建绘图元素的镜像副本。可以选择一个或多个对象,并指定镜像轴来生成镜像对象。应用 CAD 镜像命令绘制中式家具如图 3.21 所示。

(5)数组工具:用于创建对象的副本,并按照指定的模式进行排列。可以创建直线、圆弧、矩形等类型的阵列。

(6)复制工具:用于复制绘图元素。可以选择一个或多个对象,并将它们粘贴到新的位置。应用 CAD 复制命令复制建筑外立面窗户如图 3.22 所示。

(7)偏移工具:用于在图纸上创建平行的线或形状。可以选择一个对象,并指定偏移距离来生成平行对象。

(8)删除工具:用于删除绘图元素。可以选择一个或多个对象,并删除它们。

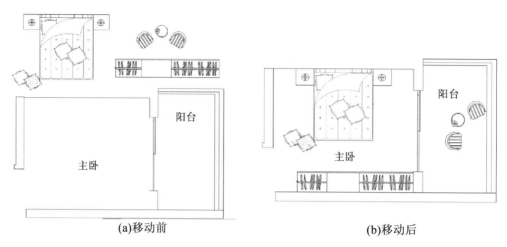

(a)移动前　　　　　　　　　　　　　(b)移动后

图 3.20　应用 CAD 移动命令绘制室内布置图

(9)修改节点工具:用于编辑多边形、曲线等形状的节点。可以添加、删除或移动节点来修改形状。

(10)修改属性工具:用于编辑绘图元素的属性,如颜色、线型和线宽等。可以选择一个或多个对象,并更改它们的属性。

以上是常见的 CAD 修改工具,不同的 CAD 软件可能会有不同的工具名称和功能。这些工具使用户能够灵活地编辑和修改 CAD 图纸,以满足设计需求和要求。

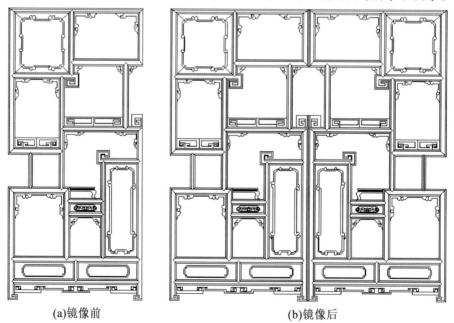

(a)镜像前　　　　　　　　　　　　　(b)镜像后

图 3.21　应用 CAD 镜像命令绘制中式家具

(a)复制前

(b)复制后

图 3.22　应用 CAD 复制命令复制建筑外立面窗户

3.3　CAD 绘图准则和标准

3.3.1　CAD 绘图准则

CAD 绘图准则是为了确保绘制的图纸具有一致性、准确性和可读性,提高绘图效率和信息传达的清晰度而制定的一系列规定和规范。以下是一些常见的 CAD 绘图准则。

1.图纸布局和比例

(1)使用标准图纸尺寸,如 A0、A1、A2 等,并确保图纸布局整齐、对称。CAD 图纸布局如图 3.23 所示。

(2)使用合适的比例,通常使用 1∶1、1∶50、1∶100 等比例绘图。

图 3.23　CAD 图纸布局

2.绘图单位和精度

(1)使用统一的绘图单位,如 mm、m 等,并在图纸上标明单位。

(2)确定绘图精度,根据需要选择合适的精确度。

3.图层和图例

(1)使用合适的图层来组织绘图元素,如建筑、结构和电气等,以便于管理和控制显示。

(2)创建详细的图例,解释图纸上使用的符号、线型和颜色等。制图中线型、线宽的国家标准见表 3.1。

表 3.1　线型、线宽的国家标准

名称		线型	线宽	一般用途
实线	粗		b	主要可见轮廓线
	中		$0.5b$	可见轮廓线、尺寸起止符等
	细		$0.25b$	可见轮廓线、图例线、尺寸线和尺寸界线等

续表 3.1

名称		线型	线宽	一般用途
虚线	粗	▬ ▬ ▬ ▬ ▬	b	见有关专业制图标准
	中	— — — — —	$0.5b$	不可见轮廓线
	细	- - - - - - -	$0.25b$	不可见轮廓线、图例线等
单点长画线	粗	▬ ▪ ▬ ▪ ▬	b	见有关专业制图标准
	中	— · — · —	$0.5b$	见有关专业制图标准
	细	—·—·—·—	$0.25b$	中心线、对称线等
双点长画线	粗	▬ ▪ ▬ ▪ ▬	b	见有关专业制图标准
	中	— ·· — ·· —	$0.5b$	见有关专业制图标准
	细	—··—··—	$0.25b$	假想轮廓线、成形前原始轮廓线
波浪线		～～～	$0.25b$	断开界线
折断线		—／\／\—	$0.25b$	断开界线

4. 标注和尺寸

（1）使用准确的标注和尺寸,确保图纸上的尺寸符合实际设计要求。

（2）使用一致的标注符号和字体,保持标注的可读性和一致性,符号及标高数字的注写如图 3.24 所示。

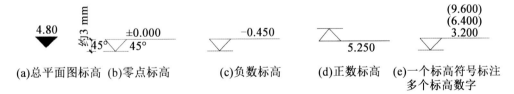

(a)总平面图标高　(b)零点标高　　(c)负数标高　　(d)正数标高　(e)一个标高符号标注
多个标高数字

图 3.24　符号及标高数字的注写

5. 图形和线型

（1）使用清晰的线型和线宽,以区分不同的绘图元素和层次。

（2）绘制准确的图形,确保线条的连续性和平滑性。

6. 文字和注释

（1）使用易读的字体和字号,确保文字清晰可辨。

（2）添加必要的注释和说明,解释图纸上的绘图意图和设计要求。

7. 图纸管理和版本控制

(1)对图纸进行适当的管理,包括文件命名、版本控制和备份。

(2)保留历史版本的图纸,并记录修改和更新的信息。

以上是一些常见的 CAD 绘图准则,根据具体项目和要求,可能会有其他特定的准则和规范。在实际绘图过程中,应根据相关标准和组织要求进行绘图,以确保图纸的质量和一致性。

3.3.2　CAD 国际及国内标准

CAD 国际及国内标准有以下几种。

1. 国际标准

STEP 标准(standard for the exchange of product model data),在 CAD 和相关领域(如 CAM(计算机辅助制造))中,为产品数据交换提供了一种中性的、不依赖于具体系统的机制,使不同软件工具之间能够无缝地共享和交换产品数据。

2. 国内标准

(1)《CAD 工程制图规则》(GB/T 18229—2000):该标准规定了使用 CAD 进行工程制图时应遵循的基本规则,包括图纸幅面、格式、图层、线型、字体、尺寸标注等方面的要求。它对于统一 CAD 制图规范、提高制图效率和质量具有重要意义。

(2)《机械工程 CAD 制图规则》(GB/T 14665—2012):该标准针对机械工程领域的 CAD 制图,详细规定了图纸的基本要求、内容、表示方法等,为机械行业的 CAD 制图提供了统一的标准和规范。

(3)《房屋建筑制图统一标准》(GB/T 50001—2010):该标准适用于房屋建筑领域的 CAD 制图,包括建筑、结构、给水排水、电气、暖通等专业的制图规则,确保了房屋建筑图纸的准确性和一致性。

(4)《CAD 通用技术规范》(GB/T 17304—2009):虽然该标准已较旧,但它为 CAD 系统的开发和应用提供了一套通用的技术规范,包括 CAD 系统的功能、性能、数据交换格式、图形符号等方面的要求。

这些标准旨在规范和统一 CAD 和 BIM 领域的数据交换、文件格式、技术规范、模型结构等方面的要求,以提高信息交流和协同工作的效率和准确性。在实际应用中,不同国家和行业可能会根据自身需要制定特定的标准和规范,因此,还应根据具体情况参考和遵循相关的地区和行业标准。

3.4　CAD 绘图文件格式和交换

3.4.1　CAD 主要文件格式

CAD 软件可以使用多种文件格式来存储和交换绘图数据。以下是一些常见的 CAD 主要文件格式。

（1）DWG（drawing）。DWG 是 AutoCAD 的原生文件格式，广泛用于 CAD 设计和绘图。它是二进制格式，可以包含多个图层、对象和属性信息。

（2）DXF（drawing exchange format）。DXF 是一种通用的 CAD 文件格式，用于在不同的 CAD 软件之间交换绘图数据。它支持几乎所有 CAD 元素和属性。

（3）DGN（design）。DGN 是 MicroStation 软件使用的文件格式。它类似于 DWG，包括图层、对象和属性信息。

（4）STL（standard template library）。STL 是一种用于三维打印和快速原型制造的文件格式。它以三角形网格的形式描述了三维模型的表面几何形状。

（5）PDF（portable document format）。PDF 是一种通用的电子文档格式，广泛用于共享和查看 CAD 图纸。CAD 软件通常支持将图纸导出为 PDF 文件，以便与他人共享，如图 3.25 所示。

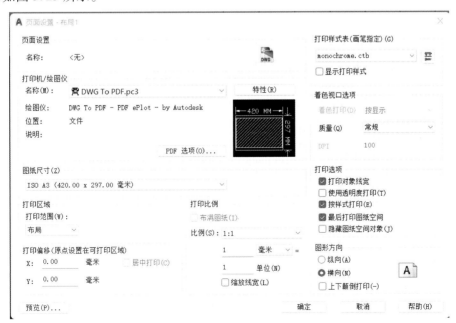

图 3.25　CAD 导出 PDF 文件的过程

（6）IGES（initial graphics exchange specification）。IGES 是一种用于交换二维和三

维图形数据的中间文件格式。它用于在不同的 CAD 软件之间转换和共享图形数据。

（7）STEP（standard for the exchange of product model data）。STEP 是一种通用的 CAD 文件格式,用于在不同的 CAD 软件之间交换产品数据。它支持几何、拓扑和属性信息的传输。

以上是主要的 CAD 文件格式,不同的 CAD 软件可能支持某种特定的文件格式或版本。在 CAD 设计中,正确的文件格式选择和文件交换是确保设计数据准确传递和共享的关键。

3.4.2　CAD 文件交换技术

CAD 文件交换是将 CAD 图纸从一个 CAD 软件格式转换为另一个 CAD 软件可识别的格式,以便在不同的 CAD 软件之间共享和使用,从而促进了设计流程的效率和协作。以下是一些常见的 CAD 文件交换技术。

1. DXF（drawing exchange format）

DXF 分为 ASCII 格式和二进制格式,前者可读性好但占用空间大,后者读取速度快且占用空间小。DXF 文件可以包含图形、文本和属性等元素,能够轻松地转换到其他 CAD 软件中。

2. DWG（drawing file）

DWG 是 AutoCAD 的原生文件格式,虽然不如 DXF 开放,但广泛被 AutoCAD 用户所使用。新版本的 DWG 文件可能无法被旧版本的 AutoCAD 直接打开,但通常可以转换为 DXF 进行兼容性处理。

3. STEP（standard for the exchange of product model data）

STEP 在许多领域都有应用,特别是需要高精度和完整产品定义的领域,如航空航天和汽车制造。

4. IGES（initial graphics exchange specification）

IGES 是一种较早的 CAD 数据交换标准,尽管现在逐渐被 STEP 所取代,但在某些领域仍然被广泛使用。它支持多种 CAD 软件之间的几何数据交换,但可能不支持非几何数据（如材料和属性）。

5. STL（stereolithography）

STL 是一种用于 3D 打印的标准文件格式,它使用三角形网格来表示三维对象。STL 主要用于 3D 打印,但设计师也经常将其用于在不同 CAD 软件之间交换三维模型。

6. 3D PDF

3D PDF 是一种可以包含三维数据的 PDF 文件格式,用户可以在没有 CAD 软件的情况下查看和交互三维模型,适合于设计评审、客户沟通和协作。

7. 云存储和在线协作工具

随着云技术的发展,越来越多的 CAD 软件开始支持在线协作和云存储功能。设计师可以直接在云端共享 CAD 文件,并与团队成员或客户实时协作,大大提高工作效率。

8. 专用数据交换插件和 API

一些 CAD 软件提供了专用的数据交换插件和 API,使得用户可以直接在软件内部导入或导出特定格式的文件。这些插件和 API 通常针对特定的行业需求或工作流程进行优化。

3.5 CAD 在建筑设计中的应用

3.5.1 CAD 在建筑设计中的角色

CAD 在建筑设计中起着重要的角色,以下是一些 CAD 在建筑设计中的主要作用。

1. 绘图和设计

CAD 是建筑师和设计师创作和表达设计理念的主要工具。它提供了丰富的绘图工具和功能,使设计师能够创建精确、准确的平面图、立面图、剖面图和施工细节图等。CAD 绘制住宅楼平面施工图如图 3.26 所示。利用 CAD 软件设计师可以快速、灵活地进行设计,尝试不同的设计方案,并进行修改和调整。

2. 三维建模

CAD 软件支持三维建模功能,使设计师能够创建立体的建筑模型。通过三维建模,设计师可以更好地呈现设计概念,从不同的角度观察建筑空间,检查设计的一致性和合理性,以及进行空间布局的优化。CAD 软件绘制三维建筑模型如图 3.27 所示。

3. 数据管理和协作

CAD 软件提供了数据管理和协作的功能,使设计团队能够共享和管理设计数据。设计师可以将设计文件存储在统一的数据库中,便于团队成员访问和更新数据。此外,CAD 软件还支持版本控制、注释和标记、设计反馈和审核等功能,以促进团队内部的协作和沟通。如图 3.28 所示,建筑施工图可以存储在统一数据库中,方便查找使用。

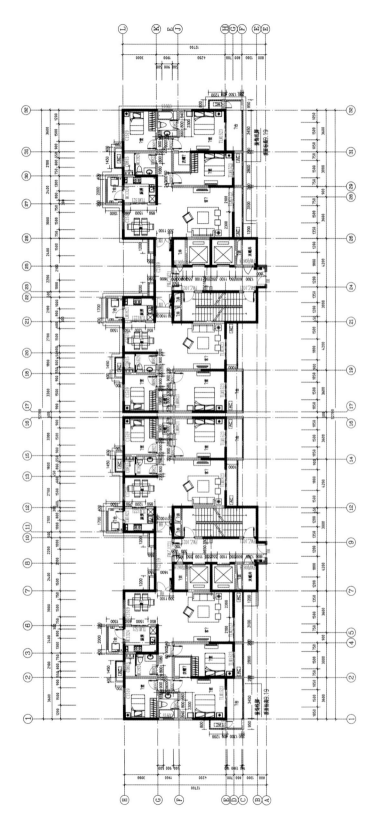

图3.26 CAD绘制住宅楼平面施工图

图 3.27　CAD 软件绘制三维建筑模型

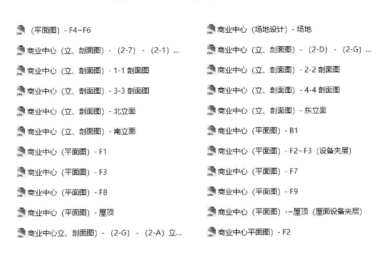

图 3.28　CAD 施工图纸数据库

4. 施工图绘制

施工图是建筑设计的最终成果,它详细描述了建筑物的各个部分、尺寸、材料和施工要求。通过 CAD 软件,设计师可以绘制符合标准和规范的施工图,提供给施工团队参考和执行。

5. 可视化和渲染

CAD 软件提供了可视化和渲染功能,使设计师能够将设计模型呈现为具有真实感和高质量的图像或动画。这有助于客户、利益相关者和决策者更好地理解和评估设计方案。

总而言之,CAD 为建筑设计提供绘图、建模、数据管理、协作、施工图绘制和可视化等功能。它提高了设计效率和精确度,促进了团队协作和沟通,帮助设计师实现创意的表达和设计目标的实现。

3.5.2　CAD 在建筑设计中的应用案例

CAD 在建筑室内设计中有着广泛的应用,以下是一个餐饮空间的 CAD 应用案例。

1. 项目背景

该项目为一家高端餐厅的室内设计。餐厅位于市中心繁华的商业街区,占地约 800 m²,拥有两层楼面。风格为新中式,融合现代与传统元素,材料以石材、青砖、瓦片、木材为主。

2. CAD 应用过程

(1)概念设计与方案初步确定。在概念设计阶段,设计团队通过使用 CAD 软件绘制初步的平面布局图,包括用餐区、吧台、厨房、卫生间等各个功能区域的位置和大小,通过多次协商修改,确定餐厅空间布局,如图 3.29 所示。

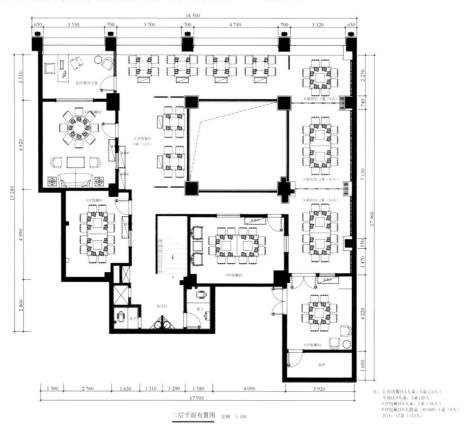

二层平面布置图　比例　1:100

图 3.29　CAD 绘制餐厅二层平面布置图

(2)深化设计与效果图制作。在平面布局确定后,可以使用 CAD 进行深化设计,绘制详细的立面图、剖面图、节点图等。如图 3.30 所示,对每个区域的装修材料、颜色、灯光等进行细致规划。同时,利用 CAD 软件的三维建模功能,制作餐厅的三维效果图,让业主能够更直观地了解设计效果。

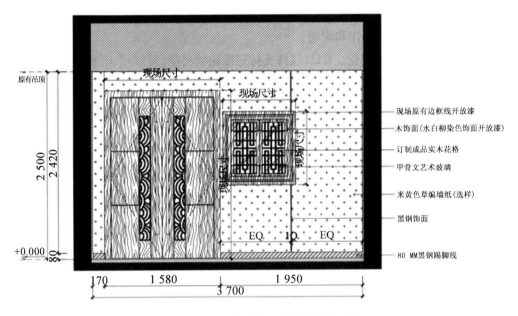

图 3.30　CAD 绘制餐厅包间立面施工图

(3)施工图绘制与材料清单编制。深化设计完成后,设计团队进一步绘制了施工图,包括平面施工图、立面施工图、剖面施工图等。这些图纸详细标注了每个施工节点的尺寸、材料、做法等信息,如图 3.31 所示,为施工提供了准确的依据。同时,利用 CAD 软件的统计功能编制详细的材料清单,方便采购和施工管理。

(4)数据管理和协作。CAD 软件提供了数据管理和协作功能,使设计团队能够共享和管理设计数据。设计师可以将设计文件存储在统一的数据库中,方便团队成员之间的访问和更新。此外,CAD 软件还支持版本控制、注释和标记、设计反馈和审核等功能,促进团队内部的协作和沟通。

墙　身　图　例			
■	原建筑墙体填充	▨	轻质砌块或实心砖墙
⊠	木结构墙体	▨	拆除墙体
▨	钢架墙体	□	轻钢龙骨隔墙

图 3.31　CAD 绘制墙身图例

（5）数据管理和协作。CAD软件提供了数据管理和协作功能，使设计团队能够共享和管理设计数据。设计师可以将设计文件存储在统一的数据库中，方便团队成员之间的访问和更新。此外，CAD软件还支持版本控制、注释和标记、设计反馈和审核等功能，促进团队内部的协作和沟通。

（6）三维建模和可视化。CAD软件支持三维建模功能，可以用于创建建筑的三维模型。设计师可以利用CAD工具创建准确的建筑模型，展示建筑物的外观、结构和空间布局。这些模型可以用于可视化和渲染，生成逼真的图像和动画，以便客户和利益相关者更好地理解设计方案。在CAD施工图的基础上绘制建筑模型如图3.32所示。

图 3.32 在 CAD 施工图的基础上绘制建筑模型

该案例只是建筑设计中CAD应用的一小部分，CAD软件在建筑、室内设计中应用非常广泛。它提供了强大的工具和功能，帮助设计师实现设计目标，提高设计效率和准确性，并促进团队的协作和沟通。

第4章 BIM 基础知识

在建筑信息化的发展过程中,BIM 是一个核心的概念,它对于提高设计效率和提升工程质量起着至关重要的作用。本章内容包括 BIM 的基本概念和原理、软件操作和工具、协作和数据管理、BIM 的构建和分析,以及 BIM 在建筑设计中的应用。

4.1 BIM 的基本概念和原理

4.1.1 BIM 的定义

建筑信息模型(building information modeling,BIM)是一种基于数字化建模的综合性建筑设计与管理方法。它通过集成多个相关方面的信息(如几何形状、材料属性、施工工艺、时间安排和成本估算等),创建一个全面且可视化的建筑项目模型。

BIM 的定义可以从以下几个方面来理解。

1.建筑信息模型

BIM 软件将三维模型作为信息的核心。这个模型是一个数字化、可视化、多维度的建筑项目模型(图 4.1),包含了建筑物的几何形状、结构、设备和材料等信息。

图 4.1　BIM 创建建筑三维模型

2.综合性方法

BIM 不仅仅是一个软件或工具,而是一种综合性的建筑设计与管理方法。它涵盖了从概念设计阶段到施工、运营和维护阶段,整个建筑项目的生命周期。

3.信息集成

BIM 通过集成各种相关方面的信息,使得不同专业的设计师、工程师和施工人员可以在同一个平台上协同工作。这些信息包括几何形状、空间关系、材料属性、施工工艺、时间计划和成本估算等。

4.可视化和协作

BIM 提供了可视化的建筑项目模型,使设计团队和利益相关方能够更直观地理解和沟通设计意图。同时,BIM 能促进团队成员之间的协作,减少信息丢失和冲突的风险。

总的来说,BIM 是一种基于数字化建模的综合性建筑设计与管理方法,通过集成多个相关方面的信息,创建一个全面且可视化的建筑项目模型,从而提高设计和施工效率,降低项目风险,并促进各方之间的协作和沟通。

4.1.2 BIM 的发展历程

BIM 技术的发展可以追溯到 20 世纪 70 年代,当时美国的自动排版和 CAD 技术开始应用于建筑设计中,这可以被视为 BIM 技术的起点。随着计算机技术和软件的不断发展,BIM 技术得到了进一步的完善和推广。

1.起源阶段

20 世纪 70 年代,由美国的佐治亚大学提出 BIM 技术的概念。然而,当时并未明确提出其概念及应用价值。直到 2002 年,Autodesk 公司正式发布《BIM 白皮书》,才对 BIM 的内涵和外延进行界定,BIM 技术开始得到正式的推广和应用。

2.初步应用阶段

在 BIM 技术初步应用阶段,其主要应用于建筑设计和可视化展示。设计师们利用 BIM 技术创建三维建筑模型,进行建筑设计和分析。同时,BIM 技术也开始被用于施工阶段的协调和规划。

3.快速发展阶段

进入 21 世纪后,随着计算机技术的不断进步和普及,BIM 技术得到了更广泛的应用和发展。2007 年,美国建筑业大约 1/3 的工程项目都应用了 BIM 技术。到 2012 年,这一比例已经提高到大约 70%。与此同时,欧洲、日本、新加坡等国家和地区也开始广泛应用 BIM 技术进行建筑设计和管理。

4. 标准化和规范化阶段

随着 BIM 技术的广泛应用,各国政府和组织开始制定 BIM 标准和规范,以推动 BIM 技术的健康发展。例如,美国建筑科学研究院(NIBS)于 2007 年发布了第一本 BIM 标准。我国住房和城乡建设部也于 2011 年发布了《2011—2015 年建筑业信息化发展纲要》,明确提出要加快 BIM 技术在建筑领域的应用和推广。

5. 普及和深化应用阶段

近年来,BIM 技术在全球范围内得到了广泛的普及和应用。不仅在建筑设计阶段,BIM 技术也开始被广泛应用于施工阶段、运维阶段等全生命周期的各个阶段。同时,随着云计算、大数据、人工智能等新技术的发展,BIM 技术的应用场景也得到了进一步的拓展和深化。

总的来说,BIM 的发展历程经历了从二维平面绘图到三维建模,再到综合信息模型的阶段。随着技术的不断进步和人们对 BIM 的认识不断深化,BIM 在建筑行业的应用越来越广泛,为设计师、工程师和施工人员提供了更高效、精确的协同工作平台,其施工流程如图 4.2 所示。

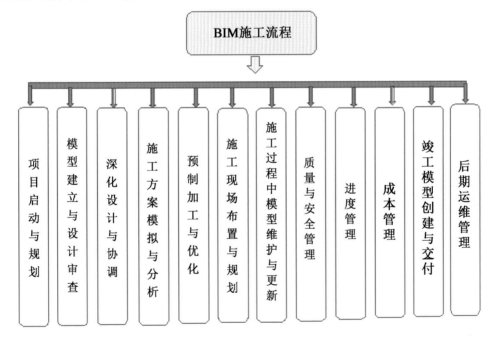

图 4.2　BIM 施工流程

4.1.3　BIM 的主要功能

BIM 的主要功能是通过整合、管理和共享建筑项目的信息,提供一个全面且可视化的建筑项目模型。以下是 BIM 的主要功能。

1. 三维建模

BIM 允许使用者创建精确的三维建筑模型,包括建筑物的几何形状、构件、系统和设备等。这些模型可以用于可视化设计方案,提供更直观的展示效果。

2. 协同设计

BIM 支持多个设计团队成员同时在一个模型中进行设计工作。不同专业的设计师可以在同一个平台上进行协同工作,实时共享设计信息,减少设计冲突和错误。

3. 数据管理

BIM 将各种建筑项目相关的数据整合到一个统一的模型中,包括构件属性、材料信息和工程规范等。这些数据可以用于生成报告、计算数量和成本估算等。

4. 模拟与分析

BIM 允许进行各种模拟和分析,如结构分析、能耗模拟和照明分析等。通过对建筑模型的模拟和分析,可以评估设计方案的可行性、性能和效果。

5. 工程管理

BIM 可以用于项目管理和协调,包括进度管理、资源分配、施工序列规划等。它提供了一个集中管理项目信息的平台,促进项目团队的协作和沟通。

6. 设备管理

BIM 可以用于设备管理,包括设备的布局、维护计划和设备信息管理等。通过 BIM,可以对设备进行可视化管理和维护,提高设备的效率和可靠性。

7. 可视化展示

BIM 模型可以生成逼真的可视化效果,包括静态图像、动态演示和虚拟现实等。这些可视化展示可以用于设计审查、客户演示和市场营销等。

总的来说,BIM 的主要功能是将建筑项目的各种信息整合在一个统一的模型中,并提供协同设计、数据管理、模拟分析、工程管理、设备管理和可视化展示等功能,以提高设计和施工的效率、准确性和协同性。BIM 的应用如图 4.3 所示。

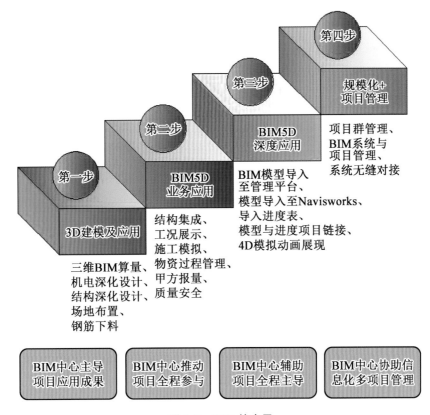

图 4.3　BIM 的应用

4.2　BIM 软件的基本操作和工具

4.2.1　常用 BIM 软件的简介

以下是一些常用 BIM 软件的简介。

1. Autodesk Revit

Revit 是一款由 Autodesk 开发的全面的 BIM 软件。它提供了建筑设计、结构设计和 MEP(机电工程)设计等功能。Revit 具有强大的建模工具和参数化的对象库,可以实现三维建模、协同设计、施工图生成和模拟分析等功能。

2. GraphiSoft Archicad

Archicad 是一款由 GraphiSoft 开发的 BIM 软件。它专注于建筑设计和建模,提供了直观的用户界面和先进的建模工具。Archicad 支持实时协同设计、模拟分析和施工图生成等功能,并具有与其他软件的数据交换能力。

3. Bentley AECOsim Building Designer

AECOsim Building Designer 是由 Bentley Systems 开发的综合性 BIM 软件。它适用于建筑、结构和 MEP 设计,提供强大的建模和协同设计工具。AECOsim Building Designer 支持多学科协同工作、项目数据管理和模拟分析等功能。

4. Vectorworks Architect

Vectorworks Architect 是一款综合性的建筑设计软件,提供 BIM 建模、可视化设计和施工图生成等功能。它具有直观的用户界面和灵活的设计工具,适用于建筑、景观和室内设计等领域。

表 4.1 所列为 BIM 常用软件,这些软件都具有丰富的功能和广泛的应用领域,可以满足不同类型的建筑项目的需求。选择哪款 BIM 软件取决于项目需求、设计团队的偏好和软件的易用性等因素。

表 4.1　BIM 常用软件

BIM 核心建模软件	Revit 系列、MicroStation、Archicad SolidWorks、CATIA
二维绘图软件	AutoCAD、MicroStation
BIM 方案设计软件	Onuma Planning System、Affinity
几何造型软件	SketchUp、Rhino、FormZ
BIM 结构分析软件	国内:PKPM、YJK 等 国外:ETABS、STAAD、Robot 等(与 BIM 核心建模软件配合使用)
BIM 机电分析软件	国内:鸿业、博超等 国外:DesignMaster、IES Virtual Environment 等
BIM 可视化软件	3D Max、Lumion、Artlantis、AccuRender、Showcase、Lightscape 等
BIM 模型检查软件	Solibri Model Checker
BIM 深化设计软件	Tekla Structures(别名 Xsteel,钢结构详图设计软件)
BIM 模型综合碰撞检查软件	国内:鲁班 国外:Autodesk Navisworks、ProjectWise Navigator Solibri Model Checker(协同管理软件)
BIM 造价管理软件	国内:鲁班、广联达 国外:Innovaya、Solibri 等

4.2.2　BIM 建模工具

BIM 建模工具是用于创建、编辑和管理建筑信息模型的各种软件应用程序。以下是一些常见的 BIM 建模工具。

1. Revit

由 Autodesk 公司开发的 Revit 是一款强大的 BIM 建模工具,广泛应用于建筑、结构和机电专业。Revit 平台支持多专业协作,具有强大的参数化建模功能和自动文档生成能力,其操作界面如图 4.4 所示。

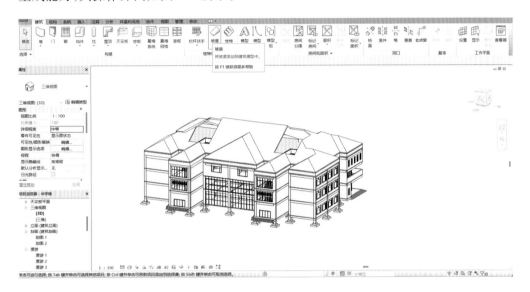

图 4.4　Autodesk Revit 软件操作界面

2. Archicad

Graphisoft 公司的 Archicad 是另一款领先的 BIM 建模工具,特别适用于建筑设计。Archicad 以其直观的界面和高效的建模流程而受到许多建筑师的青睐。

3. Bentley

Bentley 公司提供了一系列 BIM 建模工具,如 MicroStation 和 AECOsim Building Designer,适用于各种规模和类型的建筑项目。这些工具在建筑、道路、桥梁和基础设施设计等领域具有广泛的应用。

4. Tekla Structures

Tekla Structures(以前称为 Xsteel)是一款专注于钢结构和混凝土结构的 BIM 建模工具。它提供了详细的设计和建模功能,广泛应用于建筑和土木工程项目。

5. SketchUp

虽然 SketchUp 主要是一款易于学习和使用的 3D 建模工具,但通过与 BIM 插件的结合,它也可以用于 BIM 建模。SketchUp 常用于建筑设计的早期阶段和概念设计。

6. Rhino(犀牛)

Rhino 是一款强大的 NURBS 建模工具,常用于复杂形状和曲面的设计。通过与 Grasshopper 等插件的结合,Rhino 也可以用于 BIM 建模和参数化设计。

7. Allplan

Allplan 是一款主要在欧洲使用的 BIM 建模工具,提供了全面的建筑设计、工程和施工规划功能。

8. Vectorworks

Vectorworks 是一款灵活的 BIM 解决方案,适用于建筑设计、景观设计和娱乐设计等多个领域。它提供了广泛的建模、分析和可视化工具。

9. 广联达 BIM5D

广联达 BIM5D 是广联达公司推出的一款基于 BIM 技术的施工管理软件,可以实现建筑模型与进度、成本、质量、安全等信息的关联和整合。

这些 BIM 建模工具具有丰富的功能和灵活的工作流程,可以帮助设计团队创建精确、一致和协调的建筑模型。选择适合项目需求和团队技术能力的工具非常重要,可以确保有效的建模过程和良好的协作。

4.2.3 BIM 分析工具

以下是一些常用的 BIM 分析工具,用于对建筑信息模型进行各种分析和模拟。

1. Autodesk Insight

Insight 是 Autodesk 公司提供的 BIM 分析工具,可用于进行能源分析、照明分析和太阳能分析等。它可以帮助设计团队评估和优化建筑的能源效率和环境性能。

2. IES VE

IES VE 是一套全面的 BIM 分析工具,涵盖了能源模拟、采光分析、热舒适性分析和可持续性评估等多个方面。它可以帮助设计团队进行综合的建筑性能评估。

3. Green Building Studio

Green Building Studio 是 Autodesk 公司的云端分析工具,可用于进行能源分析和可持续性评估。它可以与 Revit 等 BIM 软件集成,提供实时的能源模拟结果。

4. Sefaira

Sefaira 是一款基于云的 BIM 分析工具,主要用于能源分析、照明分析和热舒适性分析。它可以与 Revit、SketchUp 等 BIM 软件集成,提供实时的分析结果和优化建议。

5. EnergyPlus

EnergyPlus 是一款开源的能源模拟引擎,可用于进行建筑的能耗分析。它可以与多个 BIM 软件进行集成,并提供详细的能耗模拟和分析功能。

这些 BIM 分析工具可以帮助设计团队评估建筑的能源性能、照明效果和热舒适性等,以支持优化设计和可持续性决策。选择适合项目需求和分析要求的工具非常重要,可以确保准确的分析结果和有效的设计优化。

4.3　BIM 协作和数据管理

BIM 协作和数据管理是在 BIM 项目中进行团队协作和数据共享的关键。它涉及多个参与者之间的协作、数据的收集、管理和共享,以实现项目的高效运作和信息的准确传递。以下是 BIM 协作和数据管理的主要内容和方法。

1. BIM 协作平台

BIM 协作平台是一个集成的在线平台,允许项目团队中的不同成员同时访问和编辑建筑信息模型。它提供了实时的数据共享和协作功能,使团队成员可以更好地协同工作、协调设计、解决冲突,并实时更新和共享模型数据。

2. 协作流程和角色定义

在 BIM 项目中,需要明确定义各个参与者的角色和职责,确保团队成员之间的协作和信息交流顺畅。协作流程包括设计协作会议、模型审核、问题解决流程等,以确保项目的顺利推进和质量控制。

3. 数据管理和共享

如图 4.5 所示,BIM 项目中涉及大量的数据,包括模型数据、图纸、规范标准和进度计划等。有效的数据管理和共享机制可以确保数据的一致性、准确性和及时性。

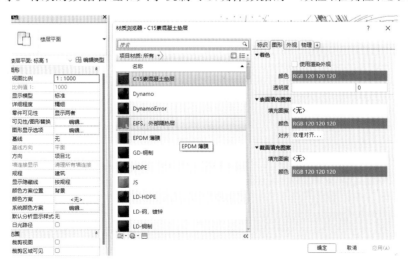

图 4.5　BIM 绘图软件中模型数据管理

4.模型协调和冲突检测

BIM 协作工具还可以用于模型的协调和冲突检测。通过将不同专业的模型进行整合,并使用自动化的冲突检测工具,可以及早发现并解决设计中的冲突和问题,减少错误和重新工作的成本。

5.数据安全和权限管理

由于 BIM 项目涉及敏感的设计数据,所以确保数据的安全性和权限管理是至关重要的。合适的数据安全措施和权限设置可以确保只有授权人员可以访问和修改数据,并防止数据泄露和不当使用。

通过有效的 BIM 协作和数据管理,项目团队可以更好地协同工作,减少错误和冲突,提高项目的质量和效率。这有助于提升整体的项目管理和执行能力。

4.3.1 BIM 协作方法

BIM 协作方法是指在 BIM 项目中,团队成员之间进行有效协作和合作的方式和策略。以下是一些常用的 BIM 协作方法。

1.组织结构和沟通

建立清晰的组织结构和沟通渠道是 BIM 协作的关键,如图 4.6 所示。团队成员需要明确各自的角色和职责,并建立有效的沟通渠道,以便及时交流信息、解决问题和协调工作。

2.协同设计

BIM 协作的核心目标之一是实现协同设计。团队成员应当通过共享建筑信息模型,进行实时的协同设计工作。这包括同时编辑模型、共享设计意见和解决设计冲突,以提高设计质量和效率。

3.模型管理和版本控制

BIM 项目涉及多个团队成员的模型创建和修改,因此需要进行有效的模型管理和版本控制。使用 BIM 软件和工具可以跟踪模型的变更历史和版本,确保团队成员都使用最新的模型,并解决冲突和一致性问题。

4.数据共享和协作平台

建立一个集中的数据共享和协作平台可以促进团队成员之间的信息共享和协作。通过该平台,团队成员可以共享模型、图纸、规范文件和会议纪要等信息,并进行实时的讨论和反馈。

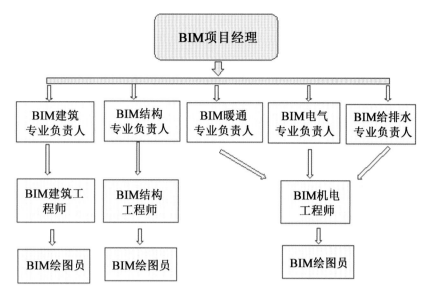

图 4.6   BIM 成员结构

5.冲突检测和解决

BIM 协作过程中,团队成员可以利用 BIM 软件提供的冲突检测工具,及早发现并解决模型中的冲突和问题。这有助于减少错误和冲突的出现,以提高设计质量和施工效率。

6.文档管理和工作流程

建立适当的文档管理和工作流程,确保 BIM 协作过程中的信息交流流畅。团队成员应当了解并遵守工作流程和文件命名规范,以便有效地管理和查找相关文档和数据。

7.培训和技术支持

BIM 协作需要团队成员具备一定的 BIM 技术和工作流程知识。提供培训和技术支持,可以帮助团队成员掌握 BIM 软件和工具的使用技巧。

通过采用有效的 BIM 协作方法,团队成员可以更好地合作,以提高项目的质量和效率。这有助于减少错误和冲突的发生,提升项目的竞争力和客户满意度。

4.3.2   BIM 数据管理策略

BIM 数据管理策略是指在 BIM 项目中对数据进行组织、存储、访问和维护的方法和措施。以下是一些常用的 BIM 数据管理策略。

1.数据标准化

制定统一的数据标准和命名规范,确保团队成员在创建和使用 BIM 模型时采用一致的命名和标注方式。这有助于提高数据的一致性和可读性,减少混乱和错误的发生。

2.数据分类和结构化

对 BIM 项目中的数据进行分类和结构化,建立清晰的数据层次和关系。使用适当的分类系统和属性定义,使数据能够按照特定的标准进行组织和检索。

3.数据安全和权限控制

建立适当的数据安全和权限控制机制,保护 BIM 项目中的数据不被未经授权的人员访问或修改。通过设置访问权限和加密措施,确保数据的机密性和完整性。

4.数据版本控制

建立数据版本控制系统,跟踪和管理 BIM 模型和相关数据的版本。确保团队成员使用最新的数据版本,并记录数据的变更历史,以便追踪和回溯,如图4.7所示。

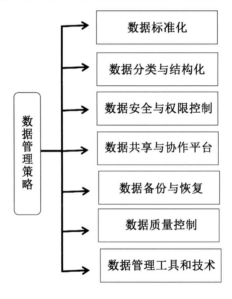

图 4.7　数据管理策略

5.数据共享和协作平台

使用专门的 BIM 数据共享和协作平台,使团队成员能够共享和访问 BIM 模型和相关数据。这样可以促进团队协作和信息交流,提高工作效率和项目质量。

6.数据备份和恢复

定期对 BIM 数据进行备份,确保数据的安全性和可靠性。在发生意外或数据丢失的情况下,能够及时恢复数据,避免项目延误和损失。

7.数据质量控制

建立数据质量控制机制,确保 BIM 模型和相关数据的准确性和一致性。通过定期的数据审查和验证,发现并纠正数据错误和不一致之处,保证数据的可靠性和可用性。

8.数据管理工具和技术

如图 4.8 所示,使用专业的 BIM 数据管理工具(如 BIM 平台、数据库管理系统等)可为提供强大的数据管理和分析功能。这些工具和技术可以帮助团队成员更好地管理和利用 BIM 数据。

通过合理的 BIM 数据管理策略,可以确保 BIM 项目中的数据得到有效的组织和管理,提高数据的质量和可用性,从而提升整个项目的效率。

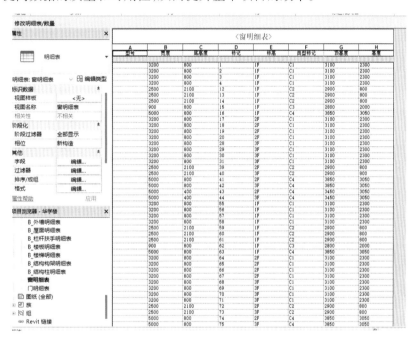

图 4.8　BIM 技术的数据管理界面

4.4　BIM 的构建和分析

4.4.1　BIM 构建过程

BIM 的构建过程是一个逐步迭代的过程,主要包括以下几个步骤。

1.收集项目信息

收集和整理项目相关的资料和信息,包括设计需求、施工计划和地理环境等。这些信息将用于后续的模型构建和分析。

2. 建立模型框架

根据项目的需求和信息,确定BIM的框架结构,包括建筑元素、机电元素、属性与参数等。这一步通常使用BIM软件中的建模工具进行,如墙体、楼板和柱子等元素的创建,如图4.9所示。

3. 添加几何信息

根据设计图纸和规范,使用BIM软件中的绘图工具,将实际几何形状添加到模型中。这包括建筑物的墙体、屋顶、梁柱和门窗等元素的具体几何形状。

4. 添加属性信息

为模型中的元素添加属性信息,如材料、尺寸、质量和构造类型等。这些属性信息将用于模型的分析、检索和管理,如图4.10所示。

5. 建立连接关系

在模型中建立元素之间的连接关系,确保模型的完整性和一致性。例如,墙体与楼板的连接关系、梁柱之间的连接关系等。

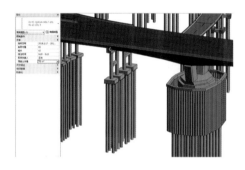

图 4.9　使 BIM 软件创建模型　　　　图 4.10　为模型中的元素添加属性信息

6. 进行模型分析

使用BIM软件中的分析工具,对模型进行各种分析,如结构分析、能耗分析和碰撞检测等。这些分析有助于发现和解决设计和施工中的问题。

7. 模型优化和修改

根据分析结果和设计要求,对模型进行优化和修改。可能需要调整元素的尺寸、材料,或者添加新的元素。这个过程是一个迭代的过程,通过不断的优化和修改,逐步完善模型。

8. 添加细节信息

在模型中添加细节信息,如装饰物、家具和设备等。这些细节信息能够更好地展示建筑的外观和功能。

9. 生成输出文件

根据需要,生成模型的输出文件,如 2D 图纸、3D 模型和数量清单等。这些输出文件将用于设计审查、施工图纸制作和项目管理等。

10. 模型管理和维护

对 BIM 进行管理和维护,包括版本控制、数据更新、协作和共享等。这有助于团队成员之间的协作和信息交流,保持模型的准确性和一致性。

以上是 BIM 构建的一般过程,具体的步骤和方法可能会因项目的规模、要求和软件的使用而有所差异。在整个构建过程中,密切的团队合作和沟通是非常重要的,以确保模型的质量和项目的成功。

4.4.2　BIM 软件分析技术

BIM 软件分析技术是利用 BIM 软件和相关工具对建筑信息模型进行各种分析和评估的过程。这些分析技术可以帮助设计团队、建筑师、工程师和其他利益相关者更好地理解和评估建筑设计在各个方面的性能。以下是一些常见的 BIM 软件分析技术。

1. 结构分析

通过 BIM 软件进行结构力学分析,评估建筑结构的稳定性、强度和刚度等性能,发现潜在的结构问题并进行优化,如图 4.11 所示。

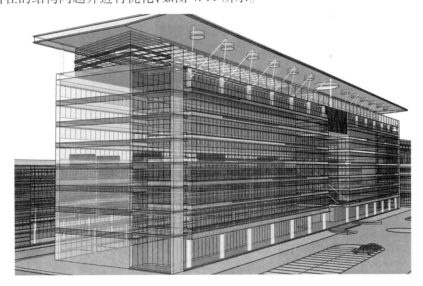

图 4.11　BIM 对建筑结构信息模型进行分析

2. 建筑能耗分析

使用 BIM 软件和能源模拟工具对建筑的能耗进行模拟和分析,评估建筑的能耗性能,提供节能改进的建议。

3.光照分析

通过 BIM 软件和光照模拟工具,分析建筑内部和周围环境的光照情况,优化建筑的自然采光效果。

4.碰撞检测

利用 BIM 软件进行碰撞检测,检查不同系统和元素之间的冲突,避免在施工和运营阶段发生问题和冲突。

5.可视化分析

使用 BIM 软件进行可视化分析,将设计转化为逼真的图像和动画,帮助设计团队和客户更好地理解和评估设计方案。如图 4.12 所示为 BIM 软件创建地下设备管线模型。

6.可持续性评估

通过 BIM 软件进行可持续性评估,分析建筑的环境影响、资源利用和生命周期成本,提供可持续设计和建筑运营的建议。

7.施工模拟

利用 BIM 软件进行施工模拟和序列规划,评估施工过程中的安全性、效率和冲突,提前发现和解决施工中的问题。

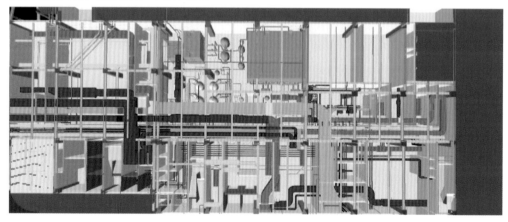

图 4.12 BIM 软件创建地下设备管线模型

8.经济性评估

使用 BIM 软件进行经济性评估,分析建筑项目的成本和回报,以支持决策和投资。

这些分析技术能够提供全面的建筑性能评估和优化,帮助设计团队和相关利益方做出更明智的决策,并提高建筑设计的质量和可持续性。通过 BIM 软件分析技术的应用,可以提高项目效率、降低风险,并为建筑行业的可持续发展做出贡献。

4.5　BIM 在建筑设计中的应用

4.5.1　BIM 在建筑设计中的角色

BIM 在建筑设计中扮演着多种角色,它不仅仅是一种工具或技术,更是一种协作和管理方法。以下是 BIM 在建筑设计中的几个主要角色。

1. 3D 建模工具

BIM 作为一种建模工具,能够创建高度精确的三维建筑模型。它可以帮助设计师呈现设计概念,通过模型的形式展示建筑的外观、空间布局和材料等方面。

2. 数据集成和管理平台

BIM 具有数据集成和管理的功能,它可以将不同设计专业的数据整合到一个统一的平台中。不同设计团队可以共享和访问同一份数据,实现协同工作,并避免数据冗余和不一致的问题。

3. 多学科协作工具

BIM 鼓励不同专业之间的协作和集成。建筑师、结构工程师和机电工程师等可以在同一个 BIM 软件上共同工作,进行沟通、交流和协调。这种跨学科协作的方式可以提高设计的质量和效率,减少错误和冲突。

4. 性能分析工具

BIM 可以用于进行建筑性能分析,如能耗模拟、结构分析和光照分析等。通过在 BIM 上进行性能分析,设计团队可以评估建筑在不同方面的性能,优化设计方案,减少资源浪费、促进施工技术的完善创新。

5. 设计辅助工具

BIM 软件能够帮助传统的二维图纸实现三维模型化、可视化。这种可视化的设计方式不仅能为设计师带来直观的体验,有助于设计的优化和方案的比选,而且对于参与项目的非专业人士来说,也能更方便直观地理解设计内容。

6. 建筑生命周期管理工具

BIM 覆盖了建筑的整个生命周期,包括设计、施工、运营和维护阶段。在设计阶段,BIM 软件可以帮助设计师制定更可行的设计方案。在施工阶段,BIM 软件可以用于施工模拟和协调。在运营和维护阶段,BIM 软件可以用于设施管理和制订维护计划。

综上所述,BIM 在建筑设计中具有多重角色。它不仅仅是一个设计工具,更是一种整合和协作的平台,能够提供数据管理、多学科协作、性能分析和可视化等功能,促进设计团队之间的沟通和合作,提高设计效率和质量,推动建筑行业向数字化和智能化发展。

4.5.2 BIM 在建筑设计中的应用

以下是一个 BIM 在建筑设计中的具体应用案例。

1.项目背景

该商业中心是集购物、餐饮、娱乐、办公于一体的大型商业综合体,总建筑面积超过 15 万 m^2。由于项目规模庞大、功能复杂,且设计、施工和管理过程中涉及多个专业和团队,因此项目团队决定采用 BIM 技术来提高项目的设计质量、施工效率和管理水平。

2.使用的 BIM 软件

在本项目中,项目团队主要使用了以下 BIM 软件。

(1)Revit:用于建筑、结构和机电专业的建模和设计,如图 4.13 所示。

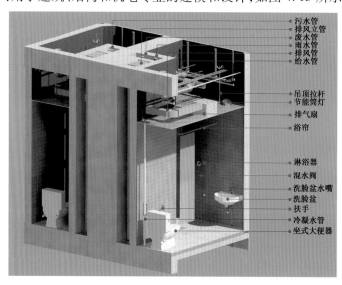

图 4.13　BIM 创建的卫生间模型

(2)Navisworks:用于模型整合、碰撞检测和施工模拟。

(3)Rhino(Grasshopper):用于复杂曲面和异形结构的设计和分析。

(4)BIM 5D:用于施工进度和成本的管理。

3.实施过程

建立 BIM 模型:各专业团队使用 Revit 软件分别建立建筑、结构和机电专业的模型,确保模型的准确性和一致性,如图 4.14 所示。同时,利用 Rhino 软件进行复杂曲面和异形结构的设计,并将其导入 Revit 模型中。

（1）模型整合与碰撞检测：将各专业模型导入 Navisworks 软件进行整合，并利用软件的碰撞检测功能进行冲突检查。通过提前发现和解决设计中的冲突和问题，避免了后期的返工和浪费。

（2）施工模拟与优化：在 Navisworks 中进行施工模拟，优化施工流程和方案。同时，利用 BIM 5D 软件进行施工进度和成本的管理，确保项目按计划进行。

（3）信息共享与协作：通过 BIM 技术实现项目团队之间的信息共享和协作，提高沟通效率。各方可以及时获取最新的设计信息和施工进度，从而做出相应的决策和调整。

图 4.14　BIM 软件绘制建模模型

4. 遇到的问题及解决方案

（1）模型整合问题：在整合各专业模型时，发现部分模型存在数据不一致和接口不匹配的问题。解决方案是制定统一的建模标准和数据格式，并对模型进行整合前的检查和修复。

（2）设计冲突问题：在碰撞检测过程中发现多处设计冲突，如管线交叉、结构构件干涉等。解决方案是组织各专业团队进行协调会议，对冲突部分进行调整和优化。

（3）施工模拟难度：由于项目规模庞大且涉及多个专业，施工模拟过程较为复杂。解决方案是采用分阶段模拟的方法，先对关键部分和难点进行模拟分析，再逐步扩展到整个项目。

（4）信息共享障碍：在项目初期，部分团队成员对 BIM 技术的掌握程度有限，导致信息共享和协作存在障碍。解决方案是提供 BIM 技术培训和指导，提高团队成员的技能水平。

5. BIM 在商业建筑中的优势和价值

（1）提高设计质量：利用 BIM 技术的三维可视化和碰撞检测功能，可以提前发现和解决设计中的冲突和问题，提高设计质量。

（2）优化施工方案：通过施工模拟和分析，可以优化施工流程和方案，提高施工效率和质量。

（3）降低项目成本：利用 BIM 技术的自动算量和成本管理功能，可以精确控制项目成本，避免超支情况的发生。

（4）加强团队协作：通过 BIM 技术使项目团队之间的信息共享和协作，提高沟通效率和管理水平。

该案例只是 BIM 技术在建筑设计中的一小部分应用范围。随着技术的发展和应用的推广，BIM 在建筑设计中的应用还将继续扩展和深化。

第 5 章　建筑信息化与工程管理系统(PMS)

在建筑信息化的进程中,工程管理系统(PMS)是连接设计、施工和运营等多个阶段的关键工具。本章将深入探讨 PMS 的基本概念,其在建筑项目中的应用及优势和带来的益处。同时,还将探讨 PMS 与其他建筑信息化系统的集成,并通过案例分析更加直观地理解 PMS 的应用。

5.1　PMS 的基本概念

5.1.1　PMS 的定义与特点

工程管理系统(project management system,PMS),是一种综合性的软件系统,旨在支持和优化工程项目的规划、执行和监控过程。PMS 集成了多个功能模块,如图 5.1 所示,涵盖项目计划和调度、资源管理、成本管理、质量管理、风险管理等方面,以提高项目管理的效率、质量和可控性。

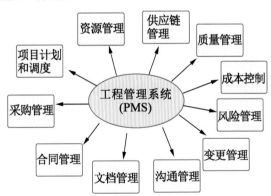

图 5.1　工程管理系统(BIM)功能模块

PMS 的特点有以下几方面。

(1)综合性。PMS 是一个综合性的系统,涵盖项目管理的各个方面,包括计划、执行、监控、控制和报告等环节。它提供了一个集成的平台,使项目团队能够共享信息、协同工作,并有效地管理项目进展。

(2)高度可定制化。PMS通常具有高度可定制化的特点,可以根据不同项目的需求进行配置和定制。它可以根据项目的规模、类型等特点,灵活地适应各种项目管理需求。

(3)数据集中化和实时性。PMS通过将项目管理的数据集中存储,并提供实时更新和访问功能,确保项目团队始终能够获得最新的项目信息。这有助于加强信息共享,提高项目决策的准确性和时效性。

(4)自动化和集成化。PMS通过自动化和集成化的功能,实现了项目管理过程的标准化和规范化。它可以通过自动化处理更新项目数据和生成报告等,提高工作效率和准确性。

(5)多维度分析和报告。PMS具备多维度的分析和报告功能,可以根据项目的需求生成各种图形、表格和报告,帮助项目管理人员进行项目绩效评估、资源优化和决策分析。

总之,PMS是一种集成化的工程管理系统,具有功能化和集中化的特点。如图5.2所示,PMS帮助项目团队完成项目计划、资源管理、成本控制和风险管理等任务。它的定义和特点使其成为提高项目管理效率和质量的重要工具。

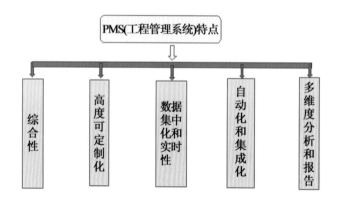

图 5.2　PMS(工程管理系统)特点

5.1.2　PMS 的主要功能和模块

PMS具有多个功能和模块,每个模块都扮演着特定的角色,以支持和优化工程项目的管理和执行。以下是PMS的主要功能模块的简要介绍。

(1)项目计划管理。项目计划管理模块用于创建和管理项目计划,包括制定项目目标、任务分配、工期安排、里程碑设定和工作流程规划等。如图5.3所示,它提供了一种结构化的方法,使项目团队能够制订详细的计划并跟踪进度。

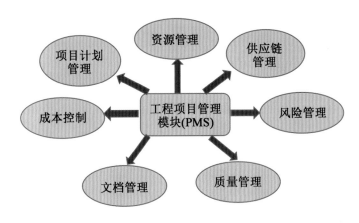

图 5.3　PMS 管理模块

（2）资源管理。资源管理模块用于管理项目所需的各种资源,包括人力资源、物资和设备等。它可以帮助团队了解资源的可用性、分配情况和利用率,以确保项目的顺利执行。

（3）供应链管理。供应链管理模块用于管理项目涉及的供应商和合作伙伴,包括合同管理、采购、物流和供应商绩效评估等。它帮助团队实现供应链的协调和优化,确保项目按时获得所需的资源和材料。

（4）质量管理。质量管理模块用于管理项目的质量。它包括制定质量标准、执行质量检查、跟踪问题和提出纠正措施等。它帮助团队确保项目交付的产品和服务符合预期的质量要求。

（5）成本控制。成本控制模块用于管理项目的成本和预算,包括成本估算、成本分析、预算管理和费用控制等。通过实时跟踪和分析项目的成本状况,团队可以做出明智的决策,并确保项目在预算范围内完成。

（6）风险管理。风险管理模块用于识别、评估和应对项目风险,包括风险识别、风险分析、制定风险应对计划等功能。它可以帮助团队预测和降低项目风险,确保项目的成功交付。

（7）文档管理。文档管理模块用于管理项目相关的文档和信息,包括合同文件、设计文件、会议记录和沟通记录等。如图 5.4 所示,PMS 核心技术包括为工程提供了一个集中存储和查找文档的平台,以确保团队成员能够快速访问所需的信息。

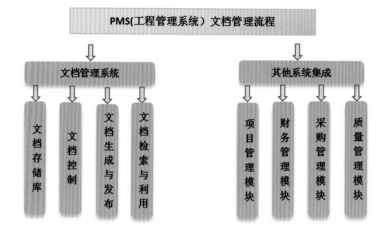

图 5.4　PMS 核心技术

(8)报告和分析。报告与分析模块用于生成项目报告和分析,帮助团队了解项目的绩效和进展。它可以生成各种图形、表格和报告,包括进度报告、成本报告、质量报告和风险分析报告等。如图 5.5 所示为 PMS 对某工程造价的相关分析。

以上是 PMS 的主要功能和模块,每个模块都在项目管理过程中扮演着重要的角色。通过这些功能和模块的协同,PMS 能够提供全面的项目管理支持,从而提高项目的效率、质量和可控性。

楼层	碰撞类型（S - 结构、P - 给排水、M - 暖通、E - 电气）										楼层碰撞小计
	P × S		P × P	P × M	P × E	M × S	M × M	M × E	E × S	E × E	
	总碰撞	水管穿梁									
B1	7	-4	0	110	2	1	4	118	0	12	250
F1	4	-1	0	28	15	2	4	26	0	4	82
F2	7	0	0	63	3	0	2	47	0	4	126
设备夹层	264	-248	0	32	0	0	3	0	0	0	51
F3	99	-99	0	46	2	102	0	0	0	2	152
F4	63	-60	1	2	0	77	0	0	0	2	85
F5	103	-100	0	4	0	68	0	0	0	2	77
F6	103	-99	0	6	0	145	2	0	0	2	159
F7	122	-118	0	8	0	53	0	0	0	2	67
F8	69	-63	0	19	7	66	19	14	0	4	135
F9	32	-32	0	15	0	29	1	2	0	0	47
屋面设备层	0	0	0	1	1	0	9	17	0	0	28
专业碰撞小计	873	-824	1	334	30	543	44	224	0	34	**1259**

图 5.5　PMS 对结构、给排水、暖通、电气碰撞检查分析报表

5.2　PMS 在建筑项目中的应用

5.2.1　PMS 项目计划管理

PMS 的项目计划管理模块是用于创建和管理项目计划的工具,它帮助团队制订详细的计划,并跟踪项目的进度。以下是 PMS 项目计划管理的一些重要功能和特点。

(1)任务分配和工期安排。PMS 允许团队将项目任务分配给不同的成员,并设定任务的开始时间、结束时间和工期。这样可以确保每个任务都有明确的负责人和时间要求。

(2)里程碑设定。PMS 允许团队设定项目的关键里程碑,这些里程碑代表项目的重要节点或阶段。通过跟踪和管理里程碑的完成情况,团队可以了解项目的整体进展和关键时间节点。

(3)工作流程规划。PMS 提供工作流程规划功能,可以定义项目中的工作流程和任务依赖关系。团队可以创建工作流程图,明确每个任务的前置条件和后续任务,确保任务按照正确的顺序进行。

(4)进度跟踪。PMS 允许团队实时跟踪项目的进度。通过记录任务的实际开始时间和完成时间,系统可以自动生成项目的进度报告和甘特图,帮助团队了解项目的实际进展情况。

(5)资源管理。项目计划管理模块可以与资源管理模块集成,帮助团队在项目计划中考虑资源的可用性和分配情况。团队可以查看每个任务所需的资源,确保资源的合理分配和利用。

(6)风险管理。PMS 的项目计划管理模块通常与风险管理模块集成,帮助团队识别和管理项目风险。在项目计划中,团队可以添加风险项,并设定相应的风险应对措施,以降低风险对项目进度的影响。

通过 PMS 的项目计划管理模块,团队可以实现项目计划的制订、跟踪和管理,确保项目按时交付并达到预期目标。该模块提供了对项目进度、任务分配和里程碑的可视化控制,帮助团队在整个项目周期中保持对项目进展的全面了解。

5.2.2　PMS 资源管理

PMS 的资源管理模块是用于有效管理和优化项目资源的工具。它帮助团队管理项目所需的各种资源,包括人力资源、物资设备和财务资金等。以下是 PMS 资源管理的一些主要功能和特点。

(1)人力资源管理。PMS 允许团队管理项目所需的人力资源,包括员工、供应商和承包商等。团队可以创建员工信息库,记录员工的技能、经验和工作时间等信息,以便有效分配任务和计划工作。

(2)资源分配和调度。PMS提供资源分配和调度功能,可以根据项目需求和资源可用性,合理分配资源并创建资源调度计划。团队可以查看资源的使用情况和可用性,确保资源的合理利用,如图5.6所示。

(3)物资设备管理。PMS允许团队管理项目所需的物资和设备。团队可以记录物资和设备的清单、数量和位置等信息,并跟踪其使用和维护情况。通过及时了解物资设备的状况,团队可以更好地规划和管理项目资源。

(4)资金管理。PMS的资源管理模块通常与财务管理模块集成,帮助团队管理项目的财务资金。团队可以记录项目的预算和成本信息,跟踪资金的支出和收入,并生成财务报告和预算分析,以支持项目的财务决策。

楼板 1 每层材料名称	厚度/ mm	导热系数/ $W \cdot (m \cdot K)^{-1}$	蓄热系数/ $W \cdot (m^2 \cdot K)^{-1}$	热阻值/ $(m^2 \cdot K) \cdot W^{-1}$	热惰性指标 $D = R \cdot S$	修正系数 α
矿(岩)棉板	50.0	0.040	0.77	1.042	0.96	1.20
加气混凝土砌块(B07级)	200.0	0.220	3.59	0.727	3.26	1.25
水泥砂浆	20.0	0.930	11.37	0.022	0.24	1.00
外墙各层之和	270.0			1.79	4.47	
外墙热阻 $R_o = R_i + \sum R + R_e = 1.95$ ($m^2 \cdot K/W$);$R_i = 0.115$ ($m^2 \cdot K/W$);$R_e = 0.043$ ($m^2 \cdot K/W$)						
外墙传热系数 $K_p = 1/R_o = 0.51$ $W/(m^2 \cdot K)$						
太阳辐射吸收系数 $\rho = 0.70$						

图5.6 PMS对建筑外墙导热系数进行分析管理

(5)资源利用率分析。PMS提供资源利用率分析功能,可以通过统计报表查看资源的利用率情况。团队可以了解资源的利用效率,发现资源闲置或过载的问题,并采取相应的优化措施。

(6)风险管理。资源管理模块通常也与风险管理模块集成,帮助团队识别和管理与资源相关的风险。团队可以评估资源的供应风险、价格波动风险等,并制定相应的风险应对措施,以保障项目的顺利进行。

通过PMS的资源管理模块,团队可以实现对人力资源、物资设备和财务资金等资源的全面管理和优化利用。该模块提供了对资源分配、调度和利用率的可视化控制,帮助团队合理安排资源,并确保项目在资源方面的高效运作。

5.2.3　PMS供应链管理

PMS的供应链管理模块是用于管理项目供应链的工具,旨在优化供应链的运作,确保项目所需的物资和服务能够按时供应并满足质量要求。以下是 PMS 供应链管理的主要功能和特点。

(1)供应商管理。PMS 允许团队管理项目的供应商信息,包括供应商的基本信息、联系方式和业绩评估等。团队可以根据各供应商的能力、信誉和价格等因素,选择合适的供应商合作,并建立供应商数据库以方便管理和跟踪。

(2)采购管理。PMS 提供采购管理功能,用于管理项目所需物资和服务的采购过程。团队可以创建采购计划、制定采购清单(图 5.7)和规范,与供应商进行报价和谈判,并进行采购合同管理和支付跟踪等。通过 PMS,团队可以实现采购流程的透明化和标准化,确保采购的及时性和准确性。

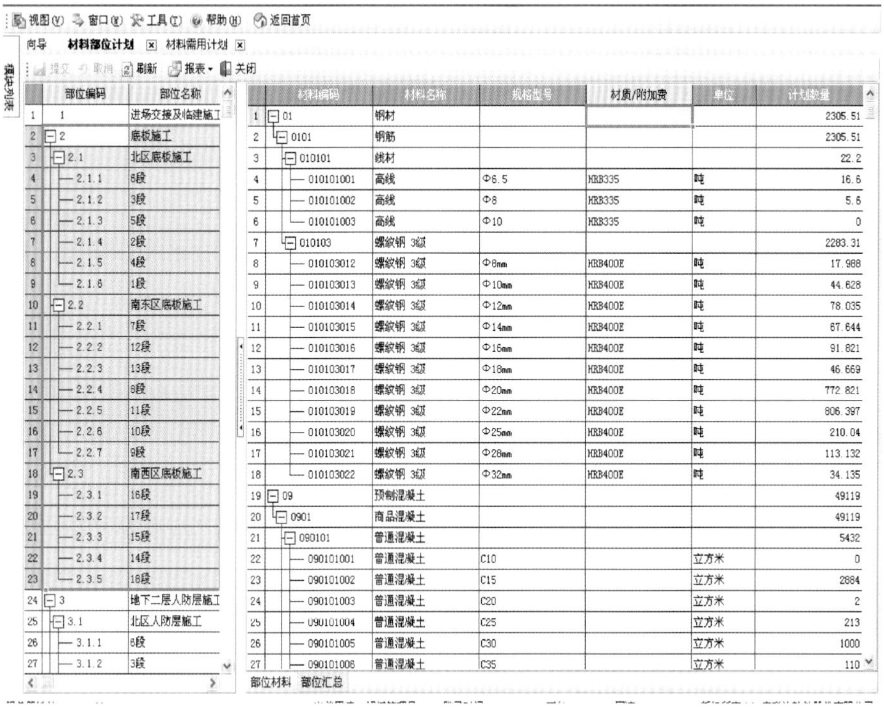

	部位编码	部位名称
1	1	进场交接及临建施工
2	2	底板施工
3	2.1	北区底板施工
4	2.1.1	6段
5	2.1.2	3段
6	2.1.3	5段
7	2.1.4	2段
8	2.1.5	4段
9	2.1.6	1段
10	2.2	南东区底板施工
11	2.2.1	7段
12	2.2.2	12段
13	2.2.3	13段
14	2.2.4	8段
15	2.2.5	11段
16	2.2.6	10段
17	2.2.7	9段
18	2.3	南西区底板施工
19	2.3.1	16段
20	2.3.2	17段
21	2.3.3	15段
22	2.3.4	14段
23	2.3.5	18段
24	3	地下二层人防层施工
25	3.1	北区人防层施工
26	3.1.1	6段
27	3.1.2	3段

	材料编码	材料名称	规格型号	材质/附加费	单位	计划数量
1	01	钢材				2305.51
2	0101	钢筋				2305.51
3	010101	线材				22.2
4	010101001	高线	Φ6.5	HRB335	吨	16.6
5	010101002	高线	Φ8	HRB335	吨	5.6
6	010101003	高线	Φ10	HRB335	吨	0
7	010103	螺纹钢 3级				2283.31
8	010103012	螺纹钢 3级	Φ8mm	HRB400E	吨	17.988
9	010103013	螺纹钢 3级	Φ10mm	HRB400E	吨	44.628
10	010103014	螺纹钢 3级	Φ12mm	HRB400E	吨	78.035
11	010103015	螺纹钢 3级	Φ14mm	HRB400E	吨	67.644
12	010103016	螺纹钢 3级	Φ16mm	HRB400E	吨	91.821
13	010103017	螺纹钢 3级	Φ18mm	HRB400E	吨	46.669
14	010103018	螺纹钢 3级	Φ20mm	HRB400E	吨	772.821
15	010103019	螺纹钢 3级	Φ22mm	HRB400E	吨	806.397
16	010103020	螺纹钢 3级	Φ25mm	HRB400E	吨	210.04
17	010103021	螺纹钢 3级	Φ28mm	HRB400E	吨	113.132
18	010103022	螺纹钢 3级	Φ32mm	HRB400E	吨	34.135
19	09	预制混凝土				49119
20	0901	商品混凝土				49119
21	090101	普通混凝土				5432
22	090101001	普通混凝土	C10		立方米	0
23	090101002	普通混凝土	C15		立方米	2884
24	090101003	普通混凝土	C20		立方米	2
25	090101004	普通混凝土	C25		立方米	213
26	090101005	普通混凝土	C30		立方米	1000
27	090101006	普通混凝土	C35		立方米	110

图 5.7　PMS 制作某材料采购清单

(3)库存管理。PMS 的供应链管理模块通常包含库存管理功能,用于跟踪和管理项目所需物资的库存情况。团队可以记录物资的入库和出库情况,监控库存水平和物资使用情况,并生成库存报表和警报,以便及时补充和调配物资。

(4)物流管理。PMS 允许团队管理项目物资的运输和配送过程。团队可以跟踪物资的运输状态、交付时间和配送路径,确保物资按时到达项目现场。通过物流管理功能,可以实现物资运输的可视化,提高物流效率和减少运输成本。

(5)质量控制。供应链管理模块通常与质量管理模块集成,帮助团队实施物资和服务的质量控制。团队可以制定质量标准和验收标准,监督物资的质量和检验过程,记录和追踪质量问题,并提出纠正措施。通过供应链管理模块,团队可以确保所采购的物资和服务符合质量要求,减少质量风险和后续问题。

通过 PMS 的供应链管理模块,团队可以实现对供应链全流程的有效管理和控制,从供应商选择和采购计划到物资运输和质量控制,保证项目所需物资和服务的及时供应和高质量交付。该模块提供了对供应链各环节的可视化控制和协调,通过集成化的管理和数据分析功能,帮助企业实现采购过程的优化和智能化决策,提升企业的运营效率和竞争力。

5.2.4 PMS 质量管理

PMS 的质量管理模块是用于管理项目质量的工具,旨在确保项目交付的产品和服务符合预定的质量标准和要求。以下是 PMS 质量管理的主要功能和特点。

(1)质量计划。PMS 允许团队制订项目的质量计划,包括确定质量目标、制定质量标准和计划质量管理活动。团队可以定义质量标准和验收标准,明确质量控制的流程和责任。

(2)质量检查和测试。PMS 提供质量检查和测试的功能,用于检验和验证项目的质量。团队可以创建检查清单和测试计划,记录检查和测试结果,并生成质量报告。PMS 还支持质量数据的统计和分析,帮助团队找出并解决质量问题。

(3)不合格品管理。PMS 允许团队跟踪和管理不合格品的情况。团队可以记录不合格品的信息,包括数量、原因和处理措施。PMS 可以帮助团队进行不合格品的追踪和分析,以便采取适当的纠正和预防措施。

(4)变更管理。PMS 的质量管理模块通常与变更管理集成,以确保控制项目变更对质量的影响得到控制。团队可以跟踪和管理变更请求,评估变更对质量的影响,制定变更控制措施,并进行变更的审批和执行。

(5)质量培训和沟通。PMS 提供质量培训和沟通的功能,帮助团队提高对质量管理的理解和意识。团队可以利用 PMS 进行培训材料的发布和学习管理,促进团队成员之间的沟通和知识共享。

通过 PMS 的质量管理模块,团队可以实现对项目质量全过程的控制和监督,包括质量计划、质量检查和测试、不合格品管理和变更控制。该模块提供了对质量管理活动的集中管理和协调功能,帮助团队提高质量管理的效率和准确性,降低质量风险并提升项目交付的质量水平。

5.2.5 PMS 成本控制

PMS 的成本控制模块是用于管理项目成本的工具,旨在确保项目在预算范围内进行有效的成本管理,如图 5.8 所示。以下是 PMS 成本控制的主要功能和特点。

图 5.8　PMS 在项目管理中的应用

（1）预算管理。PMS 允许团队制订项目的预算，并跟踪和管理项目预算的执行情况。团队可以设置项目的预算限制、成本分类和预算分配，并随时监控实际成本与预算的偏差。PMS 提供预算报告和分析功能，帮助团队了解项目的预算状况和成本趋势。

（2）成本估算。PMS 支持项目成本的估算和预测。团队可以使用历史数据、成本指标和其他信息进行成本估算，以便制定准确的成本预测和决策。PMS 还可以生成成本估算报告，用于与实际成本进行比较和分析，如图 5.9 所示。

	科目编码	科目内容	收入					累计完成率(%)	未批复洽商预算金额	实际成本	收入预算与对比差
			预算	已批	未	小计	总额				
1	1001	人工费	34,714,414.00	0.00	0.	34,714,414.00	50,213,767.45	89.1333	3,429.57	33,315,591.54	1,398,822.46
4	1002	材料费	86,165,309.36	0.00	0.	86,165,309.36	140,836,903.72	61.1809	14,226.36	89,833,208.91	-3,667,899.55
242	1003	机械费	3,356,268.62	0.00	0.	3,356,268.62	6,897,962.95	48.6559	0.00	3,673,127.20	-316,858.58
246	1004	分包	56,096,879.92	0.00	0.	56,096,879.92	122,074,150.73	45.9531	0.00	53,702,458.86	2,394,421.06
319	1006	措施费	6,818,233.52	0.00	0.	6,818,233.52	10,894,920.29	82.5818	152,221.74	7,545,667.57	-727,434.05
346	1007	规费	13,181,815.30	0.00	0.	13,181,815.30	20,415,305.71	64.5683	2,013.07	6,394,714.98	6,787,100.32
359	1008	企业管理费	11,213,303.22	0.00	0.	11,213,303.22	18,055,900.65	82.1033	2,116.18	15,513,829.25	-4,300,526.03
444	1009	利润	0.00	0.00	0.	0.00	0.00		0.00	0.00	0.00
445	1010	税金	5,474,492.66	0.00	0.	5,474,492.66	8,100,394.21	67.583	1,003.95	4,552,341.36	922,151.30
448	1011	预算调整	0.00	0.00	0.	0.00	0.00		0.00	0.00	0.00
476	1005	总承包服务费	519,098.27	0.00	0.	519,098.27	635,265.23	81.7136	0.00	1,235,157.29	-716,059.02
481	1012	风险	0.00	0.00	0.	0.00	0.00		0.00	0.00	0.00
482	合计		217,539,814.87	0.00	0	217,539,814.87	378,124,570.94		175,010.87	215,766,096.96	1,773,717.91

图 5.9　PMS 创建收支情况分析表

（3）成本控制。PMS 软件提供成本控制的功能，包括成本核算、变更控制和成本调整等。团队可以跟踪和管理项目的各项成本，包括直接成本、间接成本和变动成本。PMS 支持成本核算的准确记录和计算，以便控制成本的变化和影响。

（4）变更管理。PMS 软件的成本控制模块通常与变更管理集成，以确保控制项目变更对成本的影响。团队可以跟踪和管理变更请求，评估变更对成本的影响，制定变更控制措施，并进行变更的审批和执行。PMS 软件可以提供变更对成本的实时影响分析和报告。

（5）成本报告和分析。PMS 提供成本报告和分析的功能，以便团队了解项目的成本状况和趋势。团队可以生成各种成本报表和图表，包括成本摘要、成本分析和成本趋势等，帮助团队进行成本的监控、分析和决策。

通过 PMS 的成本控制模块，团队可以实现对项目成本全过程的管理和控制，包括预算管理、成本估算、成本控制和变更管理。该模块提供了对成本管理活动的集中管理和协调,帮助团队提高成本管理的效率和准确性,降低成本风险并控制项目的整体成本。

5.2.6 PMS 风险管理

PMS 的风险管理模块是用于识别、评估和管理项目风险的工具。以下是 PMS 风险管理的主要功能和特点。

(1)风险识别。PMS 帮助团队识别项目中可能存在的风险和不确定性因素。团队可以收集项目相关信息、分析项目环境,以确定潜在的风险事件和可能的风险来源。PMS 提供风险识别工具和技术,如 SWOT 分析、PESTEL 分析等,帮助团队全面了解项目的风险情况。

(2)风险评估。PMS 支持对识别的风险进行评估和分析。团队可以评估每个风险事件的发生概率和产生影响,以确定其对项目目标的潜在影响程度。PMS 提供风险评估工具和技术,如概率-影响矩阵、风险级别评估等,帮助团队对风险进行量化和优先级排序。

(3)风险应对计划。PMS 支持团队制订和实施风险应对计划。根据风险评估结果,团队可以确定适当的风险应对策略和措施,并编制风险应对计划。PMS 提供风险应对计划的制订和跟踪工具,帮助团队确保风险应对措施的有效实施和监控。

(4)风险监控与控制。PMS 提供风险监控和控制的功能,以跟踪项目风险的变化和执行风险应对计划的情况。团队可以定期更新风险信息,监控风险的发展和变化趋势,及时采取控制措施。PMS 提供风险监控工具和报告功能,帮助团队及时识别和应对新的风险。

(5)风险沟通和报告。PMS 支持团队进行风险沟通和报告,以确保项目相关方对项目风险有清晰的认识和理解。团队可以生成风险报告、风险矩阵和风险登记册等,与相关方共享项目风险信息,并进行关于风险状态和应对措施的分析与讨论。

通过 PMS 的风险管理模块,团队可以全面管理项目的风险,并制定相应的风险应对策略和措施。该模块提供了对风险管理活动的集中管理功能,帮助团队降低风险对项目目标的影响,增加项目成功的概率,并提高项目的整体绩效和可持续性。

5.3 PMS 的优势与益处

PMS 在建筑项目中具有以下优势与益处。

(1)高效的项目管理:PMS 能够协助项目经理有效地管理项目进度、资源和成本,确保项目按计划进行。通过自动化的任务分配和跟踪,可以减少人工错误,提高工作效率。

（2）实时信息与沟通：PMS 提供了一个集中的信息平台，项目团队成员可以实时访问项目数据、文档和沟通记录。这有助于增强团队协作，减少信息延误和误解。

（3）风险管理：PMS 有助于识别、分析和应对项目中的潜在风险。通过跟踪和监控风险因素，项目经理可以及时采取措施，降低风险对项目的影响。

（4）质量控制：通过 PMS，项目经理可以制定和执行统一的质量标准，确保项目成果符合预期要求。同时，系统可以记录质量检查过程和结果，便于后期审计和追溯。

（5）资源优化：PMS 能够帮助项目经理合理分配和利用项目资源，包括人员、材料、设备等。通过资源优化，可以降低项目成本，提高资源利用率。

（6）决策支持：PMS 提供了丰富的数据分析和报告功能，项目经理可以根据这些数据做出更加明智的决策，以支持项目目标的实现。

（7）文档管理：在建筑项目中，文档管理至关重要。PMS 可以集中存储、管理和跟踪项目文档，确保文档的完整性、准确性和可访问性。这有助于满足合规性要求，并便于项目团队成员随时查阅所需信息。

（8）标准化和规范化：通过 PMS，建筑项目可以实现标准化和规范化管理。系统可以根据项目类型和规模提供预定义的模板和流程，确保项目按照统一的标准进行执行。

综上所述，PMS 在建筑项目中具有诸多优势与益处，如图 5.10 所示，它可以提高项目管理效率、降低风险、优化资源利用、支持决策制定等。因此，在建筑项目中采用PMS 是非常有益的。

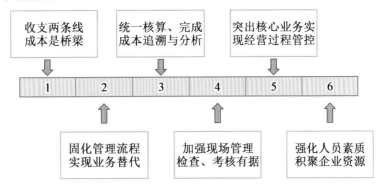

图 5.10　PMS 系统特点

5.3.1　PMS 提高项目管理效率

PMS 的应用可以显著提高项目管理的效率，具体体现在以下几个方面。

（1）自动化任务。PMS 能够自动化执行许多项目管理的任务，如计划生成、资源分配和进度跟踪等。通过自动化，可以减少手动操作的时间和错误，提高工作效率。

(2)实时监控与反馈。PMS 提供实时监控功能,可以及时跟踪项目的进展、资源使用和成本变化情况等。通过实时监控,项目管理者可以快速了解项目的状态,及时发现问题并做出调整,提高决策效率。

(3)数据集中化与共享。PMS 集成项目管理的各方面数据,包括计划、资源、成本和质量等。通过数据集中化和共享,项目管理团队可以快速获取准确的数据,避免数据重复录入和信息不一致的问题,提高数据管理的效率。

(4)信息可视化。PMS 通过图表、报表和仪表盘等可视化工具,将项目数据以直观的方式展示。通过信息可视化,项目管理者可以快速了解项目的整体情况,减少阅读和分析大量数据的时间,提高信息获取和理解的效率。

(5)协作与沟通。PMS 提供协作和沟通工具,可以促进项目团队成员之间的协作和沟通。通过在系统中共享信息、交流意见和分配任务,可以减少沟通的时间和误解的发生,提高团队的协作效率。

(6)决策支持。PMS 提供准确、实时的项目数据和分析工具,为项目管理者提供决策支持。通过系统提供的数据和分析结果,项目管理者可以基于事实做出明智的决策,减少主观判断和不确定性,提高决策的效率和准确性。

综上所述,PMS 的应用可以提高项目管理的效率,通过自动化、实时监控、数据集中化、信息可视化、协作与沟通以及决策支持等手段,加强项目管理的各个环节,减少人力、时间和资源的浪费,提高项目管理的效率和成功率。

5.3.2　PMS 加强信息共享与沟通

PMS 在项目管理中加强了信息共享与沟通的重要性。下面是 PMS 如何实现信息共享与沟通的一些手段。

(1)中心化数据存储。PMS 作为综合性的项目管理平台,提供了中心化的数据存储和管理功能。如图 5.11 所示,所有与项目相关的数据,如计划、资源、成本、质量等,都可以在 PMS 中集中存储。这样,团队成员可以随时访问和共享这些数据,确保团队的信息一致性。

(2)实时更新与共享。PMS 支持实时更新和共享数据。团队成员可以即时录入和更新项目数据,并且其他成员可以立即看到最新的信息。这种实时性的数据更新和共享可以确保减少信息滞后和误解的发生。

(3)协作平台。PMS 提供协作平台,使团队成员能够在系统中进行协作和合作。他们可以在项目文档、计划和任务等方面进行实时的协作和讨论,共享意见、建议和决策。这样可以促进团队的信息共享和进行集体决策,提高沟通效率。

(4)任务分配与追踪。PMS 允许项目管理者将任务分配给团队成员,并对任务的进展进行跟踪。通过 PMS,团队成员可以清楚地知道自己的任务、截止日期和优先级。同时,项目管理者可以随时了解任务的状态和进展情况,及时进行沟通和协调。

（5）消息通知与提醒。PMS 可以通过消息通知和提醒功能,确保团队成员及时获得重要信息。系统可以发送通知和提醒,提醒团队成员有新任务、重要更新或变更。这样可以提高信息的传递效率,减少沟通延迟和遗漏。

（6）文档共享与版本控制。PMS 允许团队成员共享和访问项目文档。通过 PMS,团队成员可以上传、共享和访问文档,确保团队在同一文档上工作,并且可以对文档进行版本控制,以跟踪变更和确保团队使用的是最新版本的文档。

综上所述,PMS 通过中心化数据存储、实时更新与共享、协作平台、任务分配与追踪、消息通知与提醒以及文档共享与版本控制等功能,加强了信息的共享与沟通。团队成员可以随时访问和共享项目数据,协作和讨论任务,及时了解项目进展和变更,从而提高信息传递的效率和准确性,促进团队的合作和决策。

图 5.11　PMS 创建材料数据

5.3.3　PMS 提升决策质量

PMS 在项目管理中可以通过以下几个方面提升决策质量。

（1）数据集中化和实时性。PMS 作为一个集中存储项目相关数据的平台,能够提供实时的数据更新和访问。项目管理者可以通过 PMS 获得最新的项目数据,包括计划进度、资源分配、成本情况和风险评估等。这些准确、实时的数据为决策提供了基础,并能够确保基于最新信息做出决策。

（2）数据分析和报告。PMS 可以对项目数据进行分析并生成报告,帮助项目管理者更好地理解项目的现状和趋势。通过数据分析,可以发现项目中存在的问题、风险和机会,并基于分析结果做出决策。同时,PMS 生成的报告也提供了决策所需的关键信息和指标。

（3）模拟和预测功能。PMS 通常具备模拟和预测功能，可以帮助项目管理者进行方案比较和决策评估。通过 PMS，可以模拟不同的项目方案、资源分配方式或进度安排，如图 5.12 所示，评估其对项目结果的影响。这样可以更好地了解决策的潜在结果，做出更明智的决策。

（4）风险管理和控制。PMS 对项目的风险管理起到重要作用。通过 PMS，可以识别和评估项目的风险，并制定相应的应对措施。PMS 能够帮助项目管理者更好地了解风险发生的概率和产生的影响，以及各种决策对风险的影响程度，从而做出更明智的决策，降低风险对项目的影响。

（5）多方参与和意见收集。PMS 提供了多方参与和意见收集的机制，促进了决策的多元化和合理性。通过 PMS，项目团队成员可以在决策过程中提供意见和建议，并对各种方案进行评估和讨论。这样可以从不同的角度和经验出发，得到更全面和准确的信息，提升决策的质量。

楼板 1 每层材料名称	厚度/mm	导热系数/ $W \cdot (m \cdot K)^{-1}$	蓄热系数/ $W \cdot (m^2 \cdot K)^{-1}$	热阻值/ $(m^2 \cdot K) \cdot W^{-1}$	热惰性指标 $D = R \cdot S$	修正系数 α
水泥砂浆	20.0	0.930	11.37	0.022	0.24	1.00
钢筋混凝土	120.0	1.740	17.20	0.069	1.19	1.00
水泥基无机保温砂浆Ⅱ（用于楼板板底保温）	20.0	0.080	2.30	0.200	0.58	1.25
楼板各层之和	160.0			0.29	2.01	
楼板热阻 $R_o = R_i + \sum R + R_e = 0.52\ (m^2 \cdot K/W)$；$R_i = 0.115\ (m^2 \cdot K/W)$；$R_e = 0.115\ (m^2 \cdot K/W)$						
楼板传热系数 $K_p = 1/R_o = 1.92\ W/(m^2 \cdot K)$						
采暖空调房间与非采暖空调房间的楼板未满足《湖南省公共建筑节能设计标准》（DBJ43/003—2010）3.2.1 条 $K \leq 1$ 的规定。						

图 5.12　PMS 对某项目采暖空调房间与非采暖空调房间的楼板类型传热系数进行分析判定

综上所述，PMS 通过提供实时、准确的数据，数据分析和报告，模拟和预测功能，风险管理和控制，多方参与和意见收集等功能，提升决策质量。项目管理者可以更好地了解项目的现状和趋势，评估各种方案的影响，降低风险，同时也能够充分利用团队成员的智慧和经验，做出更明智、更有效的决策。

5.3.4　PMS 降低风险和成本

PMS 在项目管理中通过以下几个方面可以降低风险和成本。

（1）风险识别和评估。PMS 提供了风险管理的功能，可以帮助项目管理者及时识别和评估项目中存在的风险。通过对项目数据的监控和分析，PMS 可以发现潜在的风险因素，并提供相应的预警和风险评估报告。这使得项目管理者能够及早采取措施来应对风险，降低其对项目进展和成本的影响。

（2）资源优化和利用率提升。PMS 可以帮助项目管理者更好地规划和管理项目资源，包括人力资源、物资和设备等。通过对资源的有效分配和利用，PMS 可以降低资源的浪费和闲置，提高资源利用率。这有助于降低项目的成本，并确保资源在项目中的高效利用。

（3）进度管控和优化。PMS 能够对项目进度进行监控和管控，及时发现进度偏差和延迟，并采取相应的调整措施。通过有效的进度管理，PMS 可以帮助项目管理者及时解决问题，避免进度延误引发的风险，并降低项目的成本。此外，PMS 还能够通过模拟和优化功能，找到最佳的进度安排，进一步提升项目效率，降低成本。

（4）变更管理和控制。在项目执行过程中，变更是常见的情况，但变更管理和控制对于降低风险和成本至关重要。PMS 提供变更管理的功能，包括变更请求的记录、评估和批准过程的跟踪等。通过 PMS 的变更管理，可以确保变更得到合理评估和控制，避免无效或不必要的变更对项目造成额外成本和风险。

（5）信息共享和沟通。PMS 提供了信息共享和沟通的平台，使得项目相关方可以实时交流和分享项目信息。这有助于加强团队合作，提高沟通效率，减少信息传递误差和重复工作，从而降低风险和成本。

综上所述，如图 5.13 所示，PMS 通过风险识别和评估、资源优化和利用率提升、进度管控和优化、变更管理和控制以及信息共享和沟通等方面的支持，可以有效降低项目的风险和成本。它为项目管理者提供了更全面、准确的项目信息和数据，帮助其做出更明智的决策，并实施有效的项目管理措施。

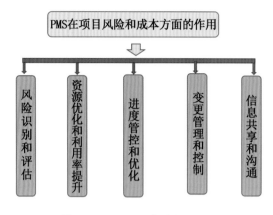

图 5.13　PMS 运作流程

5.4　PMS 与建筑信息化的集成

5.4.1　PMS 与 CAD 的集成

PMS 与 CAD 的集成可以提高项目管理的效率和准确性,促进信息流畅和数据的共享。PMS 与 CAD 可以通过以下几个方面集成。

(1)数据交换和共享。PMS 与 CAD 的集成可以实现数据的无缝交换和共享。CAD 软件中的设计图纸和模型可以与 PMS 进行连接,实现双向的数据传输。这样,设计团队和项目管理团队之间可以共享实时的设计数据和项目进展信息,避免了数据冗余和信息不一致的问题。

(2)设计变更管理。PMS 可以追踪和管理设计变更。当 CAD 中的设计发生变更时,PMS 可以自动更新相应的变更记录和审批流程。这样,项目管理团队可以及时了解设计变更的内容,做出相应的决策和调整。

(3)设计与进度的关联。PMS 与 CAD 的集成可以将设计图纸和模型与项目进度相关联。这样,项目管理团队可以直观地了解设计任务与项目进度的关系,及时调整设计进度,确保项目按计划进行。

(4)资源管理和优化。通过 PMS 与 CAD 的集成,可以将设计模型与资源管理系统相连接。这使得项目管理团队可以更好地规划和管理项目所需的资源,包括人力资源、材料和设备。通过对资源的有效分配和利用,可以提高资源的利用效率,降低成本。

(5)数据分析和报告生成。PMS 与 CAD 的集成可以实现对设计数据和项目进展的分析和报告生成。项目管理团队可以利用 PMS 中的数据分析工具和报表功能,对设计数据进行统计分析和趋势预测等,从而更好地了解项目的状态和风险,做出相应的决策。

综上所述，PMS 与 CAD 的集成可以实现设计数据的交换和共享，优化设计变更管理，关联设计与进度，提升资源管理效率，并支持数据分析和报告生成。这样的集成可以提高项目管理的整体效率和准确性，促进团队协作和信息共享，为项目成功提供更好的支持。

5.4.2　PMS 与 BIM 的集成

PMS 与 BIM 的集成可以实现项目管理和建模数据的无缝连接，提高项目的协同性和效率。PMS 与 BIM 通过以下几个方面集成。

（1）数据共享和同步。PMS 与 BIM 的集成可以实现数据的共享和同步。BIM 中的设计数据和项目信息可以与 PMS 进行连接，实现双向的数据传输。这样，设计团队和项目管理团队之间可以实时共享设计数据、进展信息和项目状态，保证数据的一致性和准确性。

（2）设计变更管理。PMS 可以与 BIM 进行关联，实现对设计变更的管理和跟踪。当 BIM 中的设计发生变更时，PMS 可以自动更新相应的变更记录和审批流程。这样，项目管理团队可以及时了解设计变更的影响和进展情况，做出相应的决策和调整。

（3）进度和资源管理。PMS 与 BIM 的集成可以将设计模型与项目进度和资源管理相连接。项目管理团队可以根据 BIM 的信息，准确规划和管理项目的进度和资源需求。通过实时更新的进度和资源数据，可以实现更有效的资源调配和优化，提高项目的整体效率。

（4）冲突检测和协同设计。通过将 PMS 中的项目信息与 BIM 进行关联，可以自动进行冲突检测和协同设计的分析。这有助于减少设计错误和冲突，提高设计质量和准确性。

（5）数据分析和报告生成。PMS 与 BIM 的集成可以实现对建模数据和项目进展的数据分析和报告生成。通过 PMS 中的数据分析工具和报表功能，可以对 BIM 中的数据进行统计分析、可视化展示，并生成报告。这有助于项目管理团队更好地了解项目的状态、趋势和风险，做出相应的决策。

综上所述，PMS 与 BIM 的集成可以实现设计数据和项目管理数据的共享和同步，优化设计变更管理，提升进度和资源管理效率，实现冲突检测和协同设计，并支持数据分析和报告生成。这样的集成可以提高项目管理的整体效率和准确性，促进团队协作和信息共享，为项目的成功交付提供更好的支持。

5.4.3　PMS 与其他信息化系统的集成

PMS 与其他信息化系统的集成可以进一步提升项目管理的综合效能，实现更高效的数据交互和协同工作。以下是 PMS 与常见信息化系统的集成。

（1）ERP（企业资源计划）系统。PMS可以与ERP系统集成，实现对项目管理和财务管理数据的无缝对接。这样可以实现项目成本、采购和合同等方面的数据共享，提高对项目财务状况的监控和分析能力。

（2）CMMS（计算机维护管理系统）。PMS与CMMS的集成可以实现设备维护和保养数据的共享。通过将PMS中的项目信息与CMMS进行对接，可以实时获取设备维护和故障报修的数据，更好地进行设备管理和维护计划的制订。

（3）GIS（地理信息系统）。PMS与GIS的集成可以将项目管理数据与地理空间信息进行关联。这样可以实现对项目地理位置和周边环境的分析，更好地进行项目规划和风险评估。

（4）CRM（客户关系管理）系统。PMS与CRM系统的集成可以实现项目管理和客户管理数据的共享。这样可以更好地跟踪客户需求、项目变更和客户反馈，提供更好的客户服务和项目管理支持。

（5）HRMS（人力资源管理系统）。PMS与HRMS的集成可以实现人力资源管理和项目管理数据的交互。这样可以更好地进行人员的调配、项目团队的组建和绩效评估，提高人力资源管理的效率和准确性。

（6）DMS（文档管理系统）。PMS与DMS的集成可以实现项目文档和数据的统一管理和共享。这样可以更好地管理和控制项目文档的版本、权限和审批流程，提高项目团队的协同工作效率。

通过与其他信息化系统的集成，PMS可以实现与不同领域数据和功能的无缝对接，提升项目管理的综合效能和数据一致性。这样可以降低数据重复输入和错误率，加强不同系统之间的协同工作，提高决策的准确性和效率，推动项目的顺利实施和交付。

5.5 PMS 案例分析

5.5.1 PMS 在大型商业综合体建设项目中的应用案例

在大型商业综合体建设项目中，PMS的应用可以提升项目管理的效率、监控进度和成本、加强沟通和协作等方面的功能。

案例名称：某商业综合体项目

1. 项目背景

如图5.14所示，该商业综合体项目是一个位于城市中心的大型综合性商业建筑项目，包括购物中心、写字楼、酒店和公共设施等多个功能区域，总建筑面积约10万 m²。

图 5.14　某商业综合体模型

2. 项目计划管理

PMS 软件在项目计划管理方面发挥关键作用。

（1）集成式管理。PMS 软件可以将该项目的多个管理模块集成在同一平台中，包括项目计划、资源调配、风险管控和成本控制等。

（2）协同式信息管理。PMS 软件具备多用户、多部门、多角色和多终端等协同式管理功能。在该项目中，PMS 可以使工作流程更加可见、可控、可协作。PMS 软件还支持在线文档共享，帮助企业自动化处理和协调工作，减少沟通中的错误，降低人工成本，提高建设效率。

（3）数据可视化管理。PMS 软件还提供了多种图表和数据分析工具，能够根据项目执行情况进行及时的监控和数据分析，可以通过仪表板、报表和查询来进行轻松的管理，从而帮助建设单位优化决策和预测分析。

（4）移动化管理。PMS 软件支持移动端的访问，在施工过程中，工作人员可以通过智能手机、平板电脑等移动设备操作管理项目，对工作任务等实时进行管理和监控，提高工作效率，方便管理，提高管理精细化程度。

（5）项目计划制订与执行。在具体建设过程中，PMS 软件的使用，可以帮助建设团队制订项目计划，包括任务分配、时间表、里程碑和关键路径等，以确保项目按时完成。它还可以跟踪任务的进度、状态和优先级，以及分配任务给团队成员并设置提醒。

（6）资源与风险管理。PMS 软件可以帮助项目团队管理资源，包括人员、设备、材料和预算等，以确保项目按预算和资源计划进行。同时，它还可以帮助项目团队识别、评估和管理项目风险，包括计划变更、预算超支和进度延误等。

当项目中的某些单元发生变化时，PMS 可以自动计算这些变化对整个项目的影响，从而更快地为管理者提供预算、进度和质量等方面的信息。

通过 PMS 系统,项目团队可以制订详细的项目计划,包括工期安排、里程碑设定、工作分解结构等,并实时监控项目进度的执行情况。团队成员可以在系统中更新任务状态、记录工时和提出问题,确保项目按计划进行。

2. 资源管理

(1)资源计划制订。如图 5.15 所示,在该项目建设过程中,PMS 软件可以帮助项目团队有效管理资源,包括人力资源、材料和设备等,并对项目所需的资源进行优化配置,以确保资源的高效利用,减少资源浪费和成本超支。

<UDG－工程量－设备安装－E－电缆桥架【长度×数量】>			
A	**B**	**C**	**D**
桥架类型	型号	长度(mm)	数量
带配件的电缆桥架: UDG－弱	100 mm×100 mm	173619.6	6
带配件的电缆桥架: UDG－弱	200 mm×100 mm	3111806.6	256
带配件的电缆桥架: UDG－弱	300 mm×150 mm	348949.7	17
带配件的电缆桥架: UDG－弱电		3634375.9	279
带配件的电缆桥架: UDG－强	200 mm×100 mm	1630942.6	111
带配件的电缆桥架: UDG－强	200 mm×400 mm	440.8	1
带配件的电缆桥架: UDG－强	250 mm×100 mm	24744.3	1
带配件的电缆桥架: UDG－强	300 mm×100 mm	39100.0	4
带配件的电缆桥架: UDG－强	300 mm×200 mm	3936.2	1
带配件的电缆桥架: UDG－强	400 mm×100 mm	25262.4	5
带配件的电缆桥架: UDG－强	400 mm×150 mm	211031.4	15
带配件的电缆桥架: UDG－强	400 mm×200 mm	201948.4	27
带配件的电缆桥架: UDG－强	600 mm×150 mm	173.1	1
带配件的电缆桥架: UDG－强	600 mm×200 mm	113256.9	11
带配件的电缆桥架: UDG－强	800 mm×200 mm	59480.1	3
带配件的电缆桥架: UDG－强电		2310316.1	180
总计		5944692.1	459

(a)

<UDG－工程量－土建－S－结构柱【体积】>					
A	**B**	**C**	**D**	**E**	**F**
底部标高	顶部标高	族与类型	体积（m³）	单价（元/m³）	合价（元）
		S－B1－异形结构柱1: S－B1－异形结构柱	1.70		
S－B1－异形结构柱1: S－B1－异形结构柱: 1					
		S－异形结构柱02－F2: 详见模型	0.61		
S－异形结构柱02－F2: 详见模型: 1					
B1	F1（结构）	UDG－圆形混凝土柱【直径】: 800mm	2.98	0.00	0.00
B1	F1（结构）	UDG－圆形混凝土柱【直径】: 800mm	2.98	0.00	0.00
B1	F1（结构）	UDG－圆形混凝土柱【直径】: 800mm	2.98	0.00	0.00
B1	F1（结构）	UDG－圆形混凝土柱【直径】: 800mm	2.98	0.00	0.00
B1	F1（结构）	UDG－圆形混凝土柱【直径】: 800mm	2.98	0.00	0.00
B1	F1（结构）	UDG－圆形混凝土柱【直径】: 800mm	2.98	0.00	0.00
UDG－圆形混凝土柱【直径】: 800mm: 6					
B1	F1（结构）	UDG－矩形混凝土柱【宽度×长度】: 500×500mm	1.44	0.00	0.00
B1	F1（结构）	UDG－矩形混凝土柱【宽度×长度】: 500×500mm	1.44	0.00	0.00
B1	F1（结构）	UDG－矩形混凝土柱【宽度×长度】: 500×500mm	1.49	0.00	0.00
UDG－矩形混凝土柱【宽度×长度】: 500×500mm: 3					
B1	F1（结构）	UDG－矩形混凝土柱【宽度×长度】: 600×600mm	1.57	0.00	0.00
B1	F1（结构）	UDG－矩形混凝土柱【宽度×长度】: 600×600mm	1.57	0.00	0.00
B1	F1（结构）	UDG－矩形混凝土柱【宽度×长度】: 600×600mm	1.57	0.00	0.00
B1	F1（结构）	UDG－矩形混凝土柱【宽度×长度】: 600×600mm	1.57	0.00	0.00
B1	F1（结构）	UDG－矩形混凝土柱【宽度×长度】: 600×600mm	1.57	0.00	0.00
B1	F1（结构）	UDG－矩形混凝土柱【宽度×长度】: 600×600mm	1.57	0.00	0.00
B1	F1（结构）	UDG－矩形混凝土柱【宽度×长度】: 600×600mm	1.57	0.00	0.00
B1	F1（结构）	UDG－矩形混凝土柱【宽度×长度】: 600×600mm	1.57	0.00	0.00
B1	F1（结构）	UDG－矩形混凝土柱【宽度×长度】: 600×600mm	1.57	0.00	0.00
B1	F1（结构）	UDG－矩形混凝土柱【宽度×长度】: 600×600mm	1.57	0.00	0.00
B1	F1（结构）	UDG－矩形混凝土柱【宽度×长度】: 600×600mm	1.57	0.00	0.00
B1	F1（结构）	UDG－矩形混凝土柱【宽度×长度】: 600×600mm	1.57	0.00	0.00
B1	F1（结构）	UDG－矩形混凝土柱【宽度×长度】: 600×600mm	1.57	0.00	0.00

(b)

图 5.15 部分工程量统计表

（2）资源跟踪与监控。PMS 软件可以实时跟踪和监控项目资源的利用情况，包括资源的数量、使用状态和使用效率等，以便及时调整资源计划和进度计划。

（3）资源风险管理。PMS 软件可以帮助项目团队识别、评估和管理资源风险，包括资源不足、资源冲突和资源浪费等，以便及时采取应对措施。

（4）资源采购与供应商管理。PMS 软件管理项目所需资源的采购和供应商信息，包括供应商资质、价格和交货期等，以确保资源的及时供应和质量安全。

（5）资源决策支持。PMS 软件提供数据分析和可视化工具，帮助项目团队做出更加科学、准确的资源决策，包括资源的分配和采购策略等。

（6）资源协作与沟通。PMS 软件帮助项目团队成员更好地协作和沟通，共同管理项目资源，提高资源利用效率。

在该项目的建设过程中，通过系统中的资源管理模块应用，团队可以分配人员不同的任务和工作包，预测和管理材料需求，并跟踪设备的使用情况。这样可以提高资源利用率，避免资源冲突和短缺，确保项目顺利进行。

3. 成本控制

PMS 软件在项目成本控制方面发挥重要作用。团队可以使用 PMS 软件跟踪项目的成本，包括工程款项、采购成本和人力资源费用等。系统还可以自动生成成本报表和预算对比分析，帮助项目经理实时掌握项目的财务状况，及时做出调整和决策，确保项目在预算范围内进行。

（1）预算设定。PMS 软件中可以先由项目经理和团队成员为项目设定初始预算，这个预算是基于对项目所需资源、工时和材料等各种因素的细致估算。PMS 软件将预算分解到项目的各个部分或阶段，帮助团队全面考虑和控制成本。

（2）实时跟踪。PMS 软件实时跟踪功能允许团队输入实际成本数据，并将其与初始预算进行比较。这不仅可以及时发现预算超支，还可以为团队提供关于预算健康状况的清晰、实时的视图。如果发现某个阶段的实际成本远超预期，会出现警示，提示需要重新评估接下来的工作或调整预算。

（3）成本分析与优化。PMS 软件项目管理软件提供强大的数据分析工具，可以分析项目成本的具体组成，识别哪些部分或活动导致了超出预算的成本，并采取措施优化成本。对项目成本进行结构分析，了解成本组成和分布情况，识别成本驱动因素。进行趋势分析，预测未来成本走势，为决策提供支持。进行差异分析，比较实际成本与预算或估算成本的差异，找出成本偏差的根源。通过价值工程/价值分析（VE/VA）等技术，审查项目设计和功能要求，寻找成本降低的机会，同时保持或提高项目的价值。优化资源分配，确保资源在需要的时间和地点以最低的成本获得和使用。实施成本节约措施，如采购策略优化、过程改进、浪费减少等。

（4）采购与供应商管理。PMS 软件管理项目所需物资的采购和供应商信息，确保在保证质量的前提下,通过合理比较价格、交货期等条件,选择性价比最高的供应商,降低采购成本。

(5)变更管理。如果在项目执行过程中,遇到一些变更需求。PMS软件可以帮助项目团队管理这些变更,包括评估变更对成本的影响、审批变更请求等,确保变更不会导致成本的失控。

(6)报告与决策支持。PMS软件生成各种成本报告和分析图表,帮助项目团队更好地了解项目成本的状况,为决策提供数据支持。通过这些报告和图表,相关人员可以及时发现问题、制定相应的成本控制措施。

(7)协同与沟通。PMS软件还为项目团队提供协同工作的平台,方便团队成员共享信息、讨论问题、提出改进意见等,从而提高成本控制工作的效率和效果。

4. 沟通和协作

PMS软件提供了协作平台,促进团队成员之间的沟通和协作。团队成员可以在系统中共享文件、留言、讨论和回复问题,提高团队间的信息共享和协同工作效率。

(1)信息共享与集成。PMS软件可以将项目的各种信息整合到一个平台上,包括任务信息、资源信息、成本信息和进度信息等,在项目建设过程中,便于工作人员获取和更新项目信息,提高信息传递的效率和准确性。

(2)实时沟通和协作。PMS软件提供在线聊天、论坛、任务分配和进度更新等功能,支持团队成员进行实时的沟通和协作。这有助于减少沟通障碍,提高团队协作效率。

(3)任务分配和进度管理。PMS软件可以帮助项目经理将项目任务分配给团队成员,并跟踪任务的进度。团队成员可以实时更新任务状态,包括任务完成情况、遇到的问题等,以便项目经理及时了解项目进展情况,协调资源,解决潜在问题。

(4)文档管理和共享。PMS软件提供文档管理和共享功能,团队成员可以将项目相关的文档上传到系统中,并与其他成员共享。确保团队成员都能够访问到最新的项目文件和资料,减少重复工作和错误。

(5)移动化协作。PMS软件支持移动设备访问,团队成员可以通过手机或平板电脑随时随地进行沟通和协作,提高工作效率和响应速度。

5. 文件管理

PMS软件提供文档管理功能,使团队能够集中管理项目文件和文档。团队成员可以上传、下载和共享各类文件,包括设计文件、合同、变更通知和会议纪要等。这样可以提高文档的版本控制和访问权限管理效果,确保团队成员始终使用最新的文件进行工作。

(1)文件存储与共享。PMS软件提供文件存储和共享功能,项目团队可以将项目相关的文件上传到系统中,并与其他成员共享。确保团队成员都能够访问到最新的项目文件和资料,减少重复工作和错误。

(2)版本控制。PMS 软件支持文件的版本控制,确保文件的每一次修改都有记录,并且可以随时回溯到之前的版本。避免文件冲突和错误修改,保证文件的准确性和一致性。

(3)权限管理。PMS 软件提供权限管理功能,对不同用户设置不同的文件访问和编辑权限。确保文件的安全性和保密性,避免文件被不适当的修改或泄露。

(4)检索与查找。PMS 软件还提供强大的检索和查找功能,在施工中可以帮助项目团队快速找到需要的文件。通过关键词、文件属性等条件进行检索,极大地提高了文件查找的效率和准确性。

(5)文档审核与批准。PMS 软件支持文档的审核和批准流程,管理人员可以审核文件的准确性和合规性。在审核过程中,还可以对文件进行审查和修改,确保文件的质量并符合要求。

(6)电子签名与认证。PMS 软件可以集成电子签名和认证功能,确保文件的真实性和可信度。通过电子签名技术,对文件进行数字签名,验证文件的完整性和来源。

通过以上 PMS 的应用,该商业综合体项目的项目团队能够更好地实现项目管理的各个方面,提高工作效率、监控项目进度和成本、加强团队之间的沟通和协作,确保项目的顺利实施和交付。

5.5.2　PMS 在城市基础设施项目中的应用案例

案例名称:城市地铁线路建设项目

城市地铁线路建设项目是重要的城市基础设施项目,涉及地铁线路、车站、隧道和信号系统等多个方面。该项目的目标是建设一条高效、安全和可持续的地铁交通网络,满足城市人口增长和交通需求,如图 5.16 所示。

图 5.16　城市地铁概念图

（1）项目计划管理。

在城市地铁线路建设项目中PMS软件的项目计划管理功能具有显著的优势和应用价值。通过PMS软件,项目团队可以更加高效地进行计划制订、进度监控、资源分配和风险管理等操作。

①任务分解与计划制订。PMS软件以帮助项目团队将地铁线路建设项目分解为具体的任务,并为每个任务分配资源、设定时间节点等。通过PMS的计划管理功能,制订详细的项目计划,确保每个阶段的目标和时间要求得到满足。

②进度监控与调整。PMS软件具备强大的进度跟踪功能,可以帮助项目团队实时监控任务的执行情况。通过对比实际进度与计划进度的差异,项目团队可以及时发现潜在的问题,并采取相应的措施进行调整和优化。

③资源优化与分配。PMS软件帮助项目团队合理分配资源,确保关键任务得到充足的资源支持。通过数据分析、优化资源配置、提高资源的使用效率等手段,避免资源的浪费和过度消耗。

④风险管理。PMS软件帮助项目团队识别和管理潜在的风险,包括技术风险、进度风险和成本风险等。通过制定风险应对措施,降低风险对项目的影响,确保项目的顺利进行。

⑤质量管理。PMS软件可以与质量管理模块集成,确保项目的各个阶段都符合预定的质量标准。通过质量检查和验收,及时发现并处理质量问题,提高项目的质量水平。

⑥沟通与协调。PMS软件提供实时沟通和协作功能,帮助项目团队成员进行有效的信息传递和任务分配。通过PMS软件,及时解决遇到的问题,协调各方面的资源,提高团队协作效率。

⑦文档管理。PMS软件具备强大的文档管理功能,可以帮助项目团队统一管理地铁线路建设项目中的所有文档。通过文档的分类、存储和检索,项目团队可以方便地查找和使用相关资料,提高工作效率。

（2）合同管理。

PMS可以与合同管理模块集成,帮助项目团队统一管理地铁线路建设项目中的所有合同。通过合同的执行、变更和归档管理,项目团队可以确保合同内容与项目目标一致,满足各方面的法律要求。

①合同录入与存储。PMS软件提供合同录入功能,项目团队可以将与地铁线路建设项目相关的所有合同信息录入系统,包括合同编号、合同名称、合同双方、合同金额和支付条款等。系统能够将合同文件与相关数据关联起来,方便后续的查阅和调用。

②合同执行与跟踪。PMS软件能够对合同的执行情况进行实时跟踪,记录合同

的实际履行情况。包括合同款项的支付情况、合同的完成进度等。在建设过程中可以通过对比实际履行情况与合同条款，及时发现并处理潜在的问题，确保合同的顺利执行。

③变更管理。在地铁线路建设项目中，合同变更是常见的情况。PMS 软件提供变更管理功能，允许项目团队记录合同的变更内容、原因和影响。通过系统化管理，更好地控制变更风险，确保变更的合法性和合规性。

④风险管理。PMS 软件可以帮助项目团队识别和评估合同中可能出现的风险。通过系统的分析功能，项目团队可以发现潜在的条款问题、履行风险等，并制定相应的风险应对措施，降低合同风险对项目的影响，提高项目的稳定性。

⑤文档管理。PMS 软件可以与文档管理模块集成，对项目合同的相关文档进行统一管理。方便存储、检索和查阅合同文档，确保文档的完整性和一致性。通过文档的电子化管理，可以提高工作效率，降低文档丢失或损坏的风险。

⑥付款管理。PMS 软件还具备付款管理功能，可以根据合同的支付条款自动生成付款计划。项目团队可以根据实际履行情况调整付款计划，确保款项的及时支付和正确记录。通过系统化管理，避免因人工操作失误导致的付款问题。

⑦可追溯性与审计。PMS 软件具备强大的可追溯性功能，可以帮助项目团队追踪合同的整个生命周期。从合同的起草、审批、签署到履行、变更和终止，所有的操作记录都可以在系统中查询和追溯。这对于后期的审计、问题追溯和改进非常有帮助，可以确保项目的合法性和合规性。

（3）资源管理。

在城市基础设施项目中 PMS 软件的资源管理功能发挥重要作用。团队可以使用 PMS 软件对人力资源、材料和设备进行有效的管理和调配。软件可以帮助团队成员分配人员不同的任务和工作包，预测和管理材料需求，并跟踪设备的使用情况。这样可以提高资源利用率，确保项目按计划进行。PMS 软件可以帮助项目团队制订详细的资源计划，根据项目需求，对人力资源、设备和材料等资源进行合理分配。通过设定优先级和时间节点，确保关键资源能够及时到位，满足项目进度和质量要求。

①资源跟踪与监控。PMS 软件具备强大的资源跟踪和监控功能，可以实时跟踪资源的状态、使用情况和需求。在项目建设中，可以通过对比实际使用情况与计划，及时发现资源的不足或过剩，调整资源分配，优化资源配置。

②资源优化与节约。PMS 软件可以帮助项目团队进行资源优化，通过数据分析，找出资源使用的瓶颈和浪费现象，采取相应的措施进行改进，节约成本，提高资源使用效率。

③供应商管理。PMS 软件具备供应商管理功能，可以帮助项目团队对供应商进行评估、选择和管理。通过建立供应商信息库，记录供应商的资质、业绩与合作历史，

确保选择合适的供应商,保证资源的供应和质量。

④采购与库存管理。PMS软件还可以与采购模块集成,实现采购计划的制订、订单的生成与跟踪,以及入库和出库的管理。通过与库存管理模块的集成,实时掌握库存情况,避免资源的短缺或过剩。

⑤质量管理。PMS软件可以与质量管理模块集成,确保资源的采购和使用符合预定的质量标准。通过质量检查和验收,及时发现并处理资源的质量问题,保证项目的质量水平。

⑥数据分析与报告。PMS软件提供数据分析和报告功能,帮助项目团队了解资源的使用情况和绩效。通过数据分析,找出资源的瓶颈和改进点,为后续的项目提供参考和借鉴。

(4)成本控制。

在城市地铁线路建设项目中PMS软件的成本控制功能起到关键作用。团队可以使用PMS软件跟踪项目的成本,包括工程款项、采购成本和人力资源费用等。如图5.17所示,根据该工程构件工程量及下料清单,系统可以生成成本报表和预算对比分析,帮助项目经理及时了解项目的财务状况,进行成本控制和调整。

①预算编制与成本计划。PMS软件提供预算编制功能,项目团队可以根据项目需求和目标,制订详细的成本计划。通过分解项目任务、估算资源消耗和费用,形成项目预算,帮助项目团队更好地控制成本,确保项目在预算范围内实施。

②成本跟踪与监控。PMS软件具备实时成本跟踪和监控功能,在该项目中可以实时了解项目成本的状况。通过对比实际成本与预算,及时发现偏差并采取相应措施进行调整。这有助于防止成本超支,确保项目成本控制的有效性。

③费用管理与审批。PMS软件提供费用管理与审批功能,确保各项费用支出的合规性和准确性。通过设定审批流程,对费用支出进行严格的审核和控制,防止浪费和违规行为。

④成本分析与优化。PMS软件还具有成本分析功能,帮助项目团队深入了解成本的构成、变化和趋势。通过对比实际成本与预算,找出成本超支的原因,并采取相应的优化措施,降低成本、提高项目的经济效益。

(5)变更管理。

在城市地铁线路建设项目中,变更是常见的情况。PMS软件提供变更管理功能,对项目的变更进行全面跟踪和管理。通过评估变更对成本的影响,及时调整预算和成本控制策略,确保项目成本控制的有效性。

(6)风险管理与应对。

PMS软件帮助项目团队识别和评估潜在的成本风险。通过制定风险应对措施,降低风险对项目成本的影响。同时,PMS软件可以与风险管理模块集成,提高项目团队对成本风险的应对能力。

<UDG－工程量－设备安装－E－电缆桥架【长度×数量】>			
A	**B**	**C**	**D**
桥架类型	型号	长度(mm)	数量
带配件的电缆桥架: UDG－弱	100 mm×100 mm	173619.6	6
带配件的电缆桥架: UDG－弱	200 mm×100 mm	3111806.6	256
带配件的电缆桥架: UDG－弱	300 mm×150 mm	348949.7	17
带配件的电缆桥架: UDG－弱电		3634375.9	279
带配件的电缆桥架: UDG－强	200 mm×100 mm	1630942.6	111
带配件的电缆桥架: UDG－强	200 mm×400 mm	440.8	1
带配件的电缆桥架: UDG－强	250 mm×150 mm	24744.3	1
带配件的电缆桥架: UDG－强	300 mm×100 mm	39100.0	4
带配件的电缆桥架: UDG－强	300 mm×200 mm	3936.2	1
带配件的电缆桥架: UDG－强	400 mm×100 mm	25262.4	5
带配件的电缆桥架: UDG－强	400 mm×150 mm	211031.4	15
带配件的电缆桥架: UDG－强	400 mm×200 mm	201948.4	27
带配件的电缆桥架: UDG－强	600 mm×150 mm	173.1	1
带配件的电缆桥架: UDG－强	600 mm×200 mm	113256.9	11
带配件的电缆桥架: UDG－强	800 mm×200 mm	59480.1	3
带配件的电缆桥架: UDG－强电		2310316.1	180
总计		5944692.1	459

图 5.17　构件工程量及下料清单

（7）报告与可视化。

PMS 软件提供报告和可视化工具，帮助项目团队更好地呈现成本控制的情况。通过生成各类成本报告和图表，项目团队可以直观地了解成本的状况、趋势和问题点。这有助于提高决策的准确性和有效性。

通过以上 PMS 软件的应用，城市地铁线路建设项目的项目团队能够更好地实现项目管理的各个方面，提高工作效率、监控项目进度和成本、加强团队之间的沟通和协作，确保项目的顺利实施和交付。

第6章 CAD 在建筑项目中的应用

CAD 是现代建筑设计与施工的重要工具,它在建筑项目的全过程中都发挥着关键作用。本章将详细探讨 CAD 在建筑设计、施工和管理阶段的具体应用,并通过多种实际案例进行深入剖析。

6.1 设计阶段的应用

6.1.1 民用建筑设计:独栋建筑 CAD 设计案例

1. 项目背景

随着城市化进程的加速和人们生活水平的提高,人们对居住环境的需求也在不断升级。在此背景下,独栋建筑逐渐得到市场的青睐。独栋建筑可以提供更加舒适、私密和个性化的居住体验,满足人们对高品质生活的追求。

同时,随着 CAD 技术的不断发展,设计师可以更加高效地完成建筑设计工作,提高设计质量和效率。在独栋建筑设计过程中,CAD 应用于项目的各个阶段,帮助设计师在计算机上进行精确的绘图和设计,具有高效、精确和可修改的优点。

2. 平面布局设计

CAD 软件用于绘制独栋建筑的平面布局图,包括房间分布、尺寸和功能区域划分等,并对平面图进行详细的标注和说明,包括文字、尺寸、箭头和图例等信息。设计师还可以使用 CAD 工具绘制和调整不同房间的位置和大小,优化空间利用率,并确保符合建筑规范和功能需求。应用 CAD 软件绘制住宅空间一层平面图,如图 6.1 所示,其中包括对该建筑各个房间的尺寸标注、功能分区、家具、楼梯和门窗等具体信息。施工方通过图纸即可了解该建筑的构造与尺寸。

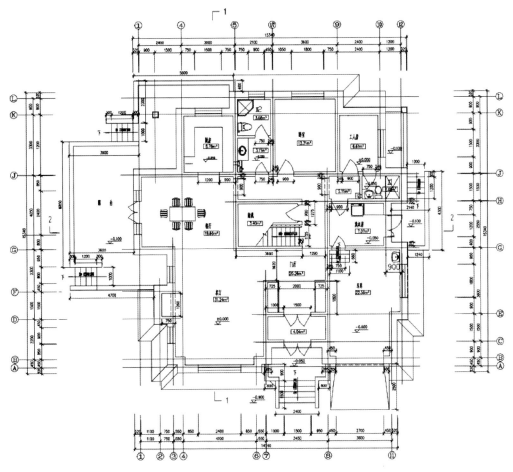

图 6.1　独栋建筑一层平面图

3. 立面设计

在平面图的基础上,CAD 软件可以快速绘制建筑的立面图(图 6.2)和剖面图(图 6.3),并根据需要调整视图方向和比例等参数。利用 CAD 工具可以绘制各种立面元素,如窗户、门和装饰线条等,并精确地标注其尺寸和位置,添加详细的标注和说明,包括尺寸、材料和构造方式等。

图 6.2　独栋建筑立面图

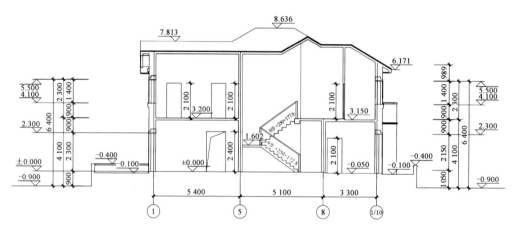

图 6.3　独栋建筑结构剖面图

4. 三维建模

CAD 软件的三维建模功能使设计师能够创建住宅的立体模型,如图 6.4 所示,以更直观地展现设计意图。CAD 软件的三维可视化工具使得设计师能够更直观地理解建筑的结构和设计意图。设计师可以建立住宅的空间结构,包括楼层、墙体、楼梯和天花板等。通过旋转、缩放和平移模型,设计师可以在任何角度观察和评估建筑设计。这有助于设计师和客户更好地理解住宅的空间布局和形式。在三维模型中,还可以为建筑的各个表面添加材料和纹理,如墙面的砖石纹理、窗户的反射效果等。这种实时渲染可以帮助设计师预览建筑的实际外观,并在设计阶段进行调整。基于三维模型,CAD 软件可以自动计算建筑的工程量,如墙体的面积、门窗的数量等。这些数据可以帮助设计师进行材料和成本的估算,为施工预算提供依据。

5. 结构分析和优化

图 6.4　独栋建筑立体模型

CAD 软件在独栋建筑设计中还可以用于结构分析和优化。设计师可以使用 CAD 工具创建独栋建筑的结构模型,并应用结构分析软件进行载荷和应力分析。通过 CAD 软件的模拟和分析功能,设计师可以确定最佳的结构设计方案,确保住宅的结构稳定性和安全性。具体应用如下:

(1)结构分析和计算。利用 CAD 软件创建建筑物的三维模型,并利用软件的计算和分析功能对结构进行详细的分析,包括静力分析、动力分析和稳定性分析等,以评估结构的性能和安全性。

(2)材料和构件的优化。通过分析,确定结构的薄弱部位和需要加强的部位,利用 CAD 软件对相应的材料和构件进行优化设计,包括改变材料的类型、厚度,加强筋的位置等,以提高结构的强度和稳定性。

(3)施工过程的模拟和优化。基于 CAD 软件的三维模型,进行施工过程的模拟。这有助于评估施工方案的可行性和效率,并找出潜在的问题和改进的方向。通过优化施工过程,可以提高施工效率、减少施工错误,降低成本。

(4)协同设计和优化。利用 CAD 软件的协同功能,多位设计师可以在同一模型上进行合作和交流。有助于团队成员之间的协作和知识共享,提高设计效率和优化效果。

(5)可视化分析和评估。通过 CAD 软件,可以将结构分析和优化结果以可视化的方式呈现出来。这有助于更直观地理解结构的性能和优化结果,并方便与业主、施工方和其他利益相关方进行沟通和交流。

通过 CAD 在复杂住宅设计中的广泛应用,设计师能够更高效地进行设计和绘图工作,提高设计质量和准确性,并促进设计团队之间的协作和沟通。这些 CAD 应用为复杂住宅设计项目的成功实施提供了重要的支持和帮助。

6.1.2　道路桥梁设计:城市立交桥 CAD 设计案例

城市立交桥是连接不同道路、交通流线和交通节点的重要交通设施。在城市交通拥堵和交通流量增加的情况下,高效而安全的立交桥设计至关重要。CAD 软件在城市立交桥设计中扮演着关键的角色,支持设计师进行设计、绘图和协作。

1. 方案设计阶段

CAD 软件为城市立交桥的方案设计提供了强大的工具。设计师可以使用 CAD 软件创建桥梁的平面布局图,包括桥面、支撑结构、车道和人行道的分布,如图 6.5、6.6 所示。CAD 工具提供了绘制、修改和调整设计元素的能力,使设计师能够优化桥梁的布局和形式。具体应用如下:

(1)绘制二维施工图与三维建模。CAD 软件提供了强大的绘图和建模工具,设计师可以利用这些工具创建城市立交桥的专业设计图纸和三维模型。这些有助于设计师更直观地理解桥梁的结构和设计意图,并更好地进行方案构思和选择。

(2)方案评估和优化。基于 CAD 软件的三维模型,可以进行各种分析和优化,如结构分析、承载能力评估和施工方案模拟等。这些分析有助于评估不同设计方案的效果和可行性,从而进行方案的优化和选择。

(3)工程量估算。利用 CAD 软件的测量功能,可以快速计算桥梁的工程量,如统计各个构件的尺寸和数量等。这些数据可以帮助设计师进行初步的成本估算,为后续的预算和计划提供依据。

(4)协同设计和评审。CAD 软件支持多人协同设计,设计师、工程师和其他利益相关方可以在同一设计文件中合作和交流。这有助于提高设计效率和各方之间的沟通,确保设计方案的科学性和可行性。

(5)文档生成。基于 CAD 软件的设计成果,设计师可以生成完整的施工图纸、技术规格和报告等文档。这些文档为后续的施工过程提供了可靠的依据和保障。

2. 结构设计

CAD 软件在城市立交桥的结构设计中发挥着重要作用。设计师可以使用 CAD 软件工具创建桥梁的结构模型,并进行结构分析和优化,评估桥梁的承载能力、应力分布和振动响应,确保桥梁的结构安全和稳定性。具体应用如下:

(1)建立结构模型。使用 CAD 软件的绘图和建模工具,可以创建城市立交桥的结构模型。这个模型包括桥梁的各个部分,如桥墩、桥跨和支座等,并能够反映其相互之间的关系。

(2)进行结构分析。基于 CAD 软件的结构模型,可以利用专业的结构分析软件(如 SAP2000、ANSYS 等)进行详细的力学分析,包括静力分析、动力分析和稳定性分析等,以评估结构的性能和安全性。

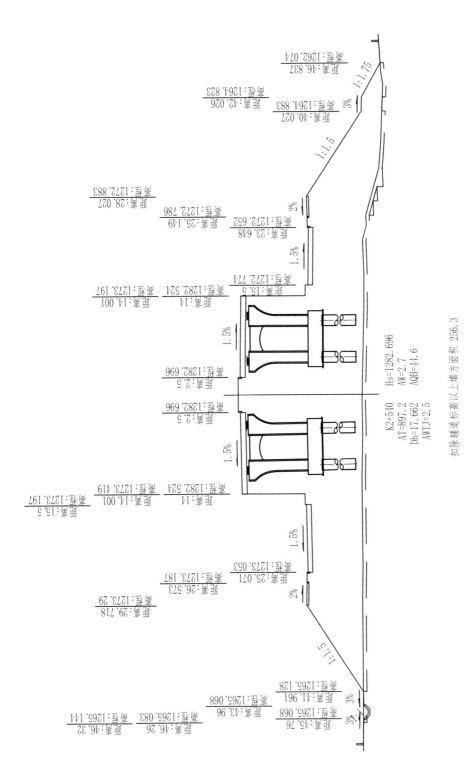

图6.5　城市立交桥平面图

K2+510
AT=897.2
Dh=17.662
AWTJ=2.5

Hs=1282.696
AW=2.7
AQB=44.6

扣除铺道标高以上填方面积 256.3

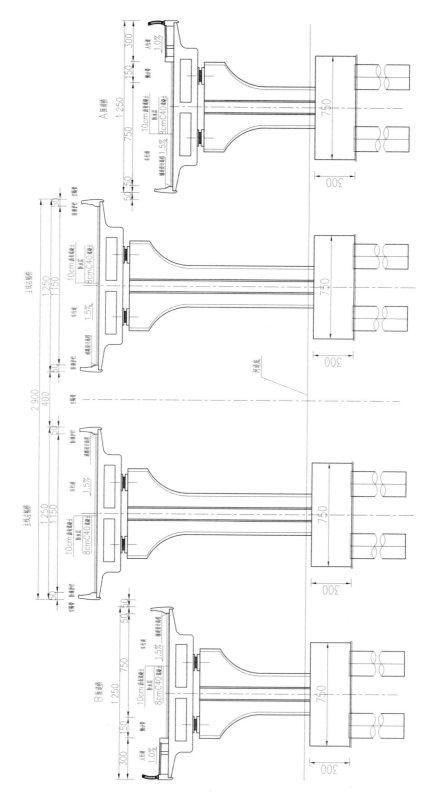

图6.6 城市立交桥立面图

（3）优化结构设计。根据结构分析的结果,对立交桥的结构设计进行优化,包括调整结构的尺寸、形状或布局,以满足性能要求,并降低成本。

（4）协同设计与评审。使用 CAD 软件的协同设计功能,多位设计师可以在同一模型上进行编辑和修改。此外,业主、施工方和其他利益相关方也可以参与其中,进行实时评审和交流。这有助于提高设计效率和各方之间的沟通,确保设计方案的科学性和可行性。

（5）生成施工图纸和报告。基于 CAD 软件的结构设计成果,设计师可以生成详细的施工图纸和技术报告。这些文档为后续的施工过程提供了详细的指导,确保施工的准确性和质量。

3. 施工图绘制

CAD 软件在城市立交桥的施工图绘制中起到重要的作用。设计师可以使用 CAD 工具绘制桥梁的平面图、剖面图和细部图,详细展现桥梁的构造和细节。这些施工图用于指导施工人员进行施工,确保桥梁的准确建造。其具体应用如下:

（1）施工图纸绘制。应用 CAD 软件丰富的绘图工具和功能,可以绘制城市立交桥的施工图纸,包括平面图、立面图和剖面图等,用于详细表示桥梁的结构设计、构件尺寸和材料选择等。

（2）标注和注释。应用 CAD 软件可以对施工图纸进行详细的标注和注释,如尺寸标注、文字注释和符号标注等,来完善图纸的信息和指导施工。

（3）材料和施工工艺表示。在施工图纸中标明桥梁所使用的材料、施工工艺和技术要求。这有助于确保施工队伍理解并遵循设计的意图,提高施工质量和效率。

（4）施工流程模拟。利用 CAD 软件进行施工流程的模拟和可视化,评估施工方案的可行性,并进行优化,减少施工过程中的错误和冲突。

（5）与其他软件的集成。CAD 软件可以与其他工程软件(如结构分析软件和仿真软件等)进行集成,方便数据的交换和共享。有助于提高设计效率和准确性,确保各个专业之间的协同工作。

通过 CAD 软件在城市立交桥设计中的应用,设计师能够更高效地进行设计和绘图工作,并确保桥梁的结构安全和施工准确性。这些 CAD 应用为城市立交桥的设计和建造提供了重要的支持和帮助。

6.1.3　工程预算:大型工程项目预算与 CAD 制图案例

大型工程项目的预算管理是确保项目顺利进行和控制成本的重要环节。在预算编制和管理过程中,CAD 制图在成本控制方面发挥着重要作用。

1. 项目背景

某城市计划建设一座大型商业中心,包括购物中心、办公楼和酒店等设施。该项目规模庞大,结构复杂,预算规模达数亿元。在该项目中,CAD 软件被用于辅助预算编制和成本控制的各个环节,以提高预算的准确性和可视化程度。

2. 建筑施工图的绘制

CAD 软件可用于绘制工程项目的平面图、剖面图和立面图等,如图 6.7、6.8 所示。通过 CAD 软件,预算编制人员可以根据图纸提取各种构件的尺寸、长度和面积等数量信息。这些数量信息可用于预算编制和成本估算。CAD 软件在项目中的具体应用如下:

(1)设计与绘图。CAD 软件具有强大的设计和绘图功能,能够为建筑师和工程师提供精确的绘图工具。利用这些工具,可以绘制该项目的平面图、立面图、剖面图等,并可以对设计进行精确的尺寸标注和详细的文字说明。

(2)结构分析。在建筑施工图中,CAD 软件可以辅助进行结构分析。设计师通过 CAD 软件的参数和属性功能,对该项目的结构进行详细的分析和计算,以确保该项目的安全性和稳定性。

(3)材料统计。利用 CAD 软件,可以快速统计出该项目施工中所需的各种材料数量。例如,CAD 软件结合广联达软件,可以快速计算出建筑的墙、柱和梁等构件所需的混凝土、钢筋等材料的数量,为工程预算提供数据支持。

(4)协同设计。CAD 软件支持多人协同设计,使建筑师、结构工程师和给排水设计师等不同专业的人员在同一设计平台上进行合作。这不仅提高了设计效率,还有助于保证该项目设计的协调性和一致性。

(5)工程量计算与造价分析。基于 CAD 软件的施工图,造价预算人员可以精确地计算出该工程各个部分的工程量,从而进行造价分析。这有助于制定合理的工程预算,控制工程的成本。

(6)文档生成与交付。基于 CAD 软件的施工图设计,可以导出详细的施工图纸、材料清单和施工计划等文档。这些文档是施工过程中的重要依据,有助于保证施工的顺利进行。

3. 预算编制与 CAD 模型关联

CAD 软件中的三维模型可以与预算软件进行关联。预算编制人员可以使用 CAD 软件加载工程项目的模型,并将模型中的构件与预算软件中的工程量清单进行对应和关联。这样,预算编制人员可以直接从模型中提取数量信息,并与预算进行关联,实现自动化的数量计算和预算编制。其具体应用如下:

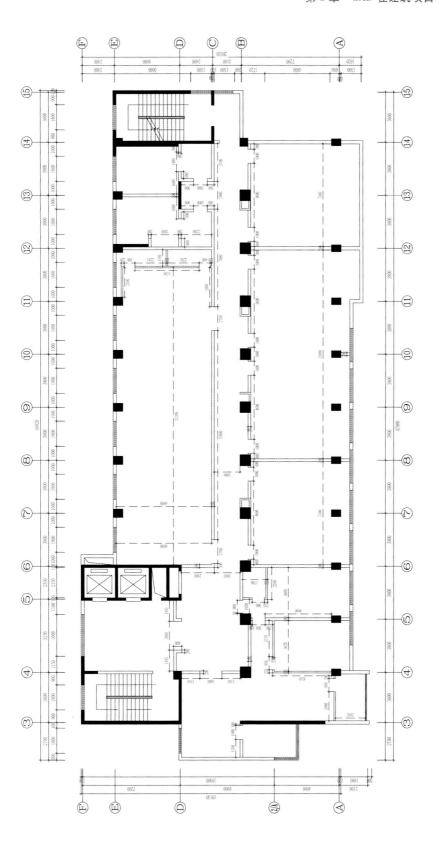

图6.7　建筑平面图

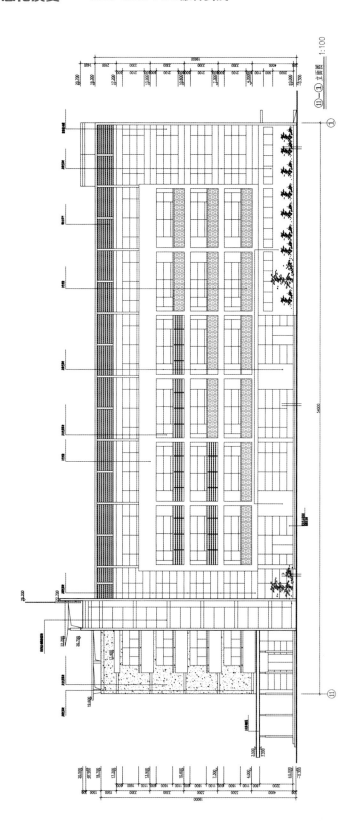

图6.8 建筑立面图

（1）信息共享与同步更新。CAD 软件支持多用户之间的信息共享，允许多个专业领域的工程师和设计师在同一模型上进行工作。这使得预算编制人员能够实时获取最新的 CAD 模型数据，从而基于最新的设计进行预算的编制和调整。

（2）工程量自动提取。通过特定的软件接口或插件，预算编制人员可以直接从 CAD 模型中提取工程量信息。这种自动提取的方法减少了人工统计和计算的工作量，提高了工程量数据的准确性和可靠性。

（3）材料和构件的自动统计。CAD 软件中的参数和属性功能，可以帮助预算编制人员快速统计出建筑项目中所需的各种材料和构件的数量。这些数据可以直接用于预算编制，确保了预算的准确性和完整性。

（4）实时关联与调整。在预算编制过程中，如果对某些材料或设备的价格进行调整，相关人员在 CAD 模型中进行的修改可以实时反馈到预算软件中。这种实时的关联与调整机制提高了预算工作的灵活性和响应速度。

（5）提高工作效率与准确性。通过 CAD 软件与预算软件的集成，预算编制人员可以更加高效地处理大量的数据和信息。同时，由于数据来源的一致性和准确性，预算编制的准确性也得到了显著提高。

（6）降低沟通成本。CAD 模型作为一种通用的设计表示方式，能够被各个专业领域的工程师和设计师所理解。这降低了在预算编制过程中因沟通不畅而产生的成本和误解。

（7）支持多维度分析。基于 CAD 模型的工程数据，预算软件可以进行多维度的分析，如按材料类型、施工部位、时间进度等对预算进行拆分和汇总。这为项目管理者提供了更加全面和细致的预算分析工具。

4. 变更管理与 CAD 绘图

CAD 软件可用于记录和管理工程项目的变更情况。当发生设计变更或施工变更时，预算编制人员可以使用 CAD 软件进行相应的绘图和标注，准确记录变更内容和影响范围。这样，预算编制人员可以根据变更情况对预算进行相应的调整和管理。

通过 CAD 软件和预算软件的集成应用，大型工程项目的预算编制和成本控制能够更加准确、高效。CAD 软件的使用提高了预算的精度和可靠性，帮助预算编制人员更好地控制成本、优化预算方案，并确保工程项目顺利进行。

6.1.4　室内设计：豪华酒店室内设计 CAD 应用案例

豪华酒店的室内设计在提供舒适、奢华和独特体验的同时，也需要考虑功能性、流程优化和品牌形象等因素。CAD 软件在豪华酒店室内设计中发挥着重要的作用，通过 CAD 软件的应用可以实现设计创意的表达、空间布局的优化，以及设计与施工的协调。以下是一个豪华酒店室内设计 CAD 应用案例，其室内设计效果图及外立面设计效果图分别如图6.9、6.10所示。

图6.9　豪华酒店室内设计效果图

图6.10　豪华酒店外立面设计效果图

该酒店为中式风格,在豪华酒店的室内设计过程中,CAD软件在该项目设计的各个方面中发挥着关键作用,包括绘制平面布局图、地面铺装材料施工图、家具布置图和设备施工图等。

1. 施工图绘制

如图6.11、6.12所示,利用CAD软件绘图工具,绘制出豪华酒店的施工图纸,包括平面图、立面图和剖面图等。这些图纸可以详细表示酒店的各个部分,包括大堂、客房和餐厅等,为施工提供准确的指导。

2. 材料选择和样式设计

CAD软件提供了丰富的材质库和样式库,设计师可以通过CAD软件进行材料选择和样式设计,应用填充命令绘制外立面造型。设计师可以在CAD模型中应用不同的材质和纹理,实现真实的渲染效果,并进行可视化展示,帮助客户更好地理解设计概念和效果。

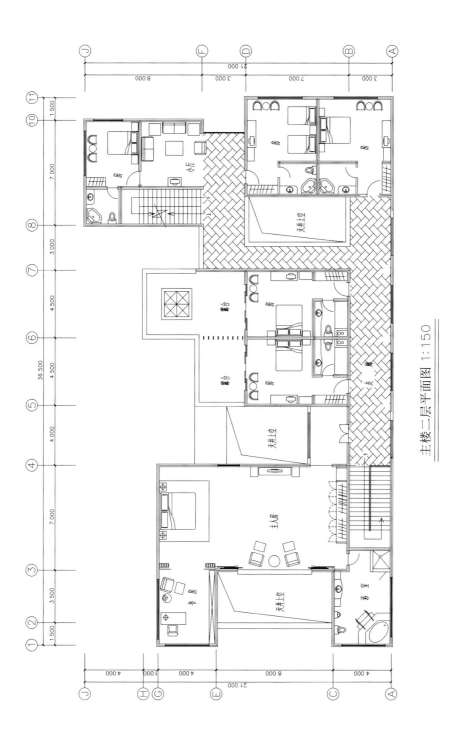

主楼二层平面图 1:150

图6.11　豪华酒店主楼平面图

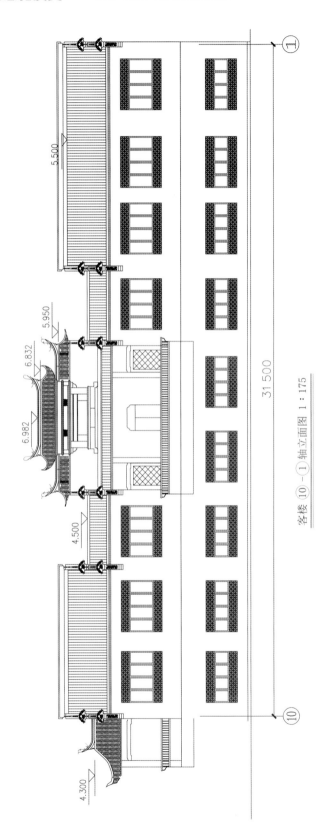

客楼 ⑩ – ① 轴立面图 1：175

图6.12 豪华酒店立面图

3. 家具布局和空间组织

CAD 软件可以用于精确的家具摆放设计和空间组织。设计师可以在 CAD 模型中放置设计和调整家具、装饰品和设施设备,实现最佳的空间利用效果和流线设计。CAD 软件还可以提供 3D 模型的查看功能,帮助客户直观地感受到室内空间的设计效果。

4. 施工工艺和流程的规划

利用 CAD 软件,可以规划施工的工艺和流程。例如,对于复杂的吊顶或特殊的装饰效果,可以在图纸上进行详细的规划和说明。这有助于确保施工队伍理解并遵循设计的意图,提高施工质量和效率。

5. 与其他专业的协同工作

在豪华酒店设计中,需要多个专业领域的合作,如建筑、结构、机电和暖通等。CAD 软件支持多专业的协同设计,方便各专业人员在同一张图纸上进行编辑和修改。这有助于确保各个专业之间在本项目的协调和一致性。

6. 施工图的优化和审查

在施工图绘制完成后,设计师可以利用 CAD 软件进行图纸的优化和审查,包括对图纸的尺寸、比例和细节等方面进行校核,确保图纸的准确性和完整性。同时,还可以利用三维模型进行虚拟施工,评估施工的可操作性和可行性。

7. 文档的生成和管理

基于 CAD 软件的设计成果,可以生成详细的施工图纸、材料清单和施工计划等文档。这些文档是施工过程中的重要依据,有助于保证施工的准确性和质量。同时,利用 CAD 软件的版本控制功能,还可以对设计文档进行有效的管理和跟踪。

通过 CAD 软件在豪华酒店室内设计中的应用,设计师能够更精确地表达设计创意、优化空间布局,提供逼真的渲染效果,并与施工团队进行紧密的协调,确保豪华酒店的室内设计与品牌形象相匹配,满足客户的需求和期望。

6.1.5　风景园林设计:城市公园景观设计 CAD 应用案例

城市公园的景观设计旨在创造宜人、美丽、可持续的绿色空间,为市民提供休闲、娱乐和社交活动的场所。CAD 软件在城市公园景观设计中扮演重要的角色,通过 CAD 的应用,可以实现设计概念的表达、场地规划的优化,以及施工图的生成。在城市公园的景观设计过程中,CAD 软件可以用于场地分析、概念设计、平面布局、植物配置和水景设计等方面。城市公园总平面规划图如图 6.13 所示。

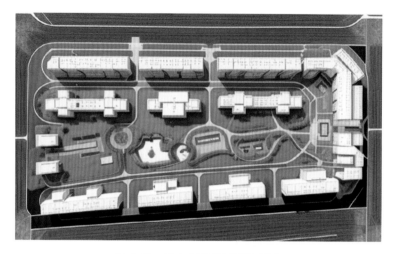

图 6.13　城市公园总平面规划图

1. 场地分析

利用 CAD 软件,设计师可以导入现有场地的地形数据和地形图,并进行场地分析。通过 CAD 软件的测量和分析工具,设计师可以对场地的地形、土壤质量和水文情况等进行详细的分析,为后续设计提供基础数据。

2. 概念设计

在概念设计阶段,设计师可以使用 CAD 软件创建概念模型,以表达设计理念和构思。通过 CAD 软件的绘图和渲染功能,设计师可以绘制概念草图和渲染效果图,帮助客户和团队更好地理解设计概念,并进行讨论和决策。

3. 平面布局

利用 CAD 软件的绘图工具和图层管理,设计师可以绘制公园的平面布局。设计师可以绘制道路、步道、绿地、座椅等元素,进行空间布局和场地分区。CAD 软件的自动对齐和测量工具可以帮助设计师确保平面布局的精确度和比例。

4. 植物配置

CAD 软件提供了丰富的植物库和植物模型,设计师可以进行植物的配置和布局。通过 CAD 软件的植物库搜索和选择功能,设计师可以根据植物的特性和需求进行植物的选择,并在模型中进行植物的摆放和组合。

5. 水景设计

对于涉及水景的城市公园景观设计,CAD 软件可以用于水景元素的设计和模拟。设计师可以使用 CAD 软件创建水池、喷泉和溪流等水景元素的模型,并进行水流、水波和喷水效果的模拟和预览。这可以帮助设计师更好地调整水景设计,实现理想的效果。

通过 CAD 软件在城市公园景观设计中的应用,设计师可以更高效、精确地进行设计工作,减少设计错误和重复劳动,提高设计质量和效率。

6.2　施工阶段的应用

6.2.1　结构施工:多层住宅 CAD 施工案例

多层住宅的结构施工是确保建筑物安全和质量的重要环节。CAD 软件在多层住宅结构施工中发挥着关键作用,能够帮助施工团队进行施工图纸的制作、构件定位和工序安排等工作。下面以一个多层住宅为例进行介绍。

该住宅共 9 层,总建筑面积 6 900 m^2。在该住宅结构施工过程中,CAD 软件可以用于施工图纸制作、构件定位、工序安排等工作。

(1)施工图纸制作。利用 CAD 软件,施工团队可以制作多层住宅的施工图纸。通过 CAD 软件的绘图工具,施工团队可以根据结构设计图纸绘制出详细的施工图纸,包括地基基础图、楼层平面图和立面图等,如图 6.14、6.15 所示。CAD 软件提供了各种绘图工具和符号库,方便施工团队绘制各种构件、标注尺寸和绘制施工细节等。

(2)构件定位。利用 CAD 软件,施工团队可以进行构件的定位和标注。在施工图纸中,使用 CAD 软件的标注工具和坐标定位工具,施工团队可以准确地标注出各个构件的位置和尺寸。这对于施工人员来说非常重要,可以确保构件的准确安装和定位。

(3)工序安排。CAD 软件提供了图纸分层和图层管理的功能,施工团队可以利用这些功能进行工序的安排和管理。通过将不同工序的图纸分层,施工团队可以更好地理解工程的组成和顺序,有助于合理安排施工流程和资源。

(4)三维建模与可视化。CAD 软件也支持三维建模和可视化功能,施工团队可以将结构模型导入 CAD 软件中,进行模型展示和可视化分析,如图 6.16 所示。这有助于施工团队更好地理解建的空间结构和构件组成,从而更好地规划施工流程,解决可能的冲突。

(5)施工进度的管理。结合 CAD 软件和项目管理工具,对多层住宅的施工进度进行管理。通过在 CAD 软件中标记各个施工阶段的关键节点和时间点,可以有效地跟踪和控制施工进度。

(6)材料和设备的选择与布置。在多层住宅的设计中,CAD 软件可以帮助设计师选择合适的建筑材料和设备,并进行合理的布置,以确保住宅的功能性和美观性。

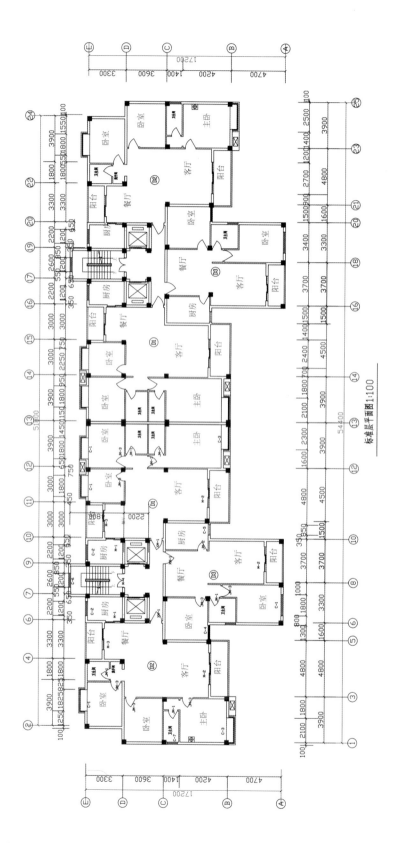

图6.14 多层住宅楼底层结构图

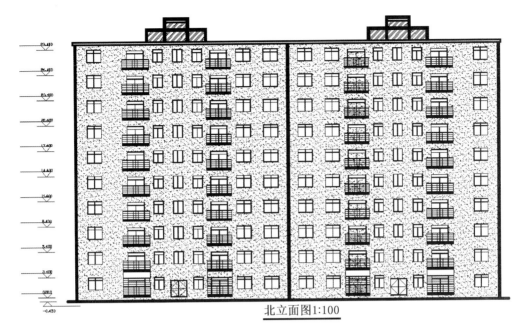

北立面图1:100

图 6.15　多层住宅楼立面图

（7）施工质量的控制。利用 CAD 软件的精确绘图功能，可以对多层住宅的各个施工细节进行详细的标注和说明。这有助于施工队伍理解并遵循设计的意图，提高施工质量和效率。

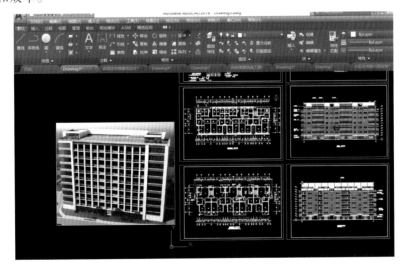

图 6.16　多层住宅楼建筑模型

（8）协同设计与施工。CAD 软件支持多专业的协同工作，方便建筑师、结构工程师和机电工程师等在同一张图纸上进行编辑和修改。这有助于确保各个专业之间的协调和一致性，提高整个项目的效率和质量。

（9）工程量与成本的估算。基于 CAD 软件的施工图，可以快速计算出多层住宅所需的材料和设备数量,进而进行成本的估算和控制。这有助于制订合理的预算和成本控制计划。

通过 CAD 软件在多层住宅结构施工中的应用,施工团队可以更准确、高效地制作施工图纸、定位构件和安排工序,以提高施工质量和效率。

6.2.2 道路桥梁施工:高速公路桥梁 CAD 施工案例

1. 项目背景

高速公路桥梁的施工是道路交通基础设施建设中的重要环节。CAD 软件在高速公路桥梁施工中发挥着关键作用,能够帮助施工团队进行施工图纸的制作、构件定位和工序安排等工作。

2. 案例描述

某高速公路位于山岭地带,其中包含一座大型桥梁。该桥梁设计复杂,施工难度大,需要精确的设计和施工计划。为了确保施工质量和进度,设计团队决定采用 CAD 软件进行施工设计和规划。在高速公路桥梁施工过程中,CAD 软件可以用于施工图纸制作、构件定位和工序安排等方面,其具体应用如下。

(1)施工图纸绘制。如图 6.17 所示,利用 CAD 软件,施工团队可以制作高速公路桥梁的施工图纸。通过 CAD 软件的绘图工具,施工团队可以根据结构设计图纸绘制出详细的施工图纸,包括桥墩、桥梁梁段和桥面铺装等部分的绘制。CAD 软件提供了各种绘图工具和符号库,方便施工团队绘制各种构件、标注尺寸和绘制施工细节等。

(2)构件定位。利用 CAD 软件,施工团队可以进行构件的定位和标注。在施工图纸上,使用 CAD 软件的标注工具和坐标定位工具,施工团队可以准确地标注出各个构件的位置和尺寸,如桥墩的位置和桥梁梁段的尺寸等,如图 6.18 所示。这对于施工人员来说非常重要,可以确保构件的准确安装和定位。

(3)工序安排。CAD 软件提供了图纸分层和图层管理的功能,施工团队可以利用这些功能进行工序的安排和管理。通过将不同工序的图纸分层,施工团队可以更好地理解工程的组成和顺序,有助于合理安排施工流程和资源。例如,可以将基础施工、桥墩施工和梁段安装等工序分层,以便更好地控制施工进度和质量。

(4)三维建模与可视化。CAD 软件也支持三维建模和可视化功能,施工团队可以将桥梁模型导入 CAD 软件中,进行模型展示和可视化分析。这有助于施工团队更好地理解桥梁的空间结构和构件组成,从而更好地规划施工流程,解决潜在的施工问题。

通过 CAD 软件的应用,高速公路桥梁施工团队可以提高施工图纸的制作效率,准确定位构件位置,合理安排工序和资源,提高施工的质量和效率。

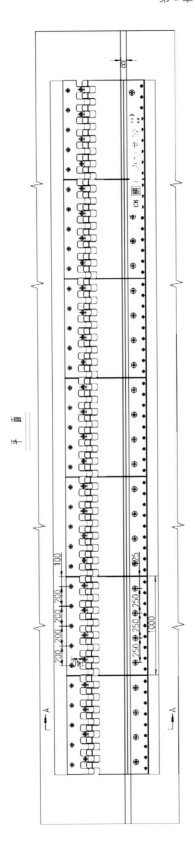

图6.17　桥梁施工图

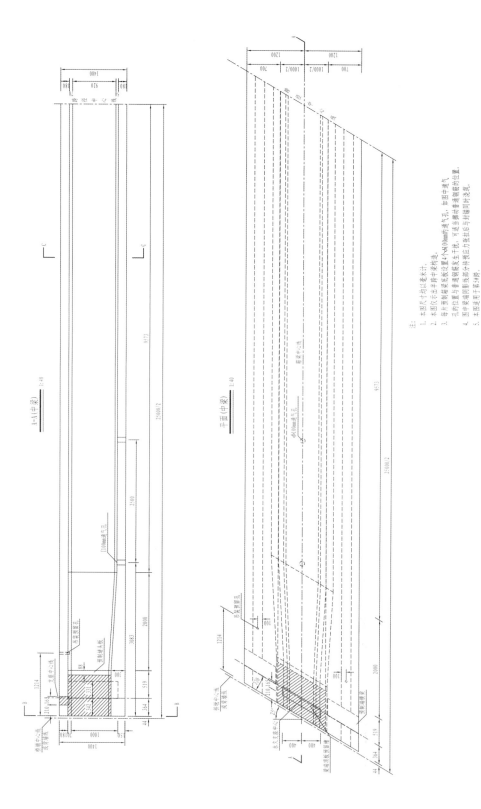

图6.18 桥过梁施工图

6.2.3　工程项目管理:大型商业综合体 CAD 施工案例

1.项目背景

大型商业综合体的施工项目通常包括多个建筑物和各种设施的建设,需要进行细致的工程项目管理。CAD 软件在大型商业综合体施工中发挥着重要作用,可以辅助施工团队进行施工图纸的制作、协调各个专业的施工进度、资源管理等工作。

2.案例描述

某城市中心计划建设一座大型商业综合体,集购物、餐饮、娱乐、办公于一体。该项目建筑面积达 8 万 m^2,投资巨大,对设计施工的要求极高。在该项目的施工过程中,CAD 软件可以用于施工图纸制作、施工进度管理和资源管理等方面,其具体应用如下。

(1)施工图纸绘制。利用 CAD 软件,施工团队可以制作大型商业综合体的施工图纸,如图 6.19、6.20、6.21 所示。通过 CAD 软件的绘图工具,施工团队可以根据建筑设计图纸和相关专业图纸,制作出各个施工专业的详细图纸,包括建筑、结构、给排水和电气等专业的图纸。CAD 软件提供了各种绘图工具和符号库,方便施工团队绘制各种构件、标注尺寸、绘制施工细节等。

(2)施工进度管理。利用 CAD 软件,施工团队可以进行施工进度的管理和控制。通过在 CAD 软件中绘制施工计划图表、里程碑和关键节点,施工团队可以清晰地了解项目的进度安排和关键任务的完成情况。CAD 软件也可以辅助进行施工进度的跟踪和更新,这有助于及时发现和解决施工延误的问题。

(3)资源管理。CAD 软件提供了图纸分层和图层管理的功能,施工团队可以利用这些功能进行资源管理。通过将不同专业的图纸分层,施工团队可以更好地管理和控制各个专业的施工进度和资源分配。例如,可以将建筑施工、结构施工和设备安装等专业的图纸分层,以便更好地安排施工流程和资源。CAD 软件还可以与项目管理软件集成,实现对施工资源的全面管理。

(4)三维建模与可视化。CAD 软件支持三维建模和可视化功能,施工团队可以将大型商业综合体的建筑模型导入 CAD 软件中,进行模型展示和可视化分析,如图 6.22 所示,这有助于施工团队更好地理解项目的空间结构和施工流程,优化施工方案,并进行碰撞检测和解决冲突。

通过 CAD 软件的应用,大型商业综合体施工团队可以实现施工图纸的高效制作、施工进度的准确管理、资源的合理调配等,提高施工质量、降低施工风险,确保项目顺利进行。同时,CAD 软件也提供了更好的协作和沟通平台,促进各专业之间的协同工作和信息共享。

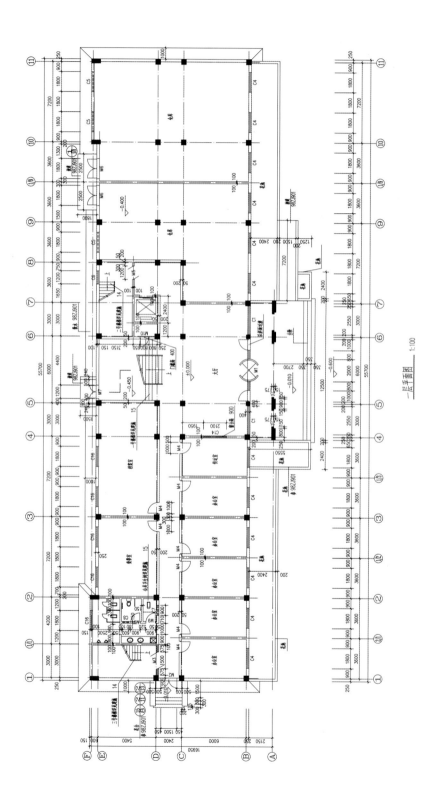

图6.19 大型商业综合体平面施工图

一层平面图 1:100

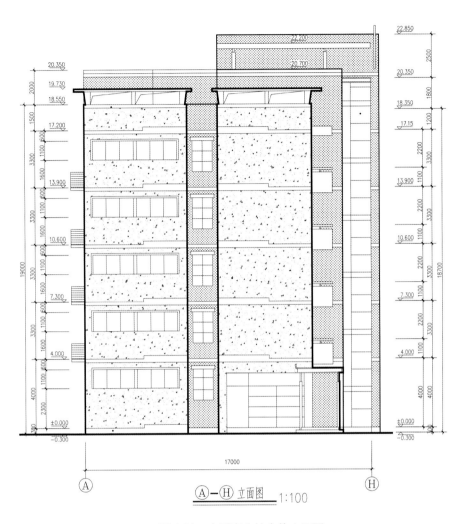

Ⓐ—Ⓗ 立面图　1:100

图 6.20　大型商业综合体立面图

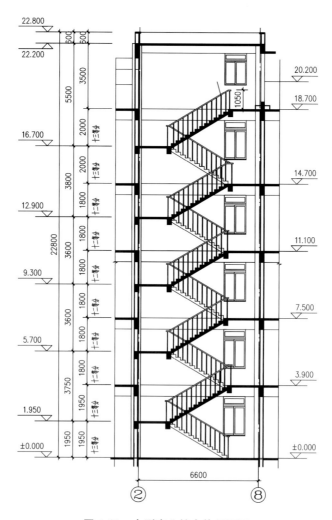

图 6.21 大型商业综合体剖面图

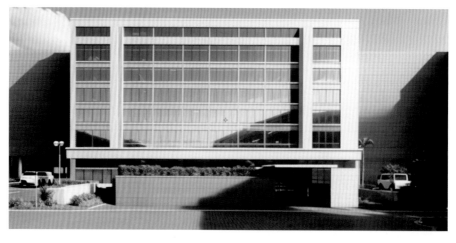

图 6.22 大型商业综合体建筑模型展示界面

6.2.4　建筑工程监理:城市地铁站 CAD 施工案例

1. 项目背景

城市地铁站作为城市交通基础设施的重要组成部分,其施工过程需要进行严格的监理,以确保施工质量和进度的控制。CAD 软件在城市地铁站施工监理中发挥着关键作用,可用于监理团队对施工图纸的审查、现场监测和质量控制等方面。

2. 案例描述

该地铁站位于某大型城市市中心,具有复杂的结构和众多的机电系统,需要精确的设计和施工计划。在城市地铁站的施工监理过程中,CAD 软件可用于施工图纸审查、现场监测和质量控制等方面,其具体应用如下。

(1)施工图纸审查。如图 6.23 所示,监理团队利用 CAD 软件对施工图纸进行审查。CAD 软件提供了强大的绘图和编辑工具,监理团队可以通过 CAD 软件对施工图纸进行详细的审查和标注。他们可以检查图纸的准确性、一致性和完整性,确保施工图纸符合设计要求、标准规范和相关法规。

(2)现场监测。监理团队可以利用 CAD 软件进行现场监测和记录。可以使用 CAD 软件在现场进行测量和定位,绘制出地铁站的实际情况和变化。监理团队可以将现场测量的数据导入 CAD 软件中,与设计图纸进行对比分析,及时发现和纠正施工偏差。

(3)质量控制。监理团队可以利用 CAD 软件进行质量控制。可以使用 CAD 软件绘制质量检查表和报告,记录施工现场的质量问题和整改情况。CAD 软件还可以进行图纸的叠加比对,实现对施工过程的质量把控,确保施工符合设计要求和标准规范。

(4)协调和沟通。CAD 软件提供了协作和沟通工具,监理团队可以与设计方、施工方等各方进行有效的沟通和协调。可以通过 CAD 软件共享图纸和数据,实现实时的信息交流和问题解决,促进各方之间的合作和协同工作。

通过 CAD 软件的应用,城市地铁站施工监理团队可以实现施工图纸的审查和管理、现场数据的监测和记录、质量控制的实施以及与各方的协调和沟通。这有助于提高施工质量、确保施工进度、降低施工风险,保障城市地铁站的安全性和可靠性。

6.2.5　工程预算:大型工程项目预算与 CAD 施工案例

1. 项目背景

大型工程项目的预算管理对于项目的成功实施至关重要。CAD 软件在大型工程项目预算管理中扮演着重要的角色,它能够帮助工程团队进行准确的施工图计量和定额计算,并与预算管理系统集成,实现预算的编制、跟踪和控制。

171

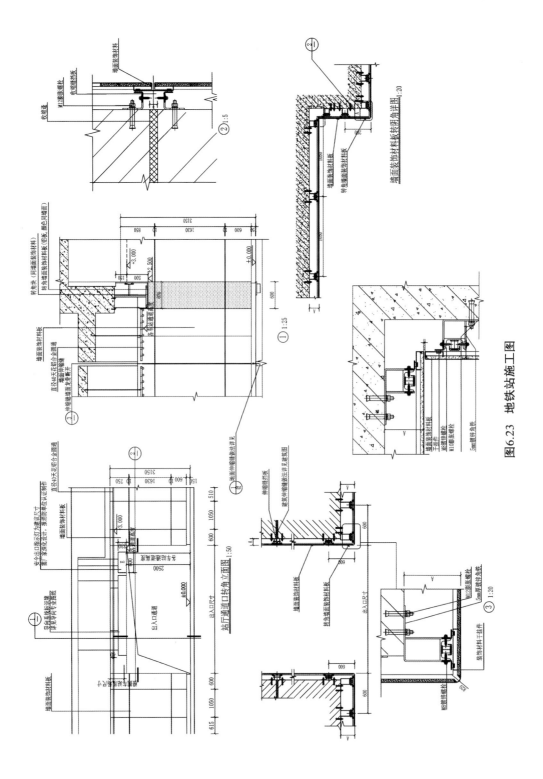

图6.23 地铁站施工图

2.案例描述

本项目为某市一栋商业大楼的建设,包括办公楼、购物中心和停车场等功能区域。本项目预算为 8 900 万元,需要精确的预算规划和施工图设计以确保项目的顺利进行。在项目的预算管理过程中,CAD 软件可用于进行施工图计量和定额计算,与预算管理系统集成,实现预算的编制、跟踪和控制。

(1)施工图计量。通过 CAD 软件,工程团队可以对施工图进行详细的计量工作。如图 6.24、6.25 所示,根据 CAD 软件绘制的平面图和立面图,利用软件中的测量工具,对各个构件、设备和材料进行准确的计量,得出施工所需材料的数量和规格参数。

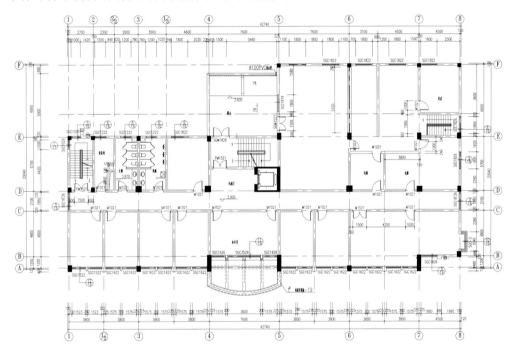

图 6.24　商业大楼建筑平面图

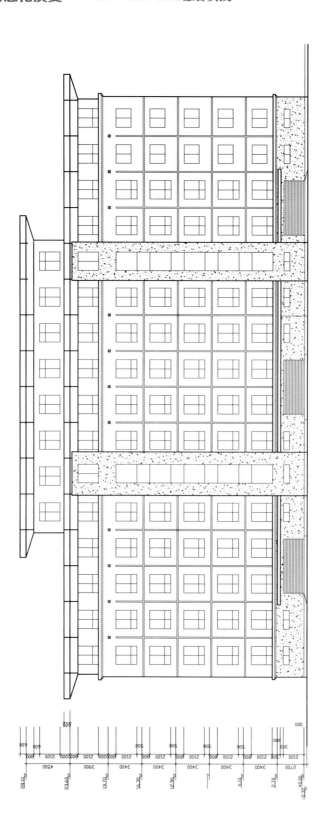

北立面 1:100

图6.25 商业大楼建筑立面图

（2）定额计算。基于 CAD 软件中的计量结果，工程团队可以进行定额计算。他们可以利用 CAD 软件与预算管理系统进行集成，将计量结果导入预算管理系统，进行定额计算和费用估算。这样可以快速、准确地生成施工项目的预算表，并与实际施工进行对比和调整。

（3）预算跟踪与控制。CAD 软件与预算管理系统的集成还可以实现预算的跟踪和控制。工程团队可以通过 CAD 软件输入实际施工数据，如图 6.26 所示，与预算数据进行比对分析，及时掌握施工进度和费用情况，并进行预算调整和控制。

门窗名称	洞口尺寸	门窗数量	备注
ZMC5075	50840X7500	1	玻璃幕墙由提供方负责具体设计和预埋件安装
ZMC7015	70560X15800	1	
ZMC3612	3600x12280	1	
ZMCG485	54480X8500	1	
FFM1021	1000x2100	4	甲级防火门
FM1021	1000x2100	4	乙级防火门
FM1521	1500x2100	2	乙级防火门
FM1821	1800x2100	3	乙级防火门
M0821	800x2100	9	铝合金门
M1821	1800x2100	1	铝合金门
JLM3630	3600X3000	1	防火卷帘门耐火3小时
C3736	3760X3600	20	铝合金平开窗
C2706	2700X600	2	铝合金平开窗
C2120	2100X2000	10	铝合金平开窗
GC0909	900X900	10	铝合金防火窗

图 6.26　实际施工数据

（4）施工图更新。在施工过程中，随着设计变更和施工进展，施工图可能需要进行更新。CAD 软件可以帮助工程团队进行施工图的更新和修订，确保预算的准确性和及时性。

通过 CAD 软件的应用，大型工程项目的预算管理团队可以实现施工图计量和定额计算、预算与实际施工数据的比对和调整、施工图的更新和修订等工作。这有助于提高预算管理的准确性和效率，确保工程项目的预算控制和管理达到预期目标。

6.2.6 室内设计施工:豪华酒店室内施工 CAD 案例

1. 项目背景

豪华酒店室内设计的施工过程中需要精确的施工图纸和 CAD 技术的支持。通过 CAD 软件的应用,可以实现酒店室内设计施工图纸的制作、施工进度的控制等。

2. 案例描述

如图 6.27 所示,本豪华酒店毗邻某城市公园,环境优越。在室内施工过程中, CAD 软件可以发挥重要的作用,支持施工图纸的制作和施工过程的控制。

图 6.27　软件绘制酒店总平面规划图

(1)施工图纸绘制。通过 CAD 软件,室内设计师可以将设计图纸转化为施工图 纸,如图 6.28 所示。他们可以利用 CAD 软件的绘图功能,将设计图纸中的各种细节 和要求转化为施工所需的具体尺寸、构造和细节图。CAD 软件还可以辅助绘制平面 布置图、立面图、剖面图和细部图,如图 6.29 所示。

(2)施工进度控制。通过 CAD 软件,施工团队可以制订详细的施工计划,并将其 与施工图纸相结合。CAD 软件可以辅助施工团队绘制工程进度计划图,标注施工顺 序和工期,确保施工进度的合理安排和控制。

(3)施工质量保证。CAD 软件可以辅助施工团队进行质量控制和检查。他们可 以在 CAD 软件中标注和记录施工细节和质量要求,并与实际施工过程进行对比和核 查。通过 CAD 软件的可视化功能,可以及时发现和解决施工中的问题,确保施工质量 达到设计要求。

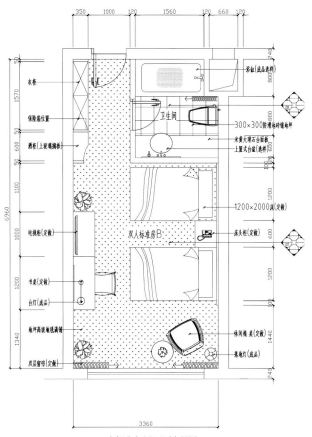

衣柜
保险箱位置
酒柜(上玻璃搁板)
电视柜(定做)
书桌(定做)
台灯(成品)
地坪高级地毯满铺
双层窗帘(定做)

浴缸(成品选样)
卫生间
300×300防滑地砖地坪
米黄大理石台面板
上置式台盆(选样)
1200×2000床(定做)
床头柜(定做)
双人标准房B
休闲椅凳(定做)
落地灯(成品)

双人标准房(B)平面布置图

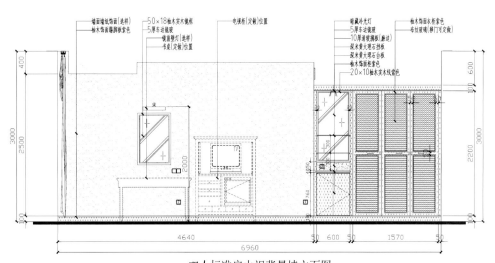

墙面墙纸饰面(选样)
柚木饰面阳脚板紫色
50×18柚木实木镜框
5厚车边镜玻
镜面壁灯(选样)
书桌(定做)位置
电视柜(定做)位置
暗藏冷光灯
5厚车边镜玻
10厚清玻搁板(磨过)
米黄大理石台面板
米黄大理石台面板
柚木饰面柜紫色
20×10柚木实木线紫色
柚木饰面衣柜紫色
布纹玻璃(柜门可定做)

双人标准房电视背景墙立面图

图 6.28　豪华酒店室内施工图

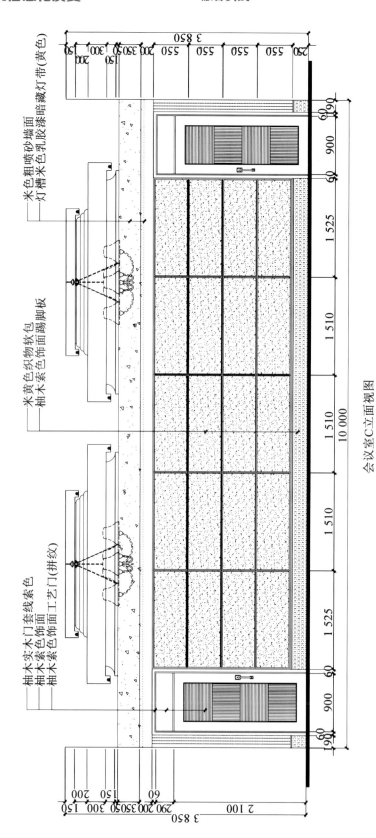

会议室C立面视图

图6.29 酒店会议室立面图

（4）施工图更新和修订。在施工过程中,可能需要根据实际情况对施工图纸进行更新和修订。CAD 软件可以帮助施工团队进行图纸的修订和变更管理,确保施工图纸的准确性和及时性。

通过 CAD 软件的应用,豪华酒店室内设计的施工团队可以实现施工图纸的制作、施工进度的控制。这有助于提高施工的准确性和效率,确保豪华酒店的室内设计能够按照预期的标准和质量要求进行施工。

第 7 章　BIM 在建筑项目全过程中的应用

BIM 技术是现代建筑行业的革命性技术,在设计、施工和管理等建筑项目的全过程中发挥重要作用。本章主要研究 BIM 在建筑项目全过程中的应用,并通过具体案例进行解释。

7.1　BIM 在设计与施工阶段的应用

7.1.1　结构设计施工:大型商业中心结构设计与施工 BIM 应用案例

本项目在绘制施工图期间进行 BIM 设计。BIM 建模和二维施工图同时进行,可以在设计的同时进行管线碰撞,优化建筑空间,利用 BIM 可视化等优势,方便各专业之间相互沟通,减少了后期施工带来的麻烦,并在模型建立的同时,进行算量分析,减少浪费。在模型和施工图建立完毕的同时,进行施工模拟分析,得出最好的施工方案,减少工期进而减少整体造价。另外,大型商业中心的结构施工需要高度的精确性和协调性。BIM 技术在后期施工中的应用可以帮助施工团队实现优化施工计划、协调各个施工专业、提高施工质量和安全性。

1. 项目背景

商业中心作为多功能、复杂的建筑类型,其结构设计对于保证建筑的安全性、稳定性和经济性至关重要。BIM 技术在商业中心结构设计中的应用可以提供更高的精度、更好的协作和更高效的设计流程。

2. 案例描述

本项目旨在打造一个集购物、餐饮、娱乐、休闲等功能于一体的大型商业中心,吸引本地及周边地区的消费者。本项目主要面向中高端消费群体,提供高品质的商品和服务。BIM 技术的应用涵盖了本项目整个结构设计阶段,包括建模、分析、优化、协作等方面,以及设计、施工过程中的规划、协调和管理。

（1）三维建模。使用 BIM 软件创建商业中心的结构模型，如图 7.1 所示。通过 BIM 软件的建模工具，设计团队可以创建建筑物的几何形状、构件和连接关系，并赋予其物理属性。通过三维建模，施工团队可以准确理解建筑结构，分析结构之间的关系，并制订施工计划。

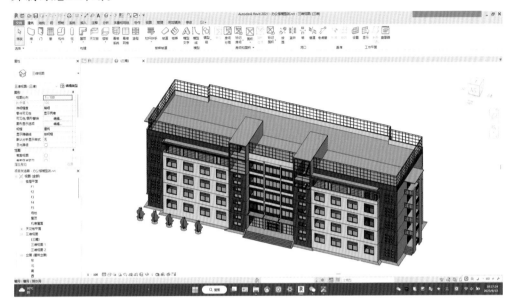

图 7.1　BIM 软件绘制大型商业中心结构模型

（2）结构分析。BIM 软件具备强大的分析功能，可以对大型商业中心结构进行静力分析、动力响应分析和稳定性分析等。设计团队可以通过 BIM 软件对结构的受力、振动和变形等进行模拟和评估，以确保设计满足工程要求和标准。

（3）协调与冲突检测。利用 BIM 模型，施工团队可以对不同专业的模型进行协调，检测各个专业之间的冲突。例如，结构模型与机电模型进行协调，以确保机电设备与结构之间的合理布置，避免冲突。

（4）施工过程模拟。通过 BIM 软件的时间线功能，施工团队可以模拟整个施工过程的步骤和顺序。这有助于优化施工计划，减少施工冲突，提高施工效率。同时，可以在模拟过程中预测和解决潜在的施工问题，确保施工质量和安全。

（5）施工管理和协作。BIM 软件可以与施工管理软件集成，实现施工任务的分配、进度跟踪和协作。施工团队可以通过 BIM 软件进行施工过程的实时监控和协调，提高团队之间的沟通和协作效率。

（6）优化。BIM 软件还提供了优化工具，可以通过参数化设计和自动化算法对结构进行优化。设计团队可以在 BIM 环境中进行参数调整和设计方案的比较，以获得更优的结构方案，如减少材料用量、提高结构效率或满足特定的设计约束，如图 7.2 所示。

算量统计						
	模型计算总用量		施工总结总用量		差值	
材质:名称	材质:体积/m³	材质:面积/m²	材质:体积/m³	材质:面积/m²	材质:体积/m³	材质:面积/m²
现场浇筑混凝土	36 728.25		37 152.6	—	-424.35	—
蒸压砂加气混凝土	2 533.38	11 517.2	—	12 366.2	—	-849
自保温砌块	3 485.94	14 013.97	—	14 838.1	—	-824.13
注:差值负值为模型计算用量少于施工总结用量。						

图7.2　BIM软件共享数据协同优化

　　BIM技术操作流程如图7.3所示,通过BIM软件的应用,可以实现大型商业中心施工过程的规划、协调和管理的高效性和精确性。这有助于减少施工冲突、提高施工质量和安全性,并最大程度地优化施工进度和成本。

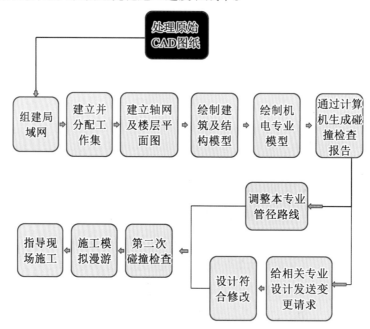

图7.3　BIM技术操作流程

　　通过BIM软件的应用,大型商业中心的结构设计团队能够更好地进行建模、分析、优化和协作,从而提高设计的精度、准确性和协同效率。

7.1.2　道路桥梁设计与施工:城市立交桥设计与施工(**BIM**)应用案例

1. 项目背景

城市立交桥作为城市交通网络的重要组成部分,其设计涉及复杂的道路布局、桥梁结构和交通流动等因素,如图 7.4 所示。BIM 软件在城市立交桥设计与施工中的应用可以提供更高的设计精度、准确性和协同效率。

图 7.4　城市立交规划示意图

2. 案例描述

在城市立交桥设计与施工 BIM 应用案例中,BIM 软件的应用贯穿整个设计与施工过程,包括规划、设计、分析和协同等阶段。

(1)规划阶段。BIM 技术可以帮助设计团队对城市立交桥进行规划和概念设计。通过 BIM 技术的建模工具,设计团队可以创建城市道路网络和桥梁模型,模拟不同方案的布局、交通流动和景观要素等,以评估设计方案的可行性和效果。

(2)设计阶段。BIM 技术被用于详细设计城市立交桥的结构和几何形状。设计团队可以通过 BIM 技术建模工具创建桥梁的三维模型,并在模型中添加几何信息、结构元素、道路标志和交通信号等。BIM 技术还提供了参数化设计和自动化算法,可用于优化桥梁的几何形状、梁板厚度和支座位置等,以满足设计要求,减少材料浪费。另外,BIM 技术还可以绘制包括桥梁的各个构件,如桥墩、桥梁梁段、桥面等模型,如图 7.5 所示。便于施工团队可以准确理解桥梁结构,分析结构的相互关系,制定施工计划。

(3)分析阶段。BIM 技术具备强大的分析功能,可以对城市立交桥进行静力分析、动力响应分析和交通流分析等。设计团队可以在 BIM 技术中对桥梁结构和交通流动进行模拟和评估,以确保设计满足承载能力、安全性和交通的要求。

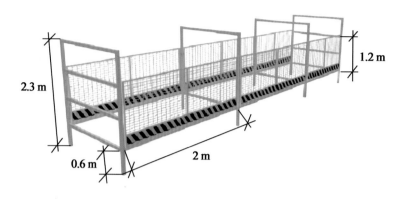

图 7.5　桥梁定型化防护模型

（4）协同阶段。BIM 技术可以促进多方合作和信息共享。设计团队可以在共享的模型中进行协同设计和协调。BIM 软件提供了版本控制和冲突检测等功能,帮助团队实现设计变更的协调和一致性。此外,BIM 技术也可用于与相关方进行沟通和可视化呈现设计意图。

（5）施工过程模拟与优化。通过 BIM 技术的时间线功能,施工团队可以模拟整个桥梁施工过程的步骤和顺序,如图 7.6 所示。这有助于优化施工计划,减少施工冲突,提高施工效率。同时,可以在模拟过程中预测和解决潜在的施工问题,确保施工质量和安全。

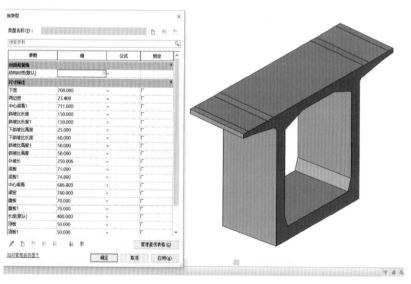

图 7.6　BIM 软件模拟箱梁施工步骤

（6）施工管理和协作。BIM 技术可以与施工管理软件集成,实现施工任务的分配、进度跟踪和协作。施工团队可以通过 BIM 技术进行施工过程的实时监控和协调,提高团队之间的沟通和协作效率。

(7)协调与冲突检测。利用 BIM 技术,施工团队可以对不同专业的模型进行协调,检测各个专业之间的冲突。例如,结构模型与桥面铺装模型进行协调,以确保桥梁结构与道路铺装的合理布置,避免冲突。

通过 BIM 技术的应用,城市立交桥设计与施工团队能够更好地进行规划、设计、分析和协同工作,提高设计的精度、准确性和协同效率。

7.1.3　工程项目管理:大型商业综合体设计与施工 BIM 应用案例

1. 项目背景

大型商业综合体项目包含商业中心、购物中心、办公楼和酒店等多个功能区域,是城市中重要的商业地标,项目涉及复杂的建筑结构、多样化的功能区域和多个专业的协同工作。BIM 技术在大型商业综合体的设计与施工阶段的应用,可以提高施工效率、协调不同专业之间的工作,并确保项目的质量和进度。BIM 技术在大型商业综合体项目中的应用可以提供全面的信息管理、协同设计和项目控制。

2. 案例描述

本项目旨在打造一个现代化、多功能的大型商业综合体,满足市民和游客的消费需求,提升城市形象和商业价值,如图 7.7 所示。在本项目中,BIM 的应用贯穿整个项目的生命周期,包括前期规划、设计和施工阶段,如图 7.8 所示。

图 7.7　大型商业综合体示意图

(1)前期规划阶段。通过 BIM 软件的工具,设计团队可以创建商业综合体的三维模型,模拟不同规划方案的布局、容积率和绿化率等因素,并进行可视化呈现和评估。BIM 软件还可以进行交通流分析、能源分析和可持续性评估,为项目规划提供科学依据。

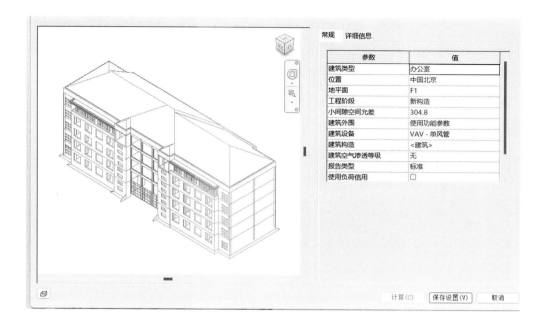

图 7.8　BIM 技术在商业综合体建设项目中的应用

（2）设计阶段。BIM 技术在商业综合体设计中发挥重要作用。设计团队可以通过 BIM 软件建模工具创建商业综合体的详细设计模型,包括建筑结构、室内布局和设备布置等,如图 7.9、7.10、7.11 所示。BIM 技术可以用于协同设计、冲突检测和碰撞分析,确保设计的一致性。此外,BIM 技术还可以用于可视化呈现设计方案,为业主和利益相关者提供直观的设计效果。最后,专业人员还可以利用 BIM 软件创建商业综合体的整体建筑和结构模型,包括建筑的结构、设备、管道和电气系统等如图 7.12、7.13 所示。通过三维建模,施工团队可以准确理解建筑的空间布局和构造,并与各个专业进行协调。

（3）施工阶段。BIM 技术在大型商业综合体的施工管理中起到重要作用。BIM技术可以与施工进度计划和施工管理系统集成,实现施工过程的可视化和模拟。BIM技术还可以用于施工工艺和资源的优化,提高施工效率和质量控制。通过 BIM 协同平台,施工团队可以实时共享模型和信息,实现施工各方的协作和沟通。

在施工前期,直接利用 BIM 软件进行场地设计,提前策划场地布置的合理性,直观展示出不同施工阶段场地布置,合理进行材料和设备的放置和安装,减少场地材料的二次搬运与乱堆乱放,做到施工有条不紊。

（4）施工管理和协作。BIM 技术可以与施工管理软件集成,实现施工任务的分配、进度跟踪和协作。施工团队可以通过 BIM 技术进行施工过程的实时监控和协调,提高团队之间的沟通和协作效率。

地上材质提取（模型计算值，按类别）

类别	材质：名称	材质：体积	材质：面积
墙			
墙	混凝土-现场浇筑混凝土	7 058.88	5 867.87
墙	蒸压加砂加气混泥土	2 148.25	9 891.88
墙	混凝土砌块（自保温）	3 485.89	14 213.76
楼板			
楼板	混凝土-现场浇筑混凝土	11 985	—
楼梯			
楼梯	混凝土-现场浇筑混凝土	387.89	—
结构柱			
结构柱	混凝土-现场浇筑混凝土	6 521.57	—
结构梁			
结构梁	混凝土-现场浇筑混凝土	2 872.56	—

图 7.9　BIM 模拟计算地面材料使用量

图 7.10　BIM 软件制作楼梯间模型　　　　图 7.11　BIM 软件制作门窗洞口模型

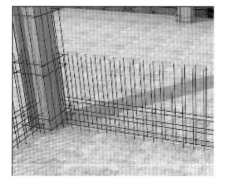

图 7.12　BIM 软件模拟线管敷设　　　　图 7.13　BIM 软件模拟绑扎钢筋

(5)项目管理和控制。BIM技术还可以与项目管理软件集成,实现整体项目管理和控制。项目经理可以通过BIM技术进行项目进度、成本和质量的管理,进行资源调配和决策,以确保项目按时交付,并满足预期的质量标准。

通过BIM技术的应用,大型商业综合体的设计和项目管理团队能够实现信息的全面管理、协同设计和项目控制,提高项目的质量、效率和可持续性。

7.1.4 工程监理:大型体育馆工程监理BIM应用案例

1.项目背景

大型体育馆项目(图7.14)是一项复杂的工程,需要在设计与施工阶段进行严格的监理和管理。BIM技术在大型体育馆工程监理中的应用可以提供全面的信息管理、协同设计和质量控制,确保工程的顺利进行。

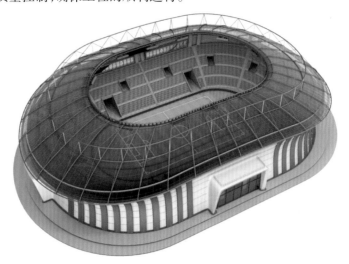

图7.14 大型体育馆模型示意图

2.案例描述

本项目为某高校大型体院馆设计,在本项目施工及工程监理过程中,BIM技术贯穿整个工程的生命周期,包括监控施工过程、协调各个专业的施工和检测潜在的问题等。

(1)设计阶段。BIM技术在大型体育馆设计阶段的监理工作中发挥重要作用。监理团队可以利用模型对设计方案进行审查和验证,确保设计满足相关规范和标准。BIM技术还可以用于冲突检测和碰撞分析,帮助识别潜在的设计问题,优化施工方案。

(2)施工阶段。BIM技术在大型体育馆施工阶段的监理工作中起到关键作用。监理团队可以将模型、施工进度计划与施工管理系统进行集成,实现施工过程的可视化和模拟,如图7.15所示。通过BIM软件,监理团队可以实时监测施工进度和质量,及时发现并解决施工中的问题。

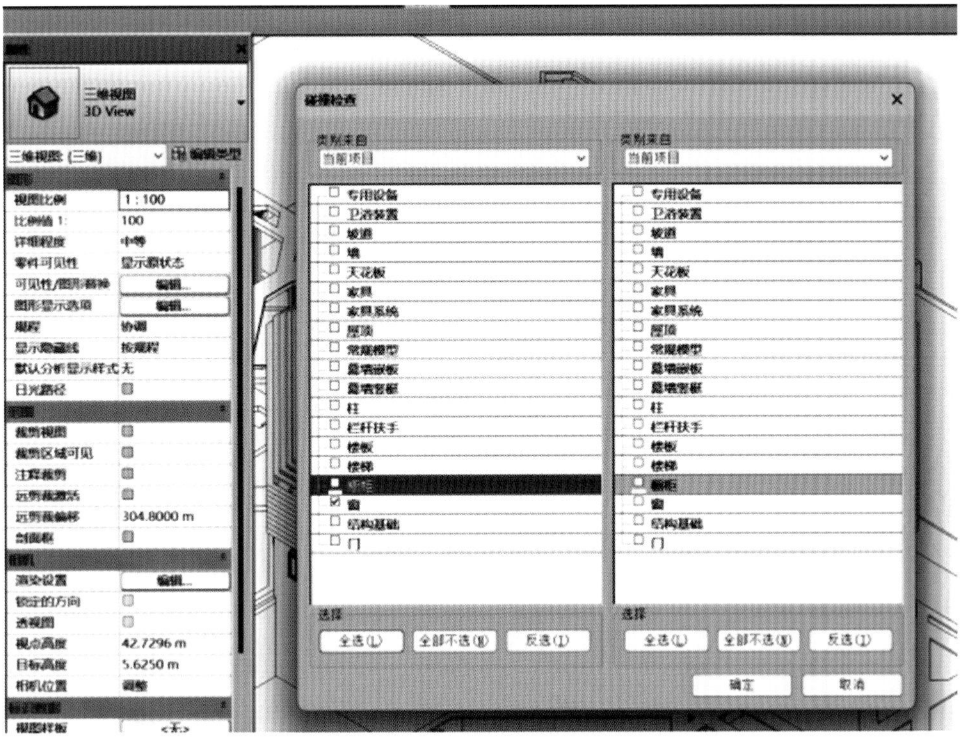

图 7.15 应用 BIM 技术进行模型碰撞检查

（3）质量控制和安全监测。BIM 技术可以集成各种监测设备和传感器，实时监测大型体育馆施工的质量和安全。例如，可以通过传感器监测结构的变形和振动情况，以及监测施工现场的安全情况。通过 BIM 技术可以进行数据的实时采集和分析，及时发现和解决质量和安全问题。

（4）施工协调和沟通。BIM 技术可以作为施工监理团队与各个施工方之间的协调和沟通工具。可以在模型中标注问题、提出建议，并进行实时的协作和讨论。这有助于减少误解和错误，提高施工团队之间的沟通效率。

通过 BIM 技术的应用，大型体育馆工程监理团队可以实现对设计与施工阶段的全面监督和管理，实现实时的监测和管理，提高施工质量和安全性，确保施工按计划进行，并及时发现和解决潜在的问题，提高工程的质量、效率和安全性。

7.1.5 工程预算：大型工程项目预算与 BIM 应用案例

1. 项目背景

大型工程项目的预算管理涉及对各个工程阶段的成本进行准确的估算和控制，需要准确估算工程成本、进行成本控制和变更管理。BIM 技术在工程预算中的应用可以提供更精准的量化数据和可视化分析,帮助项目团队进行全面的预算管理。

2. 案例描述

本项目为某市大型商业建筑项目(图 7.16),在本项目中,BIM 技术在预算管理的不同阶段发挥重要作用,包括预算编制、团队的成本估算、决策支持、成本控制和变更管理等。

图 7.16　某市大型商业建筑三维模型

(1)预算编制阶段。BIM 技术可以用于预算编制过程中的量化和估算工作。通过模型,项目团队可以快速提取建筑元素的数量和特征信息,并与相应的造价数据库进行关联,自动生成预算报表。BIM 技术还可以通过可视化展示工程的空间布局和材料选择,帮助预算编制团队更好地理解工程要求和成本因素,如图 7.17、7.18 所示。

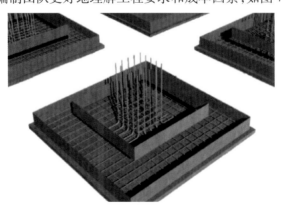

图 7.17　基础钢筋模型

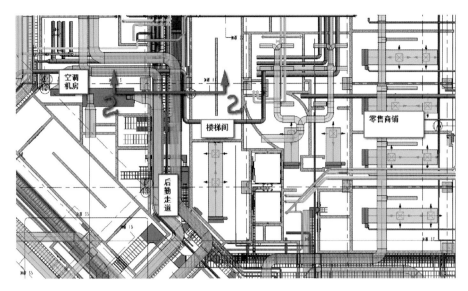

图 7.18　管道平面布局模型

（2）成本控制阶段。BIM 技术在工程成本控制中提供了更精细的数据分析和实时监测的能力。通过模型，项目团队可以对工程进度和资源利用情况进行监控，及时发现成本偏差和风险因素。BIM 技术还可以与成本管理软件集成，实现成本的实时跟踪和预测，支持项目团队做出合理的决策。

（3）成本估算。通过 BIM 技术，预算管理团队可以获取详细的工程构件信息、材料数量和价格等数据，并进行成本估算。BIM 技术提供了直观的可视化界面，可以在模型中对各个构件进行定量分析和测量，准确计算出所需材料的数量和成本。同时，BIM 技术还可以与供应商和承包商的数据库进行集成，实现实时的材料价格更新。

（4）变更管理阶段。BIM 技术在工程变更管理中提供了更高效和准确的数据支持。通过 BIM 技术，项目团队可以在变更发生时快速评估和分析影响因素，并对变更进行可视化呈现。BIM 技术还可以与变更管理系统集成，实现变更的跟踪和审核，确保变更过程的透明度和可控性。

（5）决策支持。BIM 技术提供了直观的可视化界面，可以将成本信息和施工图纸进行集成展示。预算管理团队可以通过 BIM 技术进行多维度的数据分析和决策支持。例如，可以通过 BIM 技术对不同材料和构件方案进行比较，评估其成本效益并选择最优方案。此外，BIM 技术还可以进行可行性分析、风险评估和决策模拟，帮助预算管理团队制定可靠的预算策略。

通过 BIM 技术的应用，大型工程项目预算团队可以实现对成本更准确的估算和控制，帮助预算管理团队提高决策效率、减少成本偏差，并优化工程质量和进度，提高预算准确性，降低项目风险和成本超支的可能性。

7.1.6 室内设计:豪华酒店室内设计 BIM 应用案例

1. 项目背景

BIM 技术可以为豪华酒店室内设计提供更高效、准确的设计过程,确保设计理念的实现和质量的控制。

2. 案例描述

在豪华酒店室内设计中,BIM 技术在设计、协作和可视化施工等方面发挥重要作用,可以促进设计团队的合作和设计方案的优化,提供全面的设计信息和协调工具,实现设计与施工之间的无缝协作和高效执行。

(1)设计阶段。BIM 技术提供了三维建模工具,使设计团队能够创建逼真的虚拟模型,如图 7.19、7.20 所示。在豪华酒店室内设计中,BIM 技术可以将设计方案可视化,包括空间布局、材料选择和家具摆放等。BIM 技术还支持设计变更的快速调整,提高设计的灵活性和响应速度。

(2)设计协调。BIM 技术作为一个共享的平台,集成了各个设计专业的信息,包括建筑、结构、电气、水暖和通风等。设计团队可以通过 BIM 技术进行协同设计,实现不同专业之间的协调和冲突检测。例如,通过 BIM 技术可以发现电气设备与装饰构件之间的冲突,以及管道走向与空间布局的冲突,从而及时进行调整和优化。

(3)施工可视化。如图 7.21 所示,通过 BIM 技术,施工团队可以在虚拟环境中预览和演示施工过程,提前识别潜在的施工问题,并制订合理的施工计划。BIM 技术可以模拟施工过程中的各个阶段,包括材料的运输和安装、设备的安装和调试、装饰的施工等。施工团队可以通过 BIM 技术实时了解施工进度和资源调度,确保施工过程的高效执行。

图 7.19 豪华酒店室内效果图模型

图 7.20 豪华酒店效果图模型

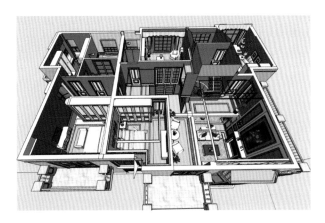

图 7.21 豪华酒店室内模型

(4)协作与协调。BIM 技术促进设计团队之间的协作和信息共享。通过 BIM 技术,设计师、工程师和施工团队可以在同一个模型中进行实时协作,共享设计数据和意见。模型的准确性和一致性有助于减少设计错误和冲突,提高设计团队的工作效率。

(5)施工和安装。BIM 技术不仅在设计阶段发挥作用,还可以在施工和安装阶段提供指导。模型可以用作施工图纸的基础,帮助施工人员理解设计意图和空间要求。BIM 技术还可以与施工进度管理系统集成,实现施工进度和资源的跟踪与管理。

(6)资源管理。BIM 技术可以与施工管理系统集成,实现资源的有效管理和协调。例如,通过 BIM 技术可以跟踪和管理材料和设备的供应,准确计算所需材料的数量,并实时更新库存信息。此外,BIM 技术还可以与工程进度计划进行集成,帮助施工团队进行施工资源的合理调配和优化。

(7)质量控制。BIM 技术可以用于质量控制和验收。通过 BIM 技术,施工团队可以对施工质量进行可视化检查,比对实际施工情况与设计要求的一致性,并进行质量问题的记录和整改。BIM 技术还可以与质量管理系统集成,实现质量数据的实时收集和分析,帮助施工团队及时发现和解决质量问题。

通过 BIM 技术的应用,豪华酒店室内设计团队可以实现设计方案的高效协作、准确可视化、施工过程的优化。这有助于提高设计质量、节约时间和成本,并确保豪华酒店的室内空间达到预期的高品质标准。

7.1.7 风景园林设计:城市公园景观设计与施工 BIM 应用案例

1. 项目背景

城市公园是城市绿地系统的重要组成部分,对于提供人们休闲娱乐、绿化环境和改善城市生活质量具有重要意义。BIM 技术在城市公园景观设计中的应用可以提供更准确和可持续的设计方案。

2. 案例描述

在本项目的设计与施工中,BIM 技术被应用于项目设计、协作、可视化、规划、设计、施工和运营阶段。

(1)土地规划。BIM 技术可以用于公园绿地的土地规划和场地分析。通过将地理信息系统(GIS)与 BIM 技术集成,可以实现地形分析、地下管线的定位和规划,以及可持续性设计的优化。BIM 模型还可以用于场地的可视化展示,帮助规划人员和设计团队更好地理解场地特征和潜在问题。

(2)初始阶段。BIM 技术提供了三维建模工具,使景观设计师能够创建具有真实感且可视化的公园景观模型。基于地形数据和现有环境条件,BIM 技术可以帮助设计师更好地理解公园的空间布局、地形特征和景观元素的安排,如图 7.22 所示。BIM 模型还支持快速设计变更和优化,使设计师能够灵活调整设计方案,如图 7.23 所示。

图 7.22 城市公园规划设计模型

图 7.23　BIM 软件快速调整公园平面图

（3）协作与协调。BIM 技术可以促进景观设计团队之间的协作和信息共享。设计师、土木工程师和环境规划师可以在同一个模型中进行实时协作，共享设计数据和意见。模型的一致性和准确性有助于减少设计错误和冲突，提高团队的协作效率。

（4）可持续设计。BIM 技术可以集成可持续设计原则，包括能源效率、水资源管理和植被选择等。通过模拟和分析模型，设计师可以评估设计方案对环境的影响，并进行可持续性优化。这有助于创建更具可持续性和生态友好的城市公园。

（5）植被设计。BIM 技术可以用于公园绿地的植被设计和管理。通过 BIM 技术，设计团队可以进行植物种植的规划和布局，确定植物的生长空间和养护需求。BIM 技术可以提供植物的三维模型和属性信息，包括尺寸、材质和生长需求等，以便施工团队进行准确的植物布置和养护计划，如图 7.24 所示。

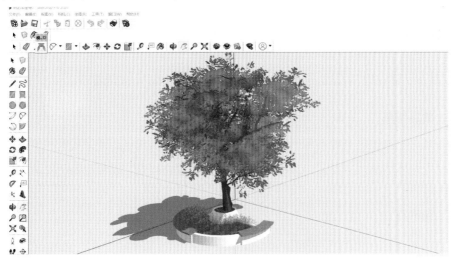

图 7.24　BIM 软件创建树池座椅模型

(6) 道路布局。BIM 技术可以用于公园绿地的道路布局和交通设计。通过 BIM 技术,设计团队可以进行道路的几何设计、标志标线的布置,以及交通流模拟和优化。BIM 技术可以提供道路的三维几何数据和交通模拟结果,帮助施工团队理解道路设计意图,并确保道路施工的精确性和安全性。

(7) 景观设施。BIM 技术可以用于公园绿地的景观设施设计和施工管理。通过 BIM 技术,设计团队可以进行景观设施的选择和布置,包括座椅、遮阳棚、游乐设施等,如图 7.25 所示。BIM 技术可以提供景观设施的三维模型和属性信息,帮助施工团队进行准确的设施安装和维护计划。

图 7.25　利用 BIM 软件创建公园景观小品模型

通过 BIM 技术的应用,城市公园景观设计团队可以实现设计方案的高效协作、可视化的展示和可持续性设计。这有助于提高设计质量、节约时间和资源,并确保城市公园满足人们对绿色环境和休闲娱乐的需求。

7.1.8　建筑电气设计:高级办公楼电气系统设计 BIM 应用案例

1. 项目背景

高级办公楼的电气系统设计需要满足复杂的电力需求、安全性要求和节能要求。BIM 技术在电气系统设计中的应用可以提供准确、高效和可视化的设计方案,确保电气系统的可靠性和安全性。

2. 案例描述

本项目为某工业园区高级办公楼中电气系统的设计与施工,如图 7.26 所示。在高级办公楼电气系统设计 BIM 应用案例中,BIM 技术被应用于电气系统的规划、设计和模拟分析,以及施工和运行阶段。

图 7.26　高级办公楼三维模型

（1）规划阶段。BIM 技术提供了三维建模工具,使设计团队能够创建电气系统的准确模型。基于项目需求和用电负荷,BIM 技术可以帮助规划师确定电气设备的布置、配电系统的配置和电力供应方案。BIM 技术还支持规划变更和优化,使规划师能够灵活调整规划方案。

（2）设计阶段。BIM 技术支持设计师在模型中创建电气系统的详细设计。设计师可以将电气设备、配电线路、照明系统等与模型关联,并进行布线和连接。通过 BIM 技术,设计师可以进行电气负荷分析、短路分析和照明模拟等工作,并进行电气线路的三维布置和模拟,确保线路的合理布局和电气设备的合理安装。BIM 技术还可以提供电气设备的属性信息,包括功率、电流和电压等,以便施工团队进行准确的电气设备安装和配电计划,确保电气系统的安全性和安装效率。

（3）模拟分析。BIM 技术还可以与电气系统模拟软件集成,进行电气系统的性能分析和优化。设计团队可以使用模拟分析工具对电气系统的电力负荷、能耗和电压稳定性等进行评估,以确定最佳的设计方案,如图 7.27 所示。

（4）施工阶段。在电气系统的施工阶段,BIM 技术可以用于施工进度管理、碰撞检测和协调。通过 BIM 技术,施工团队可以将电气线路、设备的三维模型与施工进度进行关联,实现施工进度的可视化管理和监控。同时,BIM 技术可以进行碰撞检测,确保电气线路与其他建筑构件和设备的协调性,避免冲突和错误,如图 7.28 所示。施工团队可以通过 BIM 技术进行协作,共享信息、解决问题,提高施工效率和质量。

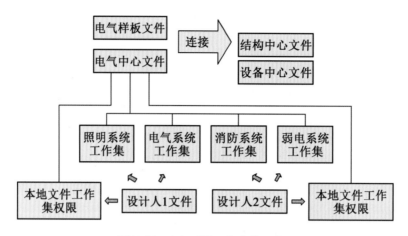

图 7.27 电气系统工作方式示意图

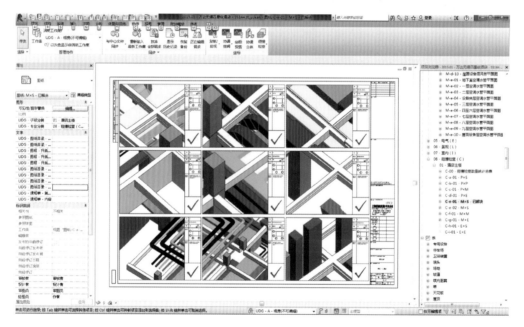

图 7.28 管线碰撞检查记录

(5)运行阶段。在电气系统的运行阶段,BIM 技术可以用于维护和管理设备。通过 BIM 技术,运维团队可以获取电气设备的属性信息和维护记录,进行设备的定期检查和维修。BIM 技术还可以用于设备的追踪和管理,包括设备的位置、状态和维修历史等信息,方便运维团队进行设备管理和故障排除。

通过 BIM 技术的应用,高级办公楼电气系统设计团队可以实现规划、设计和模拟分析的高效协作、准确可视化和可靠性设计。同时可以实现设计与施工之间的紧密协作和信息共享,减少误差和冲突,提高施工效率和质量,同时减少施工成本和风险。这有助于确保高级办公楼的电气系统安全可靠、高效运行,满足商务办公和商业活动的需求,并提高电气系统的性能、节能效果和可靠性,满足高级办公楼的电力需求。

7.2　BIM 在工程管理阶段的应用

7.2.1　结构管理：多层住宅结构工程管理 BIM 应用案例

1. 项目背景

多层住宅(图 7.29)是城市建设中常见的建筑类型,其结构的设计和施工对于保证房屋的安全性和稳定性至关重要。BIM 技术可以为多层住宅结构工程管理提供全面的项目信息管理和协作平台,实现施工过程的高效管理和质量控制。

图 7.29　多层住宅模型

2. 案例描述

本项目为某居住小区多层住宅楼建设,在该项目的建设过程中,BIM 技术被用于结构的可视化设计、结构优化、施工和管理等阶段。

(1)设计阶段的管理。BIM 技术可以在设计阶段对住宅的结构进行建模和分析,从而发现可能存在的问题和优化点,提高设计的准确性和效率,如图 7.30 所示。同时,BIM 技术也可以对设计的进度进行管理和监控,确保设计工作按时完成。

(2)施工阶段的协调管理。在多层住宅的施工过程中,BIM 技术可以协调各个部门的工作,确保施工的顺利进行。BIM 技术可以模拟施工过程,提前发现可能存在的问题,避免在施工过程中出现混乱。

(3)质量管理。BIM 技术可以通过对施工过程的模拟,提前发现可能存在的质量问题,从而采取相应的措施进行改进。同时,BIM 技术也可以对施工材料进行管理,确保材料的质量符合要求。

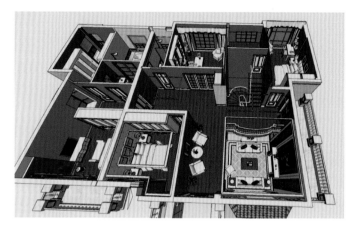

图 7.30 多层住宅结构三维模型

（4）安全管理。BIM 软件可以对施工现场进行安全检查,提前发现可能存在的安全隐患,避免安全事故的发生。同时,BIM 技术也可以对施工人员进行安全培训和教育,提高施工人员的安全意识。

（5）成本管理。BIM 软件可以对工程的成本进行估算和管理,从而更好地控制工程的成本和预算。同时,BIM 技术也可以对工程进度进行管理,避免因进度延误导致的成本增加。

（6）物料管理。BIM 技术可以与物流管理系统集成,实现物料的精准配送。通过实时追踪物料的流动情况,可以优化库存,减少浪费,降低成本。

（7）设备管理。利用 BIM 技术,可以对施工设备进行全面管理。通过实时监控设备的运行状态和维护情况,可以保证设备的正常运行,提高设备的利用率。

BIM 技术在施工现场管理的应用场景非常广泛,涵盖了人员、物料、设备、进度、质量、安全和环境管理等多个方面。通过 BIM 技术的应用,多层住宅结构工程管理可以实现减少误差和冲突,提高施工效率和质量,同时减少施工成本和风险,确保多层住宅的结构安全可靠,提供舒适和安全的居住环境。

7.2.2 道路桥梁管理:高速公路桥梁工程管理 BIM 应用案例

1. 项目背景

高速公路桥梁(图 7.31)是重要的交通基础设施,对交通运输起着关键的作用。在高速公路桥梁的建设和维护过程中,BIM 技术的应用可以提供全面的工程管理解决方案,实现项目的高效管理和质量控制。

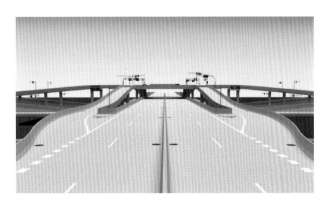

图 7.31　高速公路桥梁规划示意图

2. 案例描述

在高速公路桥梁工程管理 BIM 应用案例中,BIM 技术被应用于桥梁工程的设计、施工和管理阶段。

(1)设计阶段。在高速公路桥梁的设计阶段,BIM 技术可以用于桥梁的三维建模和分析。通过 BIM 技术,设计团队可以进行桥梁的几何建模和结构分析,包括桥梁的跨度、支座和墩柱等要素的设计和布置,如图 7.32 所示。BIM 技术可以提供准确的桥梁几何信息和结构属性,将高速公路桥梁的设计直观地呈现出来,便于发现和解决设计中的问题,提高设计质量和效率。通过 BIM 技术的可视化特性,还可以对施工过程进行模拟,提前发现潜在的问题和优化点,实现设计的持续优化。帮助设计团队进行方案评估和优化,提高设计效率和质量。BIM 技术可以实现多专业、多部门的协同设计,打破信息孤岛,提高设计效率。同时,通过 BIM 技术,各参与方可以方便地进行交流和沟通,确保施工过程中的协调性和一致性。

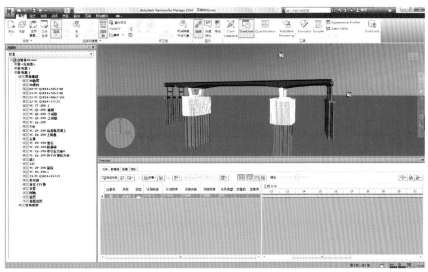

图 7.32　高速公路桥梁结构三维模型

（2）施工阶段。在高速公路桥梁工程的施工阶段,BIM 技术可以用于施工进度管理和协调。通过 BIM 技术,施工团队可以将桥梁的三维模型与施工进度进行关联,实现施工进度的可视化管理和监控。BIM 技术可以进行碰撞检测,确保桥梁构件与其他建筑构件和设备的协调性,避免冲突和错误。施工团队可以通过 BIM 技术进行协作,共享信息,解决问题,提高施工效率和质量。利用 BIM 技术,可以快速准确地计算出高速公路桥梁的工程量,为成本估算和预算制定提供有力支持,如图 7.33 所示。通过与施工阶段的结合,BIM 软件还可以实时监控施工进度和成本消耗,实现成本的动态管理。

图 7.33　高速公路桥梁工程量清单

（3）管理阶段。在高速公路桥梁的管理阶段,BIM 技术可以用于设备的维护和维修管理。通过 BIM 技术,维修团队可以获取桥梁的属性信息和维护记录,进行桥梁的定期检查和维修计划。BIM 技术还可以用于桥梁构件的追踪和管理,包括构件的位置、状态和维修历史等信息,方便维修团队进行桥梁管理和维护。

通过 BIM 技术的应用,高速公路桥梁工程管理可以实现设计与施工之间的紧密协作和信息共享,减少误差和冲突,提高施工效率和质量,同时减少施工成本和风险。这有助于确保高速公路桥梁的安全性和可靠性,提升交通运输的效益和便利性。

7.2.3　工程项目管理:大型商业综合体工程管理与项目管理的 BIM 应用案例

1.项目背景

大型商业综合体是涵盖购物中心、办公楼、酒店和住宅等多个功能区的综合性建筑项目。由于其规模庞大、涉及多个专业和工程阶段,项目管理的复杂性较高。在这样的背景下,BIM 技术的应用可以提供高效的工程管理解决方案,实现项目的顺利进行和质量控制。

2.案例描述

本项目为某城市中心集购物、餐饮、办公为一体的大型商业综合体工程。在本项目建设工程中,BIM 技术被应用于项目的全生命周期管理,包括设计、施工和运营阶段。

(1)设计阶段。在大型商业综合体的设计阶段,BIM 技术可以用于建筑、结构和机电等各个专业的协同设计和模型集成,如图 7.34、7.35 所示。通过 BIM 技术,设计团队可以将各个专业的设计模型进行整合,实现一体化的设计和冲突检测,提高设计效率和质量。BIM 技术还可以提供准确的设计信息和属性,方便项目管理团队进行设计评审和决策。

图 7.34　大型商业综合体模型

图 7.35 大型商业综合体结构模型

（2）施工阶段。在大型商业综合体的施工阶段,BIM 技术可以用于施工进度管理和协调。通过 BIM 技术,施工团队可以将施工计划与模型进行关联,实现施工进度的可视化管理和监控。BIM 技术还可以进行碰撞检测和施工冲突预防,避免施工过程中的错误和冲突。施工团队可以通过 BIM 技术进行协作和信息共享,提高施工效率和质量。

BIM 技术可以通过参数化设计,对建筑结构进行详细的分析和优化,提高施工质量。同时,BIM 模型还可以对施工过程进行实时监控,及时发现和解决质量隐患。在工程造价预算方面,BIM 技术可以帮助管理者对施工成本进行实时监控和预测,及时发现和解决成本问题。通过 BIM 技术,还可以对材料使用量和费用进行精确估算,提高成本控制水平。BIM 技术可以帮助管理者实现施工现场的安全管理和环境监测。通过 BIM 技术,全面了解施工现场的安全隐患和环境问题,及时采取相应的措施进行治理和改善。

（3）运营阶段。在大型商业综合体的运营阶段,BIM 技术可以用于设施管理和维护。通过 BIM 技术,运营团队可以获取建筑设施的属性信息和维护记录,进行设施的定期检查和维护计划。BIM 技术还可以用于设备管理和能源分析,实现设备的追踪和运行监控,提高运营效率和节能减排。

通过 BIM 技术的应用,大型商业综合体工程管理可以实现设计与施工之间的紧密协作和信息共享,减少误差和冲突,提高施工效率和质量,同时降低运营成本和风险。这有助于确保大型商业综合体的建设和运营顺利进行,满足业主和用户的需求。

7.2.4 风景园林管理:公园绿地工程管理的 BIM 应用案例

1.项目背景

公园绿地工程的管理需要考虑多个因素,包括设计规划、施工过程和设备维护等。

BIM 技术在公园绿地工程管理中的应用可以提供全方位的数据支持和协作平台,实现设计与施工的一体化管理,从而提高管理效率和质量。

2. 案例描述

本项目为某市城市绿地工程,总面积约 50 万 m²,包括景观绿化、道路、休闲设施等建设内容,是一个集休闲、娱乐、观光为一体的综合性公园绿地项目。本项目的建设旨在提高城市生态环境质量,为市民提供一个舒适的休闲场所。在公园绿地工程管理 BIM 应用案例中,BIM 技术被应用于整个工程管理过程,以实现项目全过程的协同管理和数据集成。

(1)设计阶段。通过 BIM 技术,设计团队可以创建公园绿地设计模型,如图 7.36 所示。通过建立三维模型,对景观绿化、道路和休闲设施等进行详细的规划和设计。在本项目的建设及管理过程中,BIM 技术的应用提高了设计效率和质量,缩短了设计周期,减少了后期的修改和变更。同时,BIM 技术还为施工阶段的进度管理和质量管理提供了有力支持,并与其他相关团队(如结构、水利等)进行模型协同工作,共享设计信息,实现一体化的设计协作。通过 BIM 技术的参数化特性,可以对公园绿地的景观、植被和地形等各个要素进行详细的设计和规划。公园绿地景观节点图如图 7.37 所示利用 BIM 技术的模拟和分析功能,可以对设计方案进行优化,提高设计的合理性和可行性。利用 BIM 技术可以快速准确地计算出公园绿地的工程量,为成本估算和预算制定提供有力支持,还可以实时监控施工进度和成本消耗,实现成本的动态管理。

图 7.36　公园绿地设计模型

图 7.37　公园绿地景观节点图

（2）施工阶段。基于公园绿地的模型，可以生成施工图纸和详细的施工信息模型，便于施工团队理解和实施设计方案，如图 7.38 所示。BIM 技术可以进行碰撞检测和冲突预防，确保公园绿地设计与其他系统（如水电、灯光等）的协调和冲突解决，减少施工过程中的问题，纠正成本。通过 BIM 技术与施工进度的关联，可以实现施工进度的可视化管理和监控，及时掌握施工进展情况，确保工期的控制。通过 BIM 技术的参数化特性功能，可以对建筑结构进行详细的分析和优化，提高施工质量。同时，BIM 技术还可以对施工过程进行实时监控，及时发现和解决质量隐患。BIM 技术可以帮助管理者实现施工现场的安全管理。通过 BIM 技术，可以全面了解施工现场的安全隐患和环境问题，及时采取相应的措施进行治理和改善。

图 7.38　BIM 软件生成公园施工图

（3）工程管理。BIM 技术可以与资源管理系统集成，实现对人员、材料和设备等资源的管理和调度，优化资源利用，提高工程管理效率。通过 BIM 技术中的设备和设施信息，可以进行公园绿地设备的维护计划制订和维护记录管理，提高设备维护的及时性和效果。

通过 BIM 技术的应用，公园绿地工程管理可以实现设计与施工的无缝衔接，提高项目的管理效率和质量，同时优化资源利用和设备维护，实现公园绿地的可持续发展和管理。

7.2.5　物业管理：现代化物业管理的 BIM 应用案例

1. 项目背景

现代化物业管理需要综合考虑建筑设施的维护、设备管理、安全管理和能源管理等方面的需求。BIM 技术在物业管理中的应用可以提供全面的建筑信息和数据支持，实现设施管理和运营的高效性和可持续性。

2. 案例描述

本项目为某居住小区的物业管理案例，在该小区的物业管理中，BIM 技术被应用于整个物业管理周期，以实现设施信息集成、设备管理和维护、安全管理以及能源管理等方面的优化。

（1）设施信息集成。通过 BIM 技术，对物业建筑进行三维建模，包括建筑结构、设备设施和管线系统，如图 7.39、7.40 所示，并与现有设施管理系统进行集成，实现设施信息的全面管理。

（2）设施信息管理。利用 BIM 技术中的属性信息，对设施进行标识和管理，包括设备名称、型号和维修记录等，方便对设施进行维护和管理。

（3）维修与维护管理。BIM 技术能够模拟建筑的运行状态，为空调系统、智能照明等设备的维修提供直观的策略。此外，BIM 技术还可以对较小空间中的设备进行模拟，为设备的选择和使用提供依据。

（4）空间管理。BIM 技术可以帮助物业管理企业，进行空间规划，优化空间使用。例如，在现场管理中，通过手持设备查看模型，可对各个空间进行定位，便于进行维修、清洁等作业。

3. 设备管理和维护

（1）设备数据集成。将设备管理系统与 BIM 技术集成，实现设备数据的统一管理，包括设备的安装位置、运行状态和维护计划等，方便对设备进行监控和维护。

（2）维护计划优化。通过 BIM 技术中设备信息和维护记录，优化维护计划，提高维护效率，减少停机时间和维修成本。

图 7.39 居住小区布局平面图

图 7.40 居住小区模型

（3）智能运维管理。BIM 技术与物联网技术结合，可以实现建筑物的智能化运维。通过在 BIM 技术中预留数据接口，可以将各种传感器数据集成到模型中，实现实时监控和预警。

4. 安全管理

（1）安全设施管理。通过 BIM 技术中的安全设施信息，包括疏散通道、消防设备等，进行安全设施的规划和管理，提高安全性和应急响应能力。

（2）安全培训和演练。利用 BIM 技术进行安全演练,模拟紧急情况下的疏散和救援,提高工作人员的应急响应能力。

（3）人员定位与培训。在 BIM 技术中,可以方便地对入室的保洁服务员、巡视保安人员及运维的技工进行定位,了解每个人的移动轨迹。此外,BIM 技术还可用于培训运维技工、安保人员以及各类服务人员,增强培训效果。

（4）资源优化。利用 BIM 技术可以将物业管理职责和位置进行精准定位,将需求服务人员和设备资源进行有效分配,从而避免空转、资源浪费,提升工作效率。

（5）精细化服务。BIM 技术可以做到对建筑物巡检、维修等非常细致的客户服务,可以准确发现和解决物业管理中可能出现的各种问题。

5. 能源管理

（1）能源监测与优化。通过 BIM 技术中的能源数据和设备运行信息,进行能源监测和优化,实现能源消耗的控制和节约。

（2）可持续能源规划。利用 BIM 技术进行可持续能源规划,包括太阳能、风能等可再生能源的应用,提高能源利用效率。

通过 BIM 技术的应用,现代化物业管理可以实现设施信息的集成化管理、设备管理和维护的优化、安全管理的强化以及能源管理的节约与可持续发展。这些综合管理措施提高了物业管理的效率和质量,为业主和租户提供更好的服务和体验。

7.2.6　建筑电气管理:高级办公楼电气工程管理的 BIM 应用案例

1. 项目背景

高级办公楼的电气系统管理需要确保电力供应的可靠性、安全性和效率性。BIM 技术在电气工程管理中的应用可以提供全面的电气信息和数据支持,实现电气系统的规划、设计、施工和运维的高效性和可持续性。

2. 案例描述

本项目为某工业园区高级办公楼电气工程管理的 BIM 应用案例。在本案例中,BIM 技术被应用于电气工程协同设计、碰撞检测、施工进度管理、后期运维管理等方面。

（1）规划阶段。通过 BIM 技术,对高级办公楼的电气系统进行三维建模,包括电缆走线、配电箱、开关设备等的建模,并与其他相关系统进行集成,如建筑结构和管道等,如图 7.41 所示。利用 BIM 技术中的建筑信息,进行电气系统负载计算与分析,确保电力供应的可靠性和合理分配。

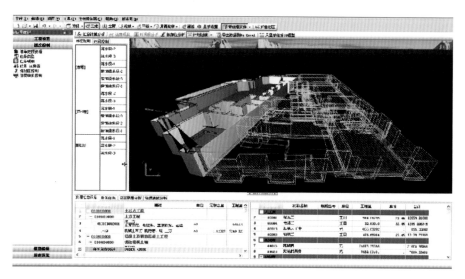

图 7.41　高级办公楼电气系统模型

（2）设计阶段。利用 BIM 技术进行电气系统的设计，包括电路图、电缆走线图、设备布置图等，实现电气系统的准确设计和协调。设计人员还可以利用 BIM 软件进行电气系统的三维建模，模拟各种设计方案，找出最佳的方案。此外，BIM 软件还可以进行电气系统的负载仿真，确保系统满足设计要求。在建筑电气系统设计中，管线、设备和配电箱等都需要与建筑结构和设备进行协调。BIM 技术可以进行碰撞检测，及时发现设计中的冲突和问题，提前解决，避免在施工阶段出现问题，提高设计质量。

（3）施工阶段。利用 BIM 技术生成电气系统的施工图，包括布线图和细部图等，如图 7.42 所示，在施工前期减少了大量的人力和时间成本，并为施工人员提供准确的施工信息。通过 BIM 技术中的进度管理功能，实现电气系统施工进度的控制和协调，确保工期的准时交付。BIM 技术能够将电气施工进度与整个建筑施工进度相整合，实现施工全过程的进度管理。施工管理人员可以通过 BIM 软件随时了解电气系统的施工进度，及时发现并解决施工中的问题，保证施工的正常进行。在电气施工中，电气工程师、施工人员以及其他专业的人员需要进行协同工作。BIM 技术可以将所有工程模型整合在一起，实现各专业之间的协同施工。这有利于提高施工效率，降低施工成本。

（4）运维阶段。通过 BIM 技术中的设备信息和维护记录，可以进行电气设备的管理和维护，包括设备运行状态、维修计划等，提高设备的可靠性和寿命。通过 BIM 技术的可视化功能，可以实现对电气系统的实时监控和远程管理，便于运维人员进行故障排除和维修。

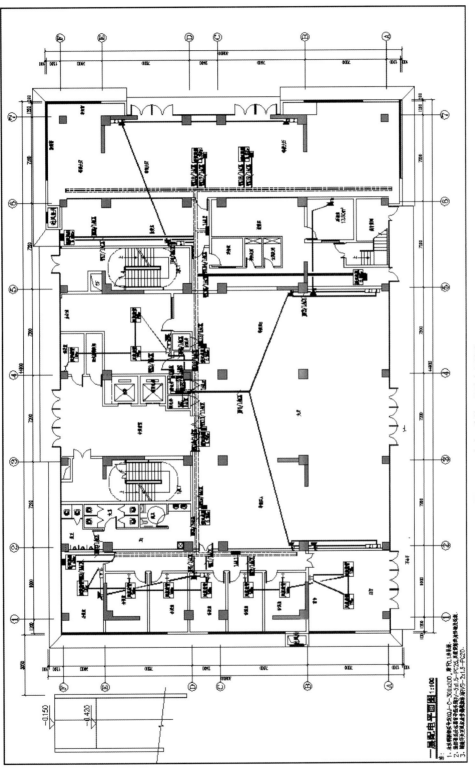

图7.42　电气系统平面布置图

　　通过 BIM 技术的应用,高级办公楼的电气系统工程管理可以实现电气系统的精确设计、高效施工和可持续运维,提高电气系统的可靠性、安全性,为办公楼提供稳定、可靠的电力供应,提升办公环境的舒适性和便利性。

第8章 PMS 在建筑项目全过程中的应用

PMS 是一个集成的、多功能的管理工具,被广泛应用于建筑工程的各个阶段。本章将深入探讨 PMS 在建筑项目全过程中的应用,并通过具体案例进行解释。

8.1 大型桥梁建设项目 PMS 应用案例

某城市规划了一条高速公路,其中包括多座桥梁,涉及复杂的结构设计和施工过程,如图 8.1 所示。为了提高项目管理效率、优化设计方案、确保施工质量和安全、降低项目成本,PMS 被引入并应用于本项目的结构设计和施工阶段。

(1)项目计划管理。PMS 在桥梁结构设计阶段用于制订详细的项目计划,包括工期安排、工作任务分配和里程碑设定等。团队成员可以根据计划追踪进度、协调工作,确保按时完成设计任务。

图 8.1 高速公路中桥梁结构模型示意图

（2）项目规划与设计。PMS可以帮助项目团队进行大型桥梁工程的项目规划和设计。通过PMS，项目团队可以制订详细的项目计划，包括工程目标、范围、时间表和预算等，为后续的设计和施工提供指导，如图8.2所示。

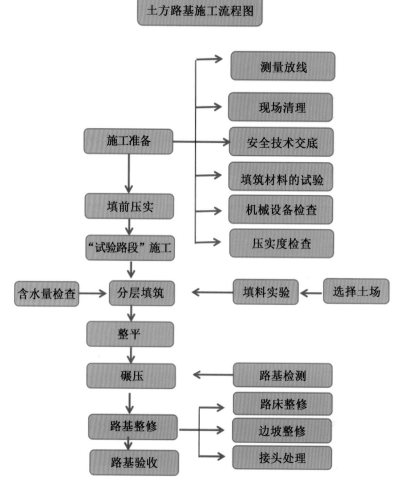

图8.2　项目任务计划管理表

（3）协同设计与建模。PMS可以集成各专业设计团队，实现协同设计和建模。通过PMS，各专业团队可以共享设计数据和信息，进行实时沟通和协作，避免设计冲突，提高设计效率和质量。

（4）施工进度管理。PMS可以对大型桥梁工程的施工进度进行全面管理。通过制订详细的施工计划，设置关键节点和里程碑，PMS可以实时监控施工进度，确保工程按计划进行，如图8.3所示。

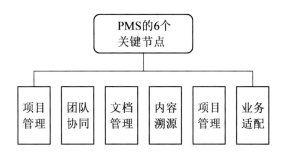

图 8.3　PMS 施工管理中 6 个关键节点

（5）资源与材料管理。PMS 可以对大型桥梁工程建设中的各种资源进行全面管理，包括材料、设备和人力等。通过 PMS 可以实时监控资源的状态和使用情况，提高资源利用效率，避免浪费。

（6）质量管理。PMS 可以对大型桥梁工程的质量进行全面管理。通过制定质量标准和验收程序，PMS 可以对工程质量进行监控和验收，确保工程质量达标。

（7）安全管理。PMS 可以对大型桥梁工程的安全进行全面管理。通过制定安全规章制度和应急预案，PMS 可以对施工现场进行安全检查和监控，及时发现并消除安全隐患。

（8）成本管理。PMS 可以对大型桥梁工程的成本进行全面管理。通过制定预算和成本控制方案，PMS 可以对项目成本进行实时监控和调整，确保成本控制在合理范围内。

（9）文档与资料管理。PMS 可以对大型桥梁工程的文档进行全面管理。通过电子化存储和管理设计图纸、施工记录、验收报告等文档，方便项目团队查阅和使用，提高工作效率，如图 8.4 所示。

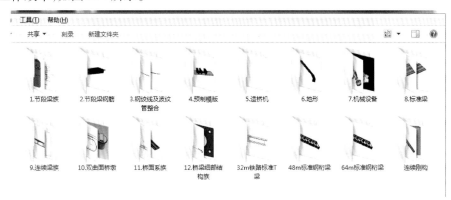

图 8.4　大型桥梁工程文档库

（10）沟通与协作。PMS 为项目团队提供了一个统一的沟通与协作平台。项目成员可以通过 PMS 平台进行实时交流、讨论和决策，提高沟通效率，减少信息传递错误和误解。

(11)决策支持。PMS可以对大型桥梁工程的数据进行智能化分析,为项目决策提供支持。通过数据分析,项目管理人员可以更好地了解项目状况,做出科学、合理的决策。

(12)信息共享与沟通。PMS提供了信息共享和沟通的平台,团队成员可以在该平台上交流和共享项目相关信息,包括设计进展、问题解决和决策意见等,以加强团队协作,减少信息断层和误解,提高工作效率。

(13)风险管理。PMS可以用于识别、评估和管理项目中的风险。在桥梁结构设计阶段,PMS可以帮助团队识别潜在的风险因素,制定相应的风险应对策略,并跟踪风险的变化和控制措施的执行情况,以确保项目的顺利进行。

通过PMS的应用,团队能够更好地管理项目进度、资源和文档,提高工作效率和项目质量,确保桥梁结构设计的顺利完成。

8.2 豪华酒店室内设计与管理项目中的PMS应用案例

如图8.5所示,某豪华酒店计划进行室内设计,旨在打造独特而豪华的客房和公共区域,以提供卓越的入住体验。为了确保设计过程的高效性和协调性,PMS被引入并应用于该项目的室内设计阶段。

图8.5 豪华酒店室内效果图模型

1. PMS在设计阶段的应用(图8.6)

(1)项目计划管理。PMS用于制订室内设计的详细项目计划,包括设计阶段的时间表、工作任务和里程碑等。通过PMS,项目团队能够跟踪进度、分配资源,并确保设计工作按时完成。

(2)资源管理。PMS帮助团队有效管理室内设计所需的各类资源,包括设计师、工程师、材料和设备等。通过PMS,团队可以实时查看资源的可用性、分配资源并跟踪资源使用情况,确保资源的合理利用和项目的顺利进行。

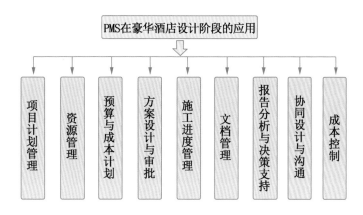

图 8.6　PMS 在豪华酒店室内设计阶段的应用

（3）预算与成本计划。项目团队可以利用 PMS 制订室内设计的预算和成本计划。根据设计方案和施工计划,分析材料成本、人工成本和其他相关成本,制定合理的成本预算,如图 8.7 所示。同时,将成本计划与实际执行情况进行对比分析,及时发现并纠正偏差。

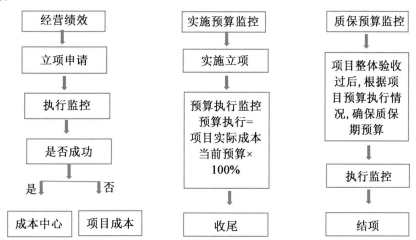

图 8.7　PMS 在豪华酒店室内设计中的预算管理

（4）方案设计与审批。项目团队可以在 PMS 中进行室内设计方案的设计与编辑,并提交给相关人员进行审批。系统支持多种设计方案的比选和优化,提高设计效率。

（5）施工进度管理。PMS 可以管理室内设计的施工进度,包括施工计划、实际进度和施工质量的监控等。项目团队可以通过系统实时了解施工情况,确保工程按时完成。

（6）文档管理。PMS 提供文档管理功能,用于存储和管理室内设计阶段所涉及的各类文档,如设计规范、平面图、3D 模型和材料列表等。团队成员可以在 PMS 中共享和更新文档,确保团队之间的沟通和协作无障碍。

（7）报表分析与决策支持。PMS可以生成各种室内设计相关的报表，包括设计方案报表、材料使用报表、施工进度报表等。用户可以通过数据分析，了解室内设计的实际情况，为决策提供支持。

（8）协同设计与沟通。PMS为团队成员提供了协同设计和沟通的平台，通过该平台可以实时共享设计方案，交流想法，并进行反馈和讨论。这有助于团队协作，促进设计的一致性和创意的发挥。

（9）成本控制。PMS帮助团队控制室内设计的成本，包括材料和装饰品的采购成本、设计服务费用等。通过PMS，可以跟踪成本支出、控制预算，并进行实时的成本分析和预测，以确保设计在可控范围内完成。

2. PMS在酒店管理中的应用

（1）客房预订管理。PMS可以集中管理酒店的房型、价格、房间数量和客房状态等信息。客人可以通过各种渠道进行预订，包括酒店网站、在线预订平台、第三方代理等，PMS可以自动接受预订，并将预订情况实时反馈给后厨、房务等相关部门。

（2）客户关系管理。PMS可以全面及时地管理客户信息，包括客户档案、消费记录和投诉建议等。通过系统的分析和挖掘，可以提升客户满意度，提高客户回头率和忠诚度。

（3）前台接待管理。PMS可以帮助前台接待完成入住、退房和预订等多项工作，实现无纸化、高效率的前台接待。同时系统可以实现客人的刷卡入住、自助入住等多项便捷功能，增强客人的入住体验。

（4）财务管理。PMS可以实现酒店流水、账单等多方面的财务管理，帮助酒店财务部门准确记录和对账，提高收益管理水平。

（5）统计报表分析。PMS可以生成各种报表，包括客房出租情况、房间入住率、财务情况等，通过报表分析为酒店决策提供实时有效的数据。

（6）对接其他系统。PMS可以与其他酒店管理系统进行对接，包括餐饮系统、销售系统和营销系统等，实现多种业务数据的一体化管理。

（7）移动应用。PMS支持移动功能，提供基于云的酒店服务。这使得前台员工可以在任何有互联网连接的地方办理宾客入住、分配客房等操作，提高了服务的灵活性和效率。

（8）报表中心。PMS提供报表中心功能，方便酒店管理人员查看各种报表数据，如入住率、平均房价和预订情况等。这些数据可以帮助酒店管理人员更好地了解酒店运营状况，为决策提供支持。

8.3　城市公园景观设计的 PMS 应用案例

某城市计划建设一座大型公园,如图 8.8 所示,为市民提供休闲娱乐和绿色空间。为了保证公园景观设计的高效性和质量,PMS 被应用于本项目的设计阶段。

图 8.8　城市公园景观设计模型

(1)项目计划管理。PMS 可以用于制订公园景观设计的详细项目计划,包括设计阶段的时间表、工作任务和里程碑等。通过 PMS,项目团队能够跟踪进度、分配资源,并确保设计工作按时完成。

(2)资源管理。PMS 帮助团队有效管理公园景观设计所需的各类资源,包括设计师、园林工程师、植物材料和装饰品等。通过 PMS,团队可以实时查看资源的可用性、分配资源并跟踪资源使用情况,确保资源的合理利用和项目的顺利进行。

(3)文档管理。PMS 提供文档管理功能,用于存储和管理公园景观设计阶段所涉及的各类文档,如设计规范、平面图、3D 模型和材料列表等。团队成员可以在 PMS 中共享和更新文档,确保团队之间的沟通,做到协作无障碍。

(4)协同设计与沟通。PMS 为团队成员提供了协同设计和沟通的平台,通过该平台可以实时共享设计方案、交流想法,并进行反馈和讨论。这有助于团队协作,促进设计的一致性和创意的发挥。

(5)成本控制。PMS 帮助团队控制公园景观设计的成本,包括植物材料的采购成本、园林工程费用等。通过 PMS,可以跟踪成本支出、控制预算,并进行实时的成本分析和预测,以确保设计在可控范围内完成。

以上是一个城市公园景观设计的 PMS 应用案例。通过 PMS 的应用,团队能够更好地管理项目进度、资源、文档和成本,并促进团队协作和沟通,确保城市公园景观设计高质量且顺利地完成。

8.4 高层住宅建筑项目设计与施工中的 PMS 应用案例

本项目为一栋高层住宅,如图 8.9 所示。PMS 在本项目的应用如下。

图 8.9 高层住宅建筑模型

(1)计划阶段。在本阶段,项目经理可以使用 PMS 来编制和调整项目计划,包括制定施工进度、分配资源、设定里程碑以及预算控制。此外,风险管理也在本阶段开始,管理人员可以通过 PMS 识别、评估并制定应对风险的策略。PMS 还可以为设计团队、施工单位和供应商等各参与方提供一个协同工作的平台。通过这个平台,各方可以实时共享设计图纸、施工计划和材料清单等信息,提高工作效率,减少信息传递的错误。

(2)成本管理。PMS 可以提供全面的成本管理功能,包括成本计划制定、成本核算和成本控制等,高层住宅结构施工中的成本预算见表 8.1 所列。在设计阶段,利用 PMS 可以对项目成本进行预测和计划,为后续的施工和运营提供依据。在施工过程中,PMS 可以实时记录和跟踪各项成本支出,确保实际成本控制在预算范围内。

表 8.1 高层住宅结构施工中的成本预算

项目编号	项目名称	预算单元	料工费编号	监控成本/万元	实际成本/万元
C-P2013-00006	项目 1:总体组			120	90
		C-P2013-00006-01		130	90
			C-P2013-00006-01-1	40	20
			C-P2013-00006-01-2	60	30
			C-P2013-00006-01-3	50	40

续表 8.1

项目编号	项目名称	预算单元	料工费编号	监控成本/万元	实际成本/万元
C-P2013-00007	项目2:经营管理信息系统一期			170	170
		C-P2013-00007-01		120	120
			C-P2013-00007-01-1	50	50
			C-P2013-00007-01-2	50	56
			C-P2013-00007-01-3	20	20
		C-P2013-00007-02		50	50
			C-P2013-00007-02-1	20	40
			C-P2013-00007-02-2	20	20
			C-P2013-00007-02-3	20	20

（3）执行阶段。执行阶段是项目进行中的阶段,本阶段 PMS 的应用主要在于对项目进行实时监控和跟踪,包括施工进度跟踪、资源使用状况监控、成本和预算对比,以及质量控制等。此外,PMS 还可以用于协调各个团队和供应商的工作,以确保项目的顺利进行。

（4）进度管理。PMS 可以对高层住宅建筑项目的进度进行全面管理。通过与施工计划和时间表的集成,PMS 可以实时监控项目的进度,及时发现并解决延误问题。这有助于确保项目按时完成,减少不必要的工期延误和成本增加。

（5）质量管理。PMS 可以提供质量管理功能,确保高层住宅建筑项目的质量符合要求。通过与施工过程和质量标准的对接,PMS 可以对施工过程进行实时监控,及时发现并纠正质量问题。这有助于减少返工和维修成本,提高项目的整体质量水平。

（6）物资管理。高层住宅建筑项目设计和施工中需要大量的物资和设备。PMS 可以对这些物资进行全面管理,包括采购、库存和维护等。通过优化物资采购和库存管理,可以降低物资成本,提高物资使用效率。

（7）人员管理。PMS 可以对高层住宅建筑项目的设计和施工人员进行全面管理。通过系统可以对人员的工作安排、工作状态等进行实时跟踪和管理,提高人员的工作效率和管理水平。

（8）沟通协作。PMS 可以提供协同工作的平台,方便设计、施工和监理等各方之间的沟通协作。通过 PMS,各方可以实时共享信息、讨论问题、协调工作,提高工作效率和协作效果。

（9）控制阶段。在本阶段,PMS 用于对项目进行评估和调整。通过比较实际施工进度与计划,项目经理可以对项目计划进行相应的调整。此外,PMS还可以对成本进行控制,以确保项目不超预算。如果工程出现任何质量问题,项目经理还可以通过PMS来追踪问题的来源,以便及时进行纠正。

(10)收尾阶段。在收尾阶段,PMS用于整理和分析项目数据,以便总结经验教训,并提供对未来项目的指导。此外,PMS还可以用于记录项目的最终成果,以便进行后期的质量评估和维护。

总的来说,PMS在高层住宅建筑项目设计和施工中的应用非常广泛,可以帮助企业实现全面、高效的项目管理。通过成本管理、进度管理、质量管理、物资管理、人员管理和沟通协作等方面的应用,PMS可以提高项目的整体效益和管理水平。

8.5 现代化物业管理中的PMS应用案例

PMS在现代化物业管理中的应用案例涵盖以下几个方面。

(1)物业维护和设施管理。物业管理人员可以使用PMS管理和跟踪所有与物业相关的维护工作,包括设备检查、清洁和维护、设施升级等。例如,可以使用PMS来安排定期检查,跟踪设备的维修和替换,以及记录所有相关的维护活动。

(2)租赁管理。PMS可以用于管理租赁活动,包括租金收取、租赁合同的更新和租赁续约。例如,物业管理人员可以使用PMS来跟踪租金支付情况,提示即将到期的租赁合同,以及处理租赁问题。

(3)财务管理。PMS可以用于跟踪和管理所有的财务活动,包括收入、支出、预算和财务报告,如图8.10所示。例如,物业管理人员可以使用PMS生成月度或季度财务报告,以帮助管理层了解物业的财务状况。

(4)客户服务和关系管理。PMS也可以用于处理租户的投诉和请求,提供客户服务,以及建立和维护与租户的良好关系。例如,可以使用PMS记录和跟踪租户的请求,安排维修工作,并提供租户满意度调查。

具体案例

在一个大型现代化住宅小区的物业管理中,物业管理公司使用了PMS来提高其服务质量和效率。

(1)设施设备管理。应用PMS安排和跟踪所有的维护和设施管理工作,管理小区的设施设备、安保、清洁和绿化等方面的工作管理。以确保所有的设备和设施都能正常运行。

(2)安保管理。使用PMS协助物业管理部门进行安保管理,包括监控、门禁和巡逻等。通过设置报警系统,及时发现异常情况,采取相应的处理措施,确保物业的安全。

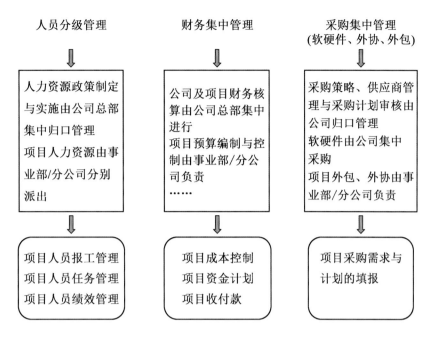

图 8.10 利用 PMS 进行预算规划

（3）清洁绿化管理。PMS 可以安排合理的清洁和绿化工作计划,确保物业环境的整洁和优美。通过自动化的工作安排和提醒,提高清洁绿化工作的效率和质量。

（4）费用收缴管理。PMS 可以协助物业管理部门进行费用收缴管理工作,包括租金、水电费等。通过自动化的费用计算和收缴提醒,提高工作效率和租户满意度。

（5）租户与车位管理。PMS 可以对物业的租户和车位进行全面管理,包括租户信息、车位租赁等。通过合理分配车位资源,提高车位的使用效率,为租户提供更好的服务。

（6）客户服务与关系管理。使用 PMS 管理所有的租赁活动,包括租金收取、租赁合同更新和租赁续约,大大提高了物业团队的工作效率。此外,还可以使用 PMS 来处理租户的投诉和请求,提供优质的客户服务,以及维护良好的租户关系。通过 PMS,可以提高物业管理的效率和服务质量,得到租户的高度认可。

（7）数据分析与决策支持。通过 PMS 强大的数据分析功能,可以对物业管理的各项数据进行深度挖掘和分析,为管理者的决策提供有力支持。通过数据对比分析,发现潜在的管理问题,及时采取相应的改进措施。

8.6　高级办公楼电气工程管理中的 PMS 应用案例

PMS 在高级办公楼电气工程管理中应用涵盖以下几个阶段。

（1）设计和规划阶段。在本阶段,PMS 用于管理电气系统的设计和规划工作,包括设备选择、布线设计和照明计划等。通过 PMS,工程经理可以跟踪设计的进度,协调设计团队的工作,并及时处理设计问题。

(2)施工阶段。在施工阶段,PMS用于管理和监控施工的进度和质量。例如,工程经理可以使用PMS来安排施工任务,跟踪任务的完成情况,以及处理施工中的问题和变更。此外,PMS还可以用于管理工程的安全性,包括电气安全和工作安全。

(3)检测和验收阶段。在本阶段,PMS用于管理电气系统的测试和验收工作。例如,工程经理可以使用PMS来安排电气系统的测试,记录测试结果,以及处理测试中的问题。通过PMS,工程经理可以确保电气系统符合设计规范和安全标准。

(4)维护和运维阶段。在运维阶段,PMS用于管理电气系统的维护和运维工作。例如,可以使用PMS安排定期的电气设备检查,记录维护活动,以及处理设备故障。

具体案例

某高级办公楼采用PMS进行电气工程管理。通过与办公楼其他管理系统的集成,PMS可以全面管理办公楼的电气设备,提高管理效率,其具体应用如下。

(1)供电系统的监控与管理。PMS可以对整栋楼的供电系统进行实时监控,确保电力供应的稳定性和持续性。通过系统中的数据记录和分析功能,管理者可以及时发现供电异常情况,采取相应的措施进行处理,避免因电力问题对办公楼的正常运营造成影响。

(2)配电系统的监控与管理。PMS可以对办公楼的配电系统进行全面的管理,包括配电设备的运行状态、电量计量等。通过实时监控和数据分析,管理者可以发现配电设备故障或电量异常情况,及时采取相应的维修和调整措施,保证办公楼的正常供电。

(3)照明系统的智能控制。PMS可以通过智能控制技术对办公楼的照明系统进行管理。通过预设的场景模式和传感器,系统可以根据实际需求自动调节照明亮度、开启或关闭照明设备,实现节能减排的目的。同时,PMS还可以对灯具的维护进行跟踪记录,确保照明设备的正常运行,延长灯具寿命。

(4)能源管理。PMS可以对办公楼的能源使用情况进行全面的管理,包括电力、水、燃气等。通过实时监测和数据分析,管理者可以了解能源的消耗情况,发现能源浪费的问题,采取相应的节能措施,降低能源成本。

(5)设备维修与保养。PMS可以协助管理者对办公楼的电气设备进行全面的维修和保养计划。通过自动化的工作安排和提醒,提高维修保养工作的效率和质量。同时,PMS可以对设备的维修记录进行跟踪管理,方便管理者了解设备的维修历史和状态。

总之,在某高级办公楼的电气工程管理中,PMS的成功应用提高了电气工程管理的效率和质量。通过实时监控、智能控制、能源管理和设备维修与保养等方面的管理,该办公楼实现了电气设备的全面管理,为办公楼的正常运营提供了有力保障。同时,PMS的应用还为该办公楼降低了能源成本和管理成本,提高了运营效益。

第9章 阶段一:CAD-BIM-PMS 的切换

本章主要探讨从 CAD 到 BIM 再到 PMS 的切换过程,并通过各种具体案例进行阐述。

9.1 设计阶段的切换

9.1.1 结构设计:工业厂房结构设计从 CAD 到 BIM 和 PMS 的切换案例

工业厂房的结构设计涉及大量的技术细节和管理工作,可以从 CAD 到 BIM 和 PMS 进行切换。工业厂房模型如图 9.1 所示,工业厂房结构模型如图 9.2 所示。

1. CAD 的应用

在设计初期,建筑工程师使用 CAD 进行工业厂房的结构设计,包括设计初期方案草图设计、二维施工图的绘制,之后创建三维建模,进行更深入的设计。最后通过测量、计算和模拟等方式,对厂房结构的尺寸、形状和性能进行精确的预测和分析,减少了传统设计中的误差和缺陷。CAD 的设计工具对于结构设计非常重要,可以帮助工程师创建准确的构件细部,但它在协作和管理方面存在一些限制,如图 9.3 所示。

2. BIM 和 PMS 的应用

通过使用 BIM 软件,工程师可以创建三维建模,使设计人员能够从多个角度直观地查看和评估设计方案。

(1)协同设计和优化。BIM 软件可以实现不同专业背景的设计师之间的协同工作。通过共享三维模型,各部门可以共同参与设计过程,提高设计的协调性和整体性。

(2)材料和成本估算。基于 BIM,可以快速估算厂房结构的材料用量和成本。通过参数化设计,可以方便地调整模型中的材料和组件,从而实时获取相应的成本信息,为项目的预算和控制提供支持。

(3)施工阶段的管理和模拟。利用 BIM,可以在施工前进行建造过程的模拟和管理。这有助于合理规划施工进度、优化施工方案、减少现场协调的问题,提高施工效率。

图 9.1　工业厂房模型

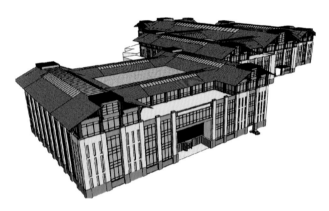

图 9.2　工业厂房结构模型

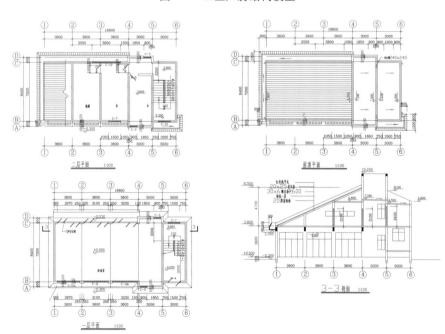

图 9.3　CAD 软件绘制工业厂房施工图

(4)结构分析和安全性评估。通过将 BIM 与结构分析软件集成,可以对工业厂房的结构安全性进行评估。通过模拟各种载荷和工况,可以预测结构的性能表现,确保其满足相关规范和安全要求。

同时,BIM 的优化工具可以自动检查设计方案中的冲突和潜在问题,提出改进建议,从而提高设计效率;还可以添加更多信息,如构件的物理属性、材料类型和供应商信息等。这使得结构设计更加直观,并可以进行碰撞检测、材料计算和成本预估等工作。

例如,工程师在设计一个新的工业厂房时,可以在 BIM 软件中创建一个详细的3D 模型,其中包含每一个构件的详细信息。当更改设计时,BIM 软件会自动更新所有相关的构件和文档,这大大减少了错误和冗余工作。

同时,PMS 可以与 BIM 无缝集成,使得项目管理更加有效。PMS 可以跟踪设计进度、管理任务、协调团队协作、处理预算和成本等,其实现过程蓝图如图 9.4 所示。例如,当设计变更时,PMS 可以自动调整工作日程,并更新成本预估。

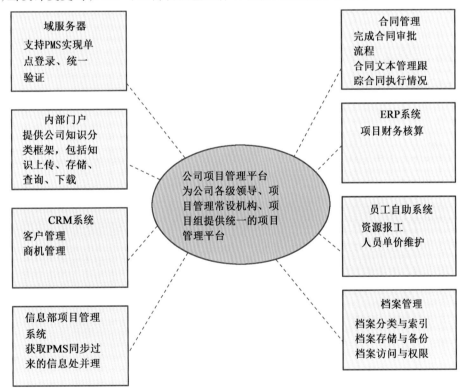

图 9.4　PMS 实现过程蓝图

通过 BIM 和 PMS,工程师可以更好地进行协作,更有效地进行项目管理,从而提高工业厂房的设计质量和效率。

总的来说,从 CAD 切换到 BIM 和 PMS 可以带来以下好处:

①提高设计效率。通过使用 BIM,可以在更短的时间内创建更详细和准确的设计。

②提高协作效率。BIM 和 PMS 可以帮助团队更好地协作,避免信息孤岛,减少错误和冗余。

③更好的项目管理。PMS 可以提供全面的项目概览,帮助管理任务、成本和时间表。

④更好的质量控制。通过 BIM,可以进行碰撞检测,减少现场问题。

⑤更高的客户满意度。通过 BIM,可以向客户展示更直观的设计,提高他们的满意度。

9.1.2 工程项目设计:学校教学楼设计与项目管理从 CAD 到 BIM 和 PMS 的切换案例

学校教学楼设计是一项需要考虑多方面因素的任务,包括教育需求、安全性、灵活性和可持续性。使用 CAD 进行设计可以提供必要的精度和灵活性,但在复杂的协作环境中可能会出现一些挑战。从 CAD 切换到 BIM 和 PMS 可以解决这些问题,提高效率并确保设计质量。以下是学校教学楼设计与项目管理从 CAD 到 BIM 和 PMS 的切换案例。

1. CAD 的应用

(1)设计阶段的应用。绘制施工图与建模。CAD 可以帮助设计人员快速创建二维施工图与三维的建筑模型。施工图绘制主要包括教学楼的平面图(图 9.5)、立面图和剖面图等。此外,还可以用于绘制建筑物的三维建模。这些模型可以详细展示建筑物的外观、结构和细节,使设计人员能够更好地评估和优化设计方案。

(2)协同设计与评审。通过 CAD,不同专业背景的设计师可以共同参与教学楼的设计工作,实现协同设计。同时,利用 CAD 的评审工具,各方利益相关者可以方便地对设计方案进行评估和提出反馈。

(3)材料与设备选择。基于 CAD 的材料库与图案填充等绘图工具,可以快速进行材料和设备的选择与替换,方便进行成本估算和施工计划制订。

(4)结构安全性评估。利用 CAD 模型,可以进行结构安全性的模拟和分析,确保教学楼在各种工况下的安全性。

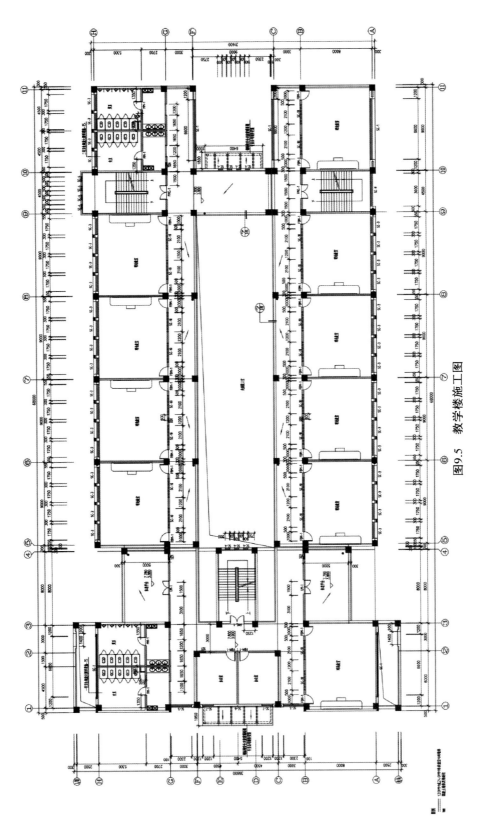

图9.5　教学楼施工图

2. BIM 的应用

（1）三维建模与可视化。BIM 软件可以创建教学楼的三维模型，使设计更加直观。这种可视化设计有助于设计师更好地理解设计方案，发现和解决潜在的问题。

（2）协同设计与优化。通过 BIM 技术，不同专业的设计师可以在同一模型上进行工作，实现协同设计。同时，BIM 软件的优化工具可以自动检查设计方案中的冲突和潜在问题，提出改进建议。

（3）材料与成本估算。基于 BIM 技术，可以快速估算教学楼的材料用量和成本。通过参数化设计，可以方便地调整模型中的材料和组件，从而实时获取相应的成本信息。

（4）信息管理与共享。BIM 技术包含了建筑的所有信息，方便各方利益相关者访问和使用。通过 BIM 技术，可以实现信息的实时更新和共享，提高管理效率。

（5）结构安全性评估：利用 BIM 技术，可以进行结构安全性的模拟和分析，确保教学楼在各种工况下的安全性。

（6）灾害模拟与应对策略：通过 BIM 技术，可以模拟地震、火灾等灾害发生时的情景，评估教学楼的疏散能力和结构稳定性。基于模拟结果，可以制定相应的应对策略和安全措施。

例如，在设计一座新的学校教学楼时，设计团队可以在 BIM 软件中创建详细的 3D 模型，其中包含每个元素的详细属性信息，如图 9.6 所示。这样，在设计过程中进行变更时，所有相关信息都会自动更新，降低了错误和冲突的可能性。

图 9.6　教学楼三维模型

3. PMS 的应用

（1）持续培训与技术支持。在切换过程中，为团队提供 BIM 和 PMS 的培训和技术支持，确保团队能够熟练掌握新技术的应用。

(2)审查与优化。对完成的模型进行审查和优化,确保其符合规范要求和实际需求。基于 BIM 软件,进行施工图设计和工程量统计等工作。

9.1.3　工程预算:地铁线路工程项目预算从 CAD 到 BIM 和 PMS 的切换案例

地铁线路工程的设计阶段是整个项目的基础,涉及线路规划、车站设计、地下区间设计和轨道设计等多个专业领域的协同工作。在此阶段,预算编制是非常关键的一环,它决定了项目的投资规模、资金分配和经济效益。在传统的设计中,项目预算是由工程师根据设计图纸,通过手动计算或者使用预算来完成的。随着 CAD、BIM 和 PMS 技术的引入,这一过程得到了极大的简化和优化。以下是工程项目从 CAD 到 BIM 和 PMS 应用的具体过程。

1. CAD 的应用

(1)工程量计算。CAD 软件可以方便地根据设计图纸计算出地铁线路工程的各种工程量,如土方开挖量、混凝土浇筑量和钢筋用量等,为预算编制提供基础数据。

(2)材料统计。通过 CAD 软件对设计图纸进行解析,可以快速统计出地铁线路工程所需的各种材料,如各种规格的钢筋、水泥和砂石等,有助于材料采购和库存管理。

(3)成本估算。基于 CAD 软件计算出的工程量和材料统计,可以快速估算出地铁线路工程的成本,为项目投资决策提供依据。

(4)施工图绘制。CAD 软件可以绘制地铁线路工程的施工图纸,包括平面图、剖面图和大样图等,如图 9.7 所示,为施工队伍提供详细的施工指导。

2. BIM 的应用

(1)碰撞检查与优化。BIM 软件可以创建地铁中各类管线、结构的三维建模,并进行碰撞检查,帮助发现设计中的冲突和不合理的空间布局,提前优化设计方案,减少施工阶段的变更和返工,从而降低预算成本。

(2)提高预算精度。通过 BIM 软件直接生成该项目的工程量清单和材料清单,避免人为误差,提高预算的精度。同时,BIM 软件的参数化特性使得成本估算更为快速和准确。

(3)可视化设计与评审。BIM 软件的可视化功能有助于进行项目设计与评审,通过在三维环境中进行可视化模拟和分析,能够更好地评估设计方案的经济性、可行性和优化潜力。

3. PMS 的应用

PMS 能够集成项目的所有信息,包括设计、预算、施工和验收等。在 PMS 中,预算信息是与设计和施工信息紧密关联的,预算人员可以实时跟踪项目的成本变化,及时调整预算,更好地控制工程成本。

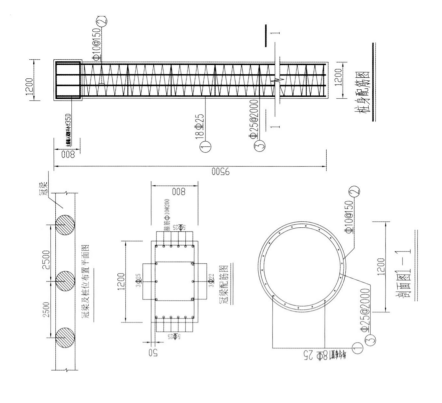

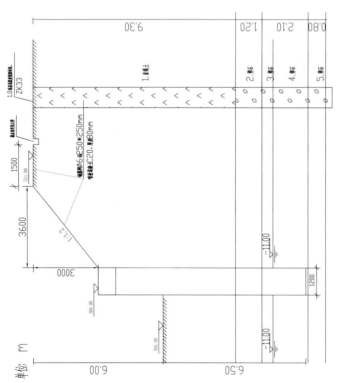

说明：
1. 本图尺寸除高程数据和钻孔土层数据单位为m外, 其他单位均为mm。
2. 悬臂式排桩桩径为1.2 m, 桩长为9.5 m, 嵌固段深度为6.5 m, 桩心距为2.5 m。
3. 桩芯混凝土强度为C30(水下), 桩顶连梁为C30, 桩身采用均匀配筋。
4. 排桩钢筋保护层厚度为50 mm。
5. 桩间采用挂网喷混凝土护壁。喷射混凝土强度等级为C20, 厚度为100 mm。

图9.7　地铁线路下穿隧道施工图

通过 BIM 和 PMS 的应用,可以提高地铁线路工程项目的预算工作效率,准确性也可以得到显著提升,可以有效地支持项目的决策和管理。这个案例体现了从 CAD 到 BIM 和 PMS 切换在预算工作中的优势,是未来工程预算工作发展的趋势。

9.1.4　风景园林设计:度假村景观设计从 CAD 到 BIM 和 PMS 的切换案例

在过去,景观设计主要通过 CAD 软件进行,虽然 CAD 软件提供了所需的二维设计工具,但其在提供空间感、材料感和色彩效果方面有所限制。

1. CAD 的应用

在 CAD 设计阶段,设计师通过 2D 图纸表达设计方案,也可以结合一些手绘增强效果,如图 9.8 所示。但这些都无法真实地展示出设计方案在现实中的效果,非专业人员可能很难理解设计图纸中的具体含义,CAD 绘制的总平面设计图,虽然可以客观地表示出总体布局,但对于景观设计效果、建筑外部造型和地面铺装等设计效果呈现还显不足。

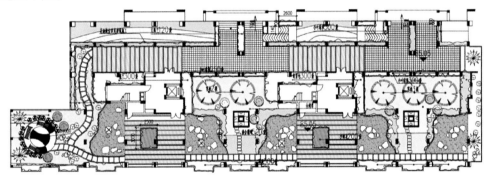

图 9.8　度假村总平面设计图

2. BIM 的应用

BIM 软件提供可视化的设计,可以创建 3D 的景观设计模型,这种模型包含了更丰富的信息,比如物种信息、季节变化和照明条件等,如图 9.9、9.10 所示。通过 BIM 软件的三维建模功能,设计师可以在虚拟环境中对度假村景观进行可视化设计和评估。这有助于更好地理解设计意图,提高设计的准确性和可实施性。同时,可视化设计还可以方便地与其他施工部门进行沟通交流,及时获取反馈和意见,优化设计方案。此外,BIM 软件还可以进行太阳照射分析、景观视线分析等高级分析,帮助设计师优化设计方案。

图 9.9　度假村景观模型

图 9.10　度假村效果图

3. PMS 的应用

PMS 可以帮助项目团队进行更有效的沟通和协作。对度假村景观设计所需的资源进行全面管理,包括人力资源、物资资源和设备资源等。通过 PMS,设计师可以方便地查看资源的可用性、状态和位置,合理调配资源,提高资源利用效率。设计师还可以通过 PMS 分享模型,与客户和施工团队进行实时的沟通和反馈,使设计方案能够更好地满足客户的需求,同时也能够更有效地进行施工。

通过使用 BIM 和 PMS,度假村的景观设计过程变得更加高效和精准。设计师可以更好地理解和考虑环境因素,同时也能更有效地与客户和施工团队进行沟通和协作。本案例展示了从 CAD 到 BIM 和 PMS 切换在景观设计中的潜力和价值。

9.1.5　建筑电气设计:体育馆电气系统设计从 CAD 到 BIM 和 PMS 的切换案例

在传统的设计中,设计师主要依靠 2D 图纸来表达电气系统的设计方案,这种方式存在着信息不全、难以协作和效率低下的问题。为了解决这些问题,设计师开始引入 CAD、BIM 和 PMS 等技术完成该项目,具体应用如下。

1. CAD 的应用

在设计阶段,设计师使用 2D 图纸绘制电气系统的布置、线路走向和设备安装等信息,如图 9.11 所示。然而,这种方式无法提供系统的三维空间布局和设备之间的关联性,导致设计效果的表达不够准确和全面。

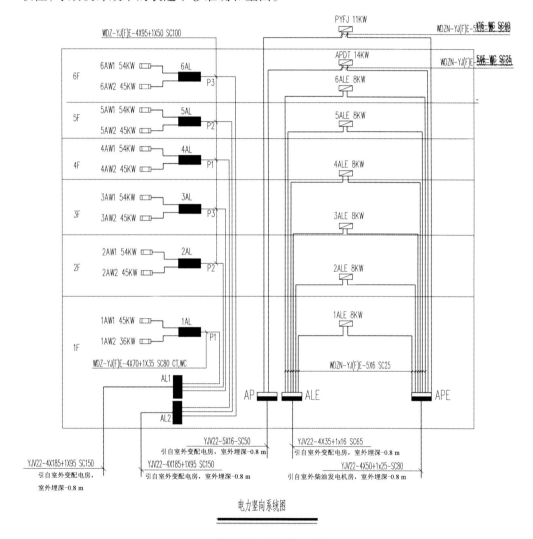

图 9.11　电气施工图

2. BIM 的应用

BIM 软件可以在三维空间中创建真实的建筑模型,并将电气系统与建筑模型进行集成,如图 9.12 所示。通过 BIM 软件,设计师可以创建电气系统的三维模型,准确展示设备的布置、线缆走向和安全间距等关键信息。此外,BIM 模型还可以提供电气系统的参数和规格标注功能,方便设计师进行系统的分析和优化。

3. PMS 的应用

PMS 可以整合项目的设计、施工和管理信息。在电气系统设计阶段,PMS 可以用于实时协作和沟通,使设计师能够与其他团队成员共享设计数据,及时获取反馈,调整设计方案。同时,PMS 还能够追踪和管理设计变更、材料清单和工程预算等重要信息。

通过使用 BIM 和 PMS,体育馆电气系统设计的效率和准确性得到了显著提高。设计师能够更全面、准确地表达电气系统的设计意图,提高系统的可理解性。同时,与其他团队成员的协作和沟通也更加高效,有助于项目的顺利进行。本案例展示了从 CAD 到 BIM 和 PMS 的切换在建筑电气设计中的优势,预示了未来电气系统设计的发展趋势。

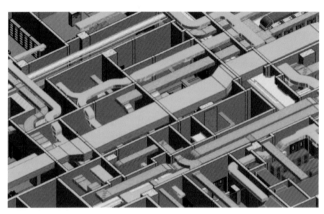

图 9.12　体育馆电气系统结构模型

9.2　施工阶段的切换

9.2.1　结构施工:地下停车场结构施工从 CAD 到 BIM 和 PMS 的切换案例

在传统的设计中,施工团队主要依靠 2D 图纸来理解和实施结构施工方案,但这种方式存在信息不全、协作难度大和施工效率低下等问题。面对这些挑战,项目管理层决定引入 CAD、BIM 和 PMS 技术解决这些问题,具体的实施步骤如下。

1. CAD 的应用

在设计阶段,结构工程师使用 CAD 软件绘制停车场的结构施工图,包括平面图、梁、柱、塔吊等结构的平面布置图,钢筋布置图等,如图 9.13 所示。然而,二维施工图纸虽然可以标注结构定位、尺寸、施工技术和材料等信息,但无法提供立体感受和实时的空间关联性,施工团队往往需要依赖工程师的解释和说明来理解设计意图,这增加了沟通成本和风险。

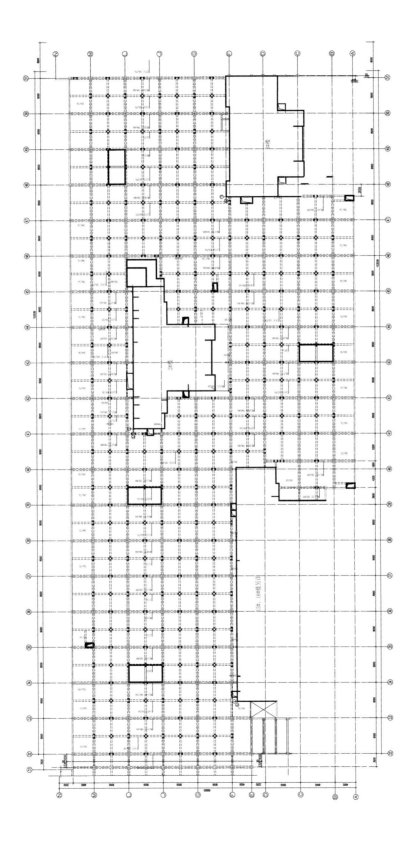

图9.13　停车场顶板梁施工图

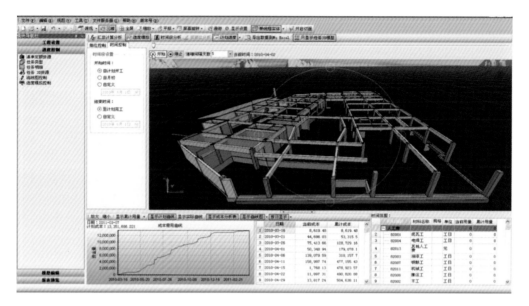

图 9.14　车库结构模型

2. BIM 的应用

BIM 软件可以创建具有空间关联性和信息丰富的三维模型,其提供了更全面的信息管理方式。BIM 模型不仅仅是一个可视化的表示,更是一个包含项目所有信息的数据库。通过 BIM 软件,设计师可以在同一个平台上进行三维建模、参数化设计、成本估算等操作。这大大提高了设计的效率和精度,同时减少了信息传递的错误和延迟。如图 9.14 所示,通过 BIM,结构工程师可以创建地下停车场的三维模型,包括结构元素、钢筋布置和预应力等关键信息。BIM 软件还能够提供结构元素的属性和规格,使施工团队能够更好地理解和实施设计方案。

3. PMS 的应用

PMS 可以集成 BIM 和其他相关数据,整合项目的设计、施工和管理信息,提供实时的协作和沟通平台,实现项目的全面管理。在地下停车场的结构施工阶段,PMS 可以用于协调施工团队、跟踪施工进度、管理施工图纸和变更等。地下停车场结构施工的预算数据可以与进度管理、质量管理等其他方面进行整合。施工团队可以通过 PMS 获取最新的设计信息,及时解决施工中的问题,提高工程质量和效率。

通过使用 BIM 和 PMS,地下停车场的结构施工得到了显著的改进。施工团队可以直接从 BIM 软件中获取准确的结构信息,避免了信息传递不准确和理解偏差的问题。同时,PMS 提供了实时的协作和沟通平台,使得施工团队能够更加高效地协调工作,减少误解和延误。本案例展示了从 CAD 到 BIM 和 PMS 的切换在结构施工中的优势,为未来建筑施工的数字化转型提供了宝贵的经验。

9.2.2　道路桥梁施工:乡村公路桥梁施工从 CAD 到 BIM 和 PMS 的切换案例

本项目原计划采用传统的 CAD 设计方法进行施工。然而,随着项目的推进,设计变更频繁,施工难度逐渐加大,导致工期延误和成本增加。为了解决这些问题,项目团队决定尝试从 CAD 到 BIM 和 PMS 的切换,如图 9.15 所示。

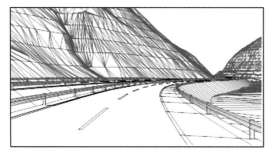

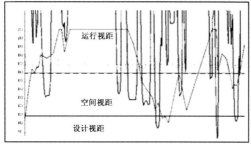

图 9.15　CAD-BIM-PMS 在公路施工中的应用

首先,项目团队对现有的图纸进行了数据转换,将其导入到 BIM 软件中。这一过程中,他们特别关注数据的一致性和完整性,确保信息准确无误地传递到 BIM 软件中。

其次,利用 BIM 软件的强大功能,项目团队进行了详细的三维建模和参数化设计。通过参数化设计,各种桥梁构件之间的关系得以明确,设计变得更加精确和高效。同时,BIM 软件还被用于进行施工模拟和冲突检测,提前发现并解决潜在的设计问题。

在此基础上,项目团队还集成了 PMS,将 BIM 与施工进度、成本等其他管理模块进行关联。通过 PMS,项目团队能够实时监控施工进度,合理调配资源,确保项目按计划进行。同时,PMS 系统还提供了成本估算和资源管理功能,帮助项目团队更好地控制施工成本。

1.CAD 的应用

(1)平面绘图。设计师使用 CAD 软件绘制桥梁的平面图,包括道路、河流、地形等基础信息。这些平面图为后续的设计和施工提供了基础数据。

(2)立面图、剖面图和结构详图绘制。通过 CAD 软件,设计师可以生成桥梁的立面图和剖面图以及结构详图,如图9.16所示,这些图纸可以展示桥梁的结构细节和高度变化,对于施工人员理解设计意图和施工要求至关重要。

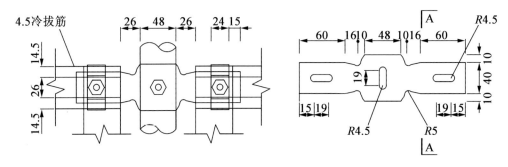

图9.16 桥梁护网结构图

(3)材料统计。利用 CAD 软件,设计师可以快速统计桥梁所需的材料数量和规格以精确估算施工成本,优化资源配置。

(4)施工模拟。在某些情况下,设计师可以使用 CAD 软件进行简单的施工模拟。这有助于评估施工方案的可行性和优化施工流程。

(5)工程量计算。通过 CAD 软件的辅助,设计师可以计算桥梁的各个部分的工程量,如混凝土用量、钢筋用量等,以精确控制施工成本。

2. BIM 的应用

BIM 软件可以创建具有空间关联性和信息丰富的三维模型,进行详细的结构分析和优化。通过 BIM,工程师可以创建乡村公路桥梁的三维模型,包括结构元素、钢筋布置和施工顺序等关键信息,如图9.17所示。利用 BIM 软件,可以进行施工过程的模拟,帮助施工团队评估施工方案的可行性,优化施工流程。通过模拟,可以预测施工中的难点和问题,并提前制定应对措施。利用 BIM 软件,可以快速统计桥梁施工所需的材料数量、规格和种类,帮助施工团队精确估算施工成本,优化资源配置。BIM 软件还为各专业团队提供了一个协同工作的平台。通过 BIM 软件,各团队可以共享设计信息,进行有效的沟通和协作,确保施工过程中的各项任务能够顺利进行。BIM 软件还能够提供桥梁构件的属性和规格,使得施工团队能够更好地理解和实施设计方案。

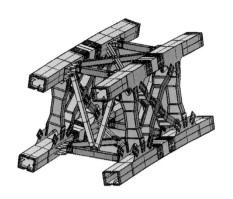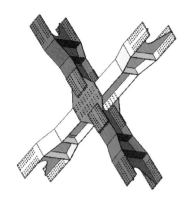

图 9.17　局部结构模型

3. PMS 的应用

PMS 可以整合项目的设计、施工和管理信息,提供实时的协作和沟通平台。在乡村公路桥梁的施工阶段,PMS 用于协调施工团队、跟踪施工进度、管理施工图纸和变更等。施工团队可以通过 PMS 获取最新的设计信息,及时解决施工中的问题,提高工程质量和效率。

通过使用 BIM 和 PMS,乡村公路桥梁的施工得到了显著的改进。施工团队可以直接从 BIM 中获取准确的桥梁信息,避免了信息传递不准确和理解偏差的问题。同时,PMS 提供了实时的协作和沟通平台,使施工团队能够更加高效地协调工作,减少误解和延误。本案例展示了从 CAD 到 BIM 和 PMS 的切换在乡村公路桥梁施工中的优势,为未来桥梁施工的数字化转型提供了宝贵的经验。

9.2.3　工程项目施工:公共图书馆施工与项目管理从 CAD 到 BIM 和 PMS 的切换案例

在传统的 CAD 设计和手动项目管理中,施工团队面临着信息不准确、协调困难和进度管理不精确等问题。针对这些问题,项目管理层决定引入 CAD、BIM 和 PMS 技术来解决,具体应用如下。

1. CAD 的应用

在设计阶段,建筑师使用 CAD 软件绘制图书馆的平面布局、立面设计和细节,如图 9.18 所示。然而,二维图纸无法提供真实的三维空间感和实时的关联性,施工团队需要依靠设计师的解释和说明来理解设计意图,这增加了沟通成本和风险。

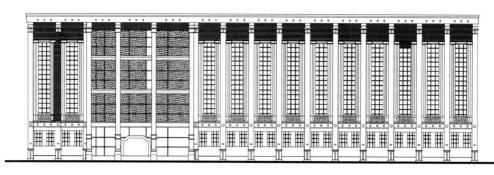

图9.18 图书馆立面图

2. BIM 的应用

BIM 软件可以创建具有空间关联性和信息丰富的三维模型。通过 BIM，建筑师可以创建公共图书馆的三维模型，包括建筑元素、设备布置、管线走向等关键信息，如图9.19所示。BIM 软件还能够提供建筑构件的属性和规格，使施工团队能够更好地理解和实施设计方案。

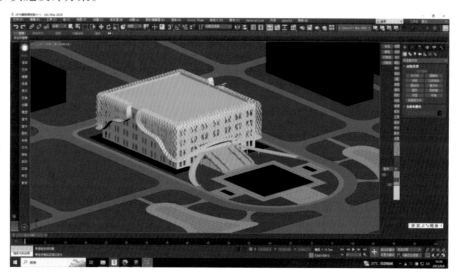

图9.19 图书馆三维模型

3. PMS 的应用

PMS 可以整合项目的设计、施工和管理信息，提供实时的协作和沟通平台。在公共图书馆的施工阶段，PMS 用于协调施工团队、跟踪施工进度、管理施工图纸和变更等。施工团队可以通过 PMS 获取最新的设计信息，及时解决施工中的问题，提高工程质量和效率。

通过使用 BIM 和 PMS，公共图书馆的施工与项目管理得到了显著的改进。施工团队可以直接从 BIM 中获取准确的建筑信息，避免了信息传递不准确和理解偏差的问题。同时，PMS 提供了实时的协作和沟通平台，使施工团队能够更加高效地协调工作，减少误解和延误。在项目管理方面，PMS 可以帮助团队跟踪工程进度、管理资源和预算，提高项目管理的精确性和可控性。

9.2.4　建筑工程监理：城市地铁站施工工程监理从 CAD 到 BIM 和 PMS 切换案例

传统的设计和手动监理方法在地铁站施工中存在一些局限性，如信息不准确、协调困难和监理效率低等。

1. CAD 的应用

在设计阶段，设计团队使用 CAD 软件绘制地铁站的平面布置图、施工图、剖面图和细节图，如图 9.20 所示。然而，二维施工图纸无法提供真实的三维空间感受和实时的关联性，监理团队需要依靠设计团队的解释和说明来理解设计意图，这增加了沟通成本和风险。

2. BIM 的应用

BIM 软件可以创建具有空间关联性和信息丰富的三维模型。如图 9.21 所示，通过 BIM，设计团队可以创建城市地铁站的三维模型，包括建筑元素、结构构件和管线布置等关键信息。模型还能够提供施工进度计划和施工图纸，使监理团队能够更好地了解和管理施工过程。

3. PMS 的应用

PMS 可以整合项目的设计、施工和监理信息，提供实时的协作和沟通平台。在城市地铁站的施工工程监理阶段，PMS 用于监控施工进度、协调施工团队、管理变更和质量控制等。监理团队可以通过 PMS 获取最新的设计和施工信息，及时发现和解决施工中的问题，确保工程质量和安全。

通过使用 BIM 和 PMS，城市地铁站的施工工程监理得到了显著的改进。监理团队可以直接从模型中获取准确的施工信息，避免了信息传递不准确和理解偏差的问题。同时，PMS 提供了实时的协作和沟通平台，使监理团队能够更加高效地协调工作，及时处理施工问题。本案例展示了从 CAD 到 BIM 和 PMS 的切换在城市地铁站施工工程监理中的优势，为未来工程监理的数字化转型提供了宝贵的经验。

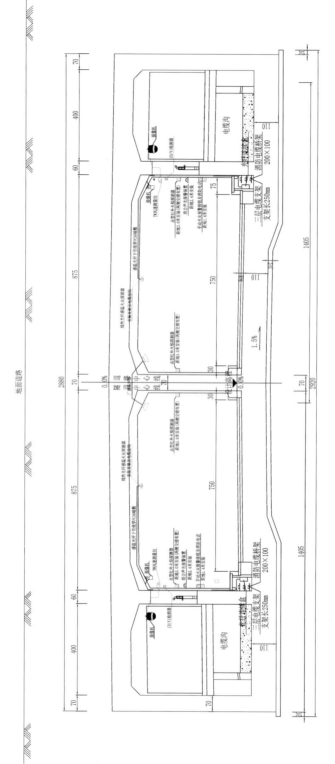

图9.20　地铁站隧道电气施工图

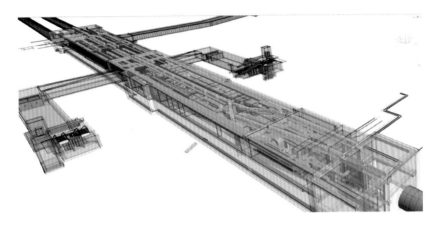

图 9.21　站台结构模型

9.2.5　工程预算：大型医院工程项目预算从 CAD 到 BIM 和 PMS 的切换案例

传统的设计和预算编制过程中存在信息不准确、计算烦琐和协作困难等问题。

1. CAD 的应用

在设计阶段，设计团队使用 CAD 软件绘制医院的平面布局、建筑结构和设备位置等图纸。然而，二维图纸无法提供真实的三维空间感受和实时的关联性，预算编制团队需要依靠设计团队提供的图纸和说明进行预算量取和计算，这增加了错误和漏项的风险。

2. BIM 的应用

BIM 软件可以创建具有空间关联性和信息丰富的三维模型。通过 BIM，设计团队可以创建医院的三维模型，包括建筑元素、设备和管道布置等关键信息，如图 9.22、9.23 所示。模型还提供构件的属性和规格，使预算编制团队能够更准确地量取和计算预算项。从而提高预算的准确性和可靠性。这有助于减少信息丢失和错误，提高项目管理的效率。

3. PMS 的应用

PMS 可以整合项目的设计、施工和预算信息，提供实时的协作和沟通平台。在大型医院工程项目预算阶段，PMS 可以用于预算编制、成本控制和变更管理。预算编制团队可以通过 PMS 与设计和施工团队进行实时的协作，获取最新的设计信息和工程变更，以便及时调整预算，控制成本。

通过使用 BIM 和 PMS，大型医院工程项目预算工作得到了显著的改进。预算编制团队可以直接从模型中获取准确的建筑和设备信息，避免了信息传递不准确和计算错误的问题。同时，PMS 提供了实时的协作和沟通平台，使预算编制团队能够更加高效地与设计和施工团队进行协作，及时掌握工程变更，调整预算。本案例展示了从

CAD 到 BIM 和 PMS 切换在大型医院工程项目预算中的优势,为未来工程预算的数字化转型提供了宝贵的经验。

图 9.22   大型医院建筑模型

图 9.23   大型医院室内结构模型

9.2.6   室内设计施工:博物馆展览室内施工从 CAD 到 BIM 和 PMS 的切换案例

传统的设计和施工管理方法在博物馆展览室内施工中存在一些局限性,如信息不准确、协调困难和施工效率低等问题。为了解决这一系列问题,设计方决定引入CAD、BIM 和 PMS 技术进行该项目的设计与施工,具体应用如下。

1. CAD 的应用

在设计阶段,设计团队使用平面图纸绘制博物馆展览室内的平面布置、空间设计和细节,如图 9.24 所示。然而,平面图纸无法提供真实的三维空间感受和实时的关联性,施工团队需要依靠设计团队的解释和说明来理解设计意图,这增加了沟通成本和风险。

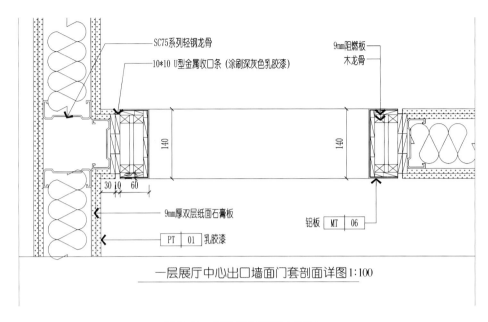

SC75系列轻钢龙骨

10*10 U型金属收口条 (涂刷深色乳胶漆)

9mm阳燃板

木龙骨

140

140

30 10 60

9mm厚双层纸面石膏板

铝板 | MT | 06 |

PT | 01 | 乳胶漆

一层展厅中心出口墙面门套剖面详图1:100

图 9.24　博物馆展览室立面图

2. BIM 的应用

BIM 软件可以创建具有空间关联性和信息丰富的三维模型。通过 BIM,设计团队可以创建博物馆展览室内的三维模型,包括展览元素、展台布置和灯光设计等关键信息,如图 9.25、9.26 所示。BIM 软件还能够提供材料和设备的属性和规格,使施工团队能够更好地了解和管理施工过程。

图 9.25　博物馆展览厅室内模型

图 9.26　BIM 软件绘制博物馆三维模型

3. PMS 的应用

PMS 可以整合项目的设计、施工和管理信息,提供实时的协作和沟通平台。在博物馆展览室内的施工阶段,PMS 可以用于管理施工进度计划、材料管理和质量控制等。施工团队可以通过 PMS 获取最新的设计和施工信息,及时发现和解决施工中的问题,确保工程质量和进度。

通过使用 BIM 和 PMS,博物馆展览室内的施工得到了显著的改进。施工团队可以直接从模型中获取准确的信息,避免了信息传递不准确和理解偏差的问题。同时,PMS 提供了实时的协作和沟通平台,使施工团队能够更加高效地协调工作,及时处理施工问题。本案例展示了 CAD 到 BIM 和 PMS 切换在博物馆展览室内施工中的优势,为未来室内设计施工的数字化转型提供了宝贵的经验。

9.2.7　建筑电气施工:火车站电气施工从 CAD 到 BIM 和 PMS 的切换案例

传统的设计和施工管理方法在火车站电气施工中存在一些局限性,如信息不准确、协调困难和施工效率低下等。为了解决这些问题,施工方决定应用 CAD、BIM 和 PMS 技术完成项目施,具体内容如下。

1. CAD 的应用

在设计阶段,电气设计团队使用 CAD 软件绘制火车站的电气线路、设备布置和控制系统,如图 9.27 所示。然而,二维施工图纸无法提供真实的三维空间感受和实时的关联性,施工团队需要依靠设计团队提供的图纸和说明来理解设计意图,这增加了沟通成本和风险。

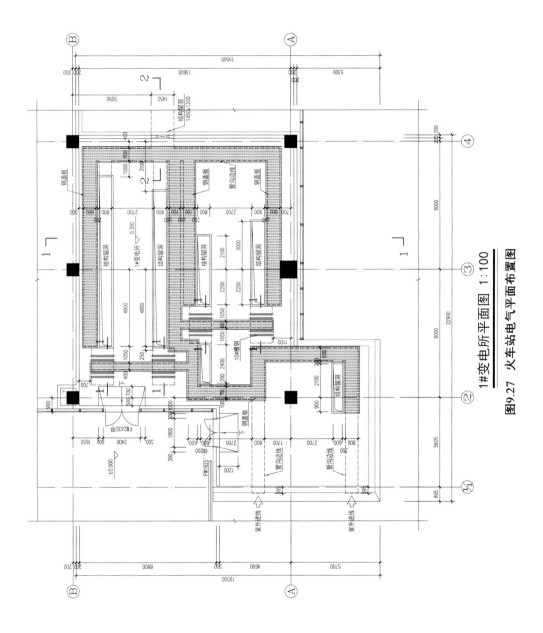

1#变电所平面图图 1:100

图9.27 火车站电气平面布置图

图 9.28　火车站效果图

2. BIM 的应用

BIM 软件可以创建具有空间关联性和信息丰富的三维模型。通过 BIM,电气设计团队可以创建火车站的三维模型,包括电气线路、设备配置和控制系统等关键信息,如图 9.28、9.29 所示。BIM 软件还能够提供设备的属性和规格,使施工团队能够更好地了解和管理施工过程。

图 9.29　火车站三维模型

3. PMS 的应用

PMS 可以整合项目的设计、施工和管理信息,提供实时的协作和沟通平台。在火车站电气的施工阶段,PMS 可以用于管理施工进度计划、材料管理和质量控制等。施工团队可以通过 PMS 获取最新的设计和施工信息,及时发现和解决施工中的问题,确保工程质量和进度。

通过使用 BIM 和 PMS,火车站电气的施工得到了显著的改进。施工团队可以直接从模型中获取准确的电气线路和设备配置信息,避免信息不准确和理解偏差的问题。同时,PMS 提供了实时的协作和沟通平台,使施工团队能够更加高效地协调工作,及时处理施工问题。本案例展示了从 CAD 到 BIM 和 PMS 切换在火车站电气施工中的优势,为未来建筑电气施工的数字化转型提供了宝贵的经验。

9.3　管理阶段的切换

9.3.1　结构管理:商业大厦结构管理从 CAD 到 BIM 和 PMS 的切换案例

传统的设计和管理方法在商业大厦结构管理中存在一些局限性,如信息不准确、协调困难和管理效率低下等。BIM 技术的引入,使得设计和管理人员能够建立三维模型,更直观地了解建筑的结构和细节。通过 BIM 软件,可以更好地进行结构分析和优化,提前发现潜在问题,减少后期的变更和返工。

PMS 是 BIM 技术的延伸,它可以将 BIM 软件与其他信息进行整合,实现全面管理。PMS 可以管理项目的进度、成本和质量等多个方面,帮助项目经理更好地监控项目进展,做出科学决策。

1. CAD 的应用

在设计阶段,结构设计团队使用 CAD 软件绘制商业大厦的结构平面、立面和剖面图等,如图 9.30 所示。其具体应用如下。

(1)结构分析与优化。CAD 软件通过建立结构力学分析的模型,可以对建筑结构进行静力学、动力学和稳定性等方面的分析,计算出结构的受力情况和响应。这有助于了解结构的强度和刚度等性能,为结构优化提供依据。

(2)构件优化设计。CAD 软件可以模拟和分析各种结构构件的受力情况,通过优化算法和模拟仿真,对构件的形状、尺寸和材料进行优化设计。这有助于减少材料用量、减轻自重、提高结构性能等。

(3)制作装配图。利用 CAD 软件的编辑功能,可以快速制作出装配图。设计师可以在三维环境中准确地确定零部件的位置,并通过实时编辑和修改,提高设计效率。

(4)信息管理与协同。CAD 软件可以将设计信息整合到一个统一的管理系统中,方便信息的查询、更新和共享。这有助于各专业团队之间的协同工作,提高工作效率。

(5)质量与安全检查。利用 CAD 软件,可以进行施工过程中的质量与安全检查。通过与现场实际情况的对比,及时发现并解决潜在的质量和安全问题。

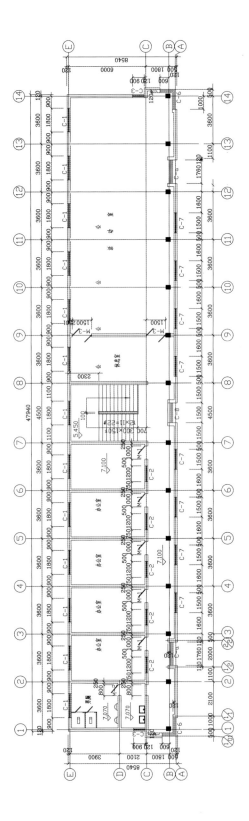

图9.30 商业大厦结构平面图

2. BIM 的应用

BIM 软件除了创建具有空间关联性和信息丰富的三维模型（图 9.31）外，还包括以下应用。

（1）协同设计与信息共享。BIM 技术为各专业团队提供了一个协同工作的平台。通过 BIM 技术，各团队可以共享设计信息，进行有效的沟通和协作，确保施工过程中的各项任务能够顺利进行。

（2）施工模拟与优化：利用 BIM 技术，可以进行施工过程的模拟。这有助于评估施工方案的可行性，优化施工流程。通过模拟，可以预测施工中的难点和问题，并提前制定应对措施。

（3）成本控制与资源管理。基于 BIM 技术，可以快速统计施工所需的材料数量和规格。结合 PMS，可以对施工成本进行精确控制，优化资源配置。

（4）质量与安全管理。利用 BIM 技术，可以进行施工过程中的质量与安全检查。通过与现场实际情况的对比，及时发现并解决潜在的质量和安全问题。

图 9.31　商业大厦模型

3. PMS 的应用

PMS 系统可以整合项目的设计、施工和管理信息，提供实时的协作和沟通平台。在商业大厦结构的管理阶段，PMS 可以用于进度计划、资源管理和质量控制等。管理团队可以通过 PMS 获取最新的设计和施工信息，协调各个分包商的工作，确保工程质量和进度。

通过使用 BIM 和 PMS，商业大厦的结构管理得到了显著的改进。管理团队可以直接从模型中获取准确的结构信息，避免了信息传递不准确和理解偏差的问题。同时，PMS 提供了实时的协作和沟通平台，使管理团队能够更加高效地协调工作，及时处理管理问题。本案例展示了从 CAD 到 BIM 和 PMS 切换在商业大厦结构管理中的优势，为未来结构管理的数字化转型提供了宝贵的经验。

9.3.2 工程项目管理:城市规划展览馆项目管理从 CAD 到 BIM 和 PMS 的切换案例

随着城市化进程的加速,城市规划展览馆成为展示城市历史、文化和未来发展的重要场所。传统的 CAD 技术无法满足项目管理的高效性和精细化要求,为了更好地满足城市规划展览馆的复杂需求,项目考虑从 CAD 转向 BIM 和 PMS 进行项目管理。

1. CAD 的应用

在设计阶段,设计团队使用 CAD 软件绘制城市规划展览馆的平面布局、立面、剖面、结构详图等施工图,如图 9.32 所示。利用 CAD 软件还可绘制结构、设备和机电等专业的施工图纸,这些图纸为施工提供了明确的指导。然而,二维的施工图纸还是存在一定的局限性,如无法提供真实的三维空间感受和实时的关联性,管理团队需要依靠设计团队提供的图纸和说明来理解设计意图,这增加了沟通成本和风险。

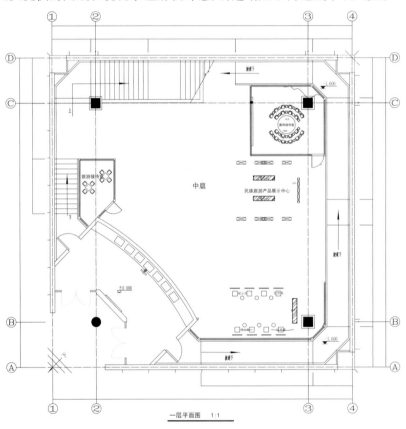

图 9.32 城市规划展览馆平面施工图

2. BIM 的应用

BIM 软件可以创建具有空间关联性和信息丰富的三维模型。通过 BIM,设计团队可以创建城市规划展览馆的三维模型,包括建筑结构、室内布置和设备分布等关键信息,如图 9.33、9.34 所示,其具体应用如下。

图 9.33 城市规划展览馆建筑模型

(1)可视化设计与沟通:BIM 技术可以将城市规划展览馆的所有数据整合到一个平台。使项目团队能够更清晰、直观地了解项目的细节,从而提高设计效率和决策质量。

(2)数据管理与协同。BIM 技术可以有效地管理各种数据,包括地理信息、环境影响等。通过数据的分类和组织,快速获取所需数据,从而更好地做出决策。此外,BIM 技术还支持多专业协同设计,提高工作效率。

(3)投资估算与方案比选。利用 BIM 技术,进行更快速、准确的投资估算与方案比选。通过模型中包含的大量经济、技术和物料等信息,可以汇总进行项目建设各个阶段的投资估算,有助于业主合理安排投资计划。

(4)人员疏散模拟。将模型导入专业的逃生分析软件中,模拟在紧急情况下的人流疏散情况,可以优化疏散方案,提高安全性能。

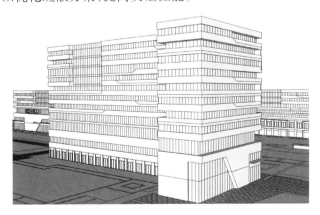

图 9.34 城市规划展览馆结构模型

3. PMS 的应用

PMS 可以整合项目的设计、施工和管理信息,提供实时的协作和沟通平台。在城市规划展览馆的项目管理阶段,PMS用于进度计划、资源管理和质量控制等。管理团队可以通过PMS获取最新的设计和施工信息,协调各个部门和承包商的工作,确保项目顺利进行,具体应用如下。

(1)资源管理。对项目资源进行全面管理,包括人员、材料和设备等。通过系统,可以实时了解资源的状态和位置,优化资源配置,提高资源利用效率。

(2)计划与进度管理。制订详细的项目计划,包括施工计划和采购计划等。通过系统,可以实时监控项目进度,及时调整计划,确保项目按时完成。

(3)质量管理。对项目质量进行全面管理,包括质量检测、质量控制等。通过系统,可以及时发现质量问题,采取相应的措施。

(4)成本管理。对项目成本进行全面管理,包括成本预算、成本核算等。通过系统,可以实时监控项目成本,及时调整预算,确保项目成本控制在合理范围内。

(5)文档管理。对项目文档进行全面管理,包括设计图纸、施工记录等。通过系统,可以方便地查找和调用文档,提高文档管理效率。

通过使用BIM和PMS,城市规划展览馆的项目管理得到了显著的改进。管理团队可以直接从模型中获取准确的项目信息,避免了信息传递不准确和理解偏差的问题。同时,PMS提供了实时的协作和沟通平台,使管理团队能够更加高效地协调工作,及时处理管理问题。本案例展示了从CAD到BIM和PMS的切换在城市规划展览馆项目管理中的优势,为未来项目管理的数字化转型提供了的经验。

9.3.3 建筑工程监理:高级公寓建设项目工程监理从CAD到BIM和PMS的切换管理案例

本项目规模较大,涉及的专业领域广泛,对工程监理的要求极高。传统的设计和监理方法在高级公寓建设项目中存在一些局限性,如信息不准确、协调困难和监理效率低等。为了更好地满足项目的需求,项目团队决定从传统的CAD技术转向BIM和PMS进行项目管理。

1. CAD的应用

在设计阶段,应用CAD软件绘制高级公寓的建筑施工图、结构施工图和设备施工图等,如图9.35所示。监理团队依靠这些图纸进行现场监理,核查施工进度、质量和安全等方面的问题。然而,二维施工图无法提供真实的三维空间感受和实时的关联性,监理团队需要依靠图纸和现场勘察来判断施工情况,增加了项目的成本和风险。

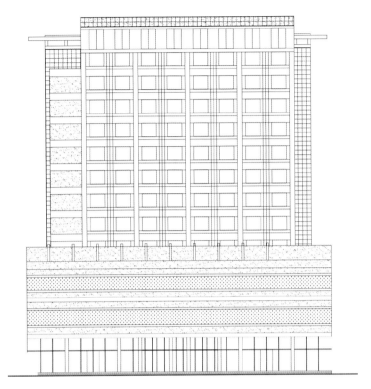

图 9.35　高级公寓立面图

2. BIM 的应用

BIM 软件可以创建具有空间关联性和信息丰富的三维模型。通过 BIM,设计团队可以创建高级公寓的三维模型,包括建筑结构、室内布置和设备分布等关键信息,如图 9.36 所示。监理团队可以使用 BIM 模型对施工现场进行虚拟巡检,发现设计与施工之间的不一致和潜在问题,并及时采取措施解决。

3. PMS 的应用

PMS 可以整合项目的设计、施工和监理信息,提供实时的协作和沟通平台。在高级公寓建设项目的监理阶段,PMS 用于进度跟踪、质量检查和问题整改等。监理团队可以通过 PMS 记录现场巡检的结果、提出问题、跟踪整改情况,以确保项目按照规定的标准和要求进行。

通过使用 BIM 和 PMS,高级公寓建设项目的工程监理得到了显著的改进。监理团队可以通过 BIM 技术进行虚拟巡检,减少了现场勘察的工作量和风险,并提高了监理的准确性和效率。同时,PMS 提供了实时的协作和沟通平台,使监理团队能够及时跟踪问题并推动整改工作。本案例展示了从 CAD 到 BIM 和 PMS 切换在高级公寓建设项目工程监理中的优势,为未来监理工作的数字化转型提供了宝贵的经验。

图 9.36 高级公寓三维模型

9.3.4 工程预算管理:大型校园建设项目预算管理从 CAD 到 BIM 和 PMS 的切换案例

本案例旨在打造一个现代化、智能化、绿色环保的校园环境,为学生和教职工提供更好的学习和工作环境。改造项目涉及多个建筑和设施,包括教学楼、图书馆、体育馆和学生宿舍等,预算规模较大,对预算管理的要求极高,在预算管理过程中主要面临以下需要和挑战。

(1)预算精度要求高。由于项目预算规模较大,且涉及多个专业领域,预算精度要求极高,需要避免漏项和误差。

(2)资源管理复杂。项目资源需求量大,包括人力、物力、财力等,需要进行精细化管理,确保资源的合理配置和有效利用。

(3)进度管理严格。项目进度要求严格,需要在规定的时间内完成各项建设任务,确保项目的按时交付。

(4)协同管理难度大。项目涉及多个部门和专业领域,需要进行有效的协同管理,确保项目的顺利进行。

1. CAD 的应用

在设计阶段,使用二维图纸绘制校园的总平面图,各个建筑的建筑施工图、结构施工图和设备施工图等,如图 9.37 所示。预算团队依靠这些图纸进行预算编制,核算建筑材料、人工成本和设备费用等。然而,二维图纸无法提供真实的三维空间感受和实时的关联性,预算团队需要依靠图纸和手动计算来估算预算,这可以增加错误率和预算管理的风险。

2. BIM 的应用

BIM 软件可以创建具有空间关联性和信息丰富的三维模型。通过 BIM,设计团队可以创建校园的三维模型,包括建筑物、道路、景观和设备等关键信息,如图 9.38 所示。预算团队可以使用 BIM 软件提取建筑元素和相关属性,并自动生成预算报表。模型可以提供准确的量值和材料信息,以支持更精确的预算编制和成本控制。同时,利用 BIM 软件的参数化设计功能进行建筑性能分析和优化。

3. PMS 的应用

PMS 可以整合项目的设计、施工和预算信息,提供实时的协作和沟通平台。在校园建设项目的预算管理阶段,PMS 用于预算编制、成本跟踪和变更控制等。预算团队可以通过 PMS 记录和跟踪预算编制的过程,管理预算变更和成本控制的情况,并与设计和施工团队进行有效的协作。

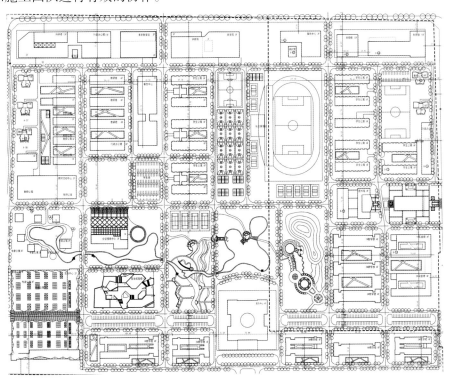

图 9.37　校园总平面规划图

图 9.38 校园规划三维模型

通过使用 BIM 和 PMS,大型校园建设项目的预算管理得到了显著的改进。预算团队可以通过 BIM 提取准确的量值和材料信息,减少了手动计算和估算的错误。同时,PMS 提供了实时的协作和沟通平台,使得预算团队能够及时掌握项目的预算情况并做出相应的调整。本案例展示了从 CAD 到 BIM 和 PMS 切换在大型校园建设项目预算管理中的优势,为未来预算管理工作的数字化转型提供了宝贵的经验。

9.3.5　风景园林管理:滨水公园工程管理从 CAD 到 BIM 和 PMS 的切换案例

本项目集休闲、娱乐、观光于一体,涉及景观设计、园艺建筑、水利工程等多个专业领域,对工程管理的要求极高。为了更好地满足项目的需求,项目团队决定从传统的 CAD 技术转向 BIM 和 PMS 系统进行项目管理。

1. CAD 的应用

在设计阶段,设计团队使用 CAD 软件绘制滨水公园的平面布局、景观要素、路径和植被等方案设计施工图,如图 9.39 所示。工程管理团队根据这些图纸进行进度计划、资源分配和施工管理等。随着项目的推进,CAD 施工图纸在三维建模、建筑信息管理及多专业协同设计方面出现了局限性。为了提高设计效率和精细化程度,团队决定从 CAD 转向 BIM 和 PMS 进行项目管理。

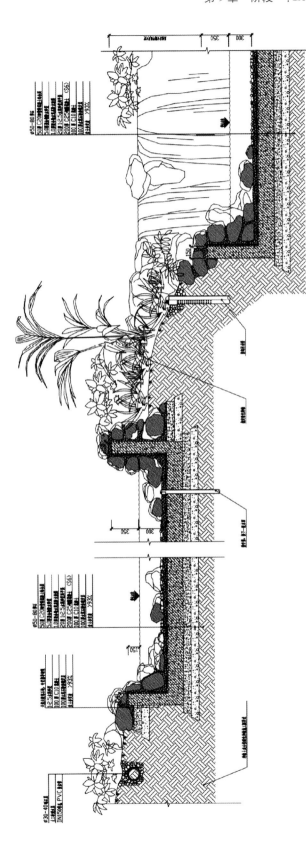

图9.39　滨水公园局部施工图

2. BIM 的应用

BIM 软件包含了丰富的建筑信息,如材料属性、构造细节和设备信息等,可以创建具有空间关联性和信息丰富的三维模型。通过 BIM,设计团队可以创建滨水公园的三维模型,包括景观要素、路径、植被和水体等关键信息,如图 9.40 所示。工程管理团队可以使用 BIM 技术进行进度计划、资源分配和施工管理,并与设计团队共享实时的模型数据。BIM 技术可以提供准确的空间信息和构建元素属性,支持更高效的滨水公园工程管理。

图 9.40　滨水公园三维效果图

(1)协同设计与施工管理。通过 BIM 技术,各专业团队可以共同参与到设计中,实现真正的多专业协同设计。这有助于减少设计冲突,提高设计的整体性和协调性。同时,利用 BIM 技术可以实现整个园林建筑施工安全管理各专业之间的协同合作,对有效的园林建筑结构信息进行平台化共享,提高了园林施工安全管理的效率。

(2)成本控制与进度管理。BIM 技术包含了丰富的建筑信息,如材料类型、规格和价格等,方便进行材料和成本分析。同时,BIM 技术也可以用于施工进度管理,通过模拟施工过程和制订合理的施工计划,确保项目按时完成。

3. PMS 的应用

PMS 可以整合滨水公园工程管理的信息,提供实时的协作和沟通平台。在滨水公园工程管理阶段,PMS 用于进度追踪、任务分配、问题解决等。工程管理团队可以通过 PMS 共享设计文档、更新进度和协调问题,设计团队和工程管理团队之间的协作和信息共享变得更加高效。

通过使用 BIM 和 PMS,滨水公园工程管理得到了显著的改进。设计团队和工程管理团队可以通过共享 BIM 和使用 PMS 实现实时的协作和信息共享。设计团队可以更好地了解工程管理进展和需求,工程管理团队可以及时反馈设计变更,解决问题。本案例展示了从 CAD 到 BIM 和 PMS 切换在滨水公园工程管理中的优势,为未来风景园林管理的数字化转型提供了宝贵的经验。

9.3.6　物业管理:生态农业园区物业管理从 CAD 到 BIM 和 PMS 的切换案例

生态农业园区为了提升物业管理水平,提高运营效率,决定从传统的 CAD 技术转向 BIM 和 PMS 进行物业管理。该项目涉及多个建筑、设施和设备,需要高效地进行资产管理、维修维护和能源管理。

1.CAD 的应用

在设计阶段,设计团队使用 CAD 软件绘制园区的平面布局、建筑结构和设施等,如图 9.41 所示。然后,物业管理团队根据这些图纸进行设施维护、资源调度和计划管理等。然而,二维施工图纸的信息管理、可视化以及多专业协同方面有诸多局限性,导致物业管理团队难以准确了解设施的状态和进行有效的资源管理。

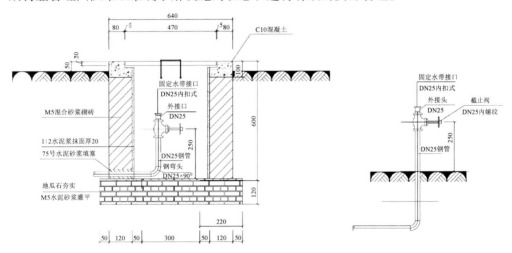

地上式洒水栓

图 9.41　生态农业园区系统施工图

2.BIM 的应用

BIM 软件可以创建具有空间关联性和信息丰富的三维模型。通过 BIM,设计团队可以创建生态农业园区的三维模型,包括建筑结构、设施、管道和绿化等关键信息。物业管理团队可以使用 BIM 软件进行设施维护、资源调度和计划管理,并与设计团队共享实时的模型数据。BIM 软件可以提供准确的空间信息和设施属性,支持更高效的生态农业园区物业管理,如图 9.42、9.43 所示。

3.PMS 的应用

PMS 可以整合生态农业园区物业管理的信息,提供实时的协作和沟通平台。在物业管理阶段,PMS用于设施维护、设备管理和服务请求等方面。物业管理团队可以通过PMS记录设施的状态和维护记录,并与其他相关部门进行协作和信息共享。这样,园区内的设施维护和资源管理变得更加高效和可追踪。

　　通过使用BIM和PMS,生态农业园区物业管理得到了显著的改进。设计团队和物业管理团队可以通过共享BIM和使用PMS实现实时的协作和信息共享。这样,物业管理团队可以更好地了解设施状态和需求,及时进行维护和资源调度。本案例展示了从CAD到BIM和PMS切换在生态农业园区物业管理中的优势,为未来物业管理的数字化转型提供了宝贵的经验。

图9.42　生态农业园总平面设计模型

图9.43　生态农业园建筑结构模型

第 10 章 阶段二：并行使用 CAD 和 BIM 及 PMS

本章主要讨论在设计、施工和管理阶段同时使用 CAD、BIM 和 PMS 的实践案例和经验。

10.1 设计阶段的并行使用

10.1.1 结构设计：工业厂房结构设计 CAD、BIM 和 PMS 并行使用的案例

工业厂房（图 10.1）的结构设计是一个复杂的过程，传统的设计方法在设计过程中存在信息断层和协作困难的问题。为了提高设计效率和质量，并实现信息的无缝衔接和协同工作，工业厂房结构设计团队决定采用 CAD、BIM 和 PMS 并行使用的方法。

图 10.1 工业厂房效果图

1. CAD 的应用

在设计阶段，工业厂房结构设计团队使用传统的 CAD 软件进行结构设计，如图 10.2 所示。他们创建平面图、剖面图和立面图等，定义结构元素的尺寸、材料和连接方式。然后，根据这些图纸进行施工准备和施工过程中的结构施工。

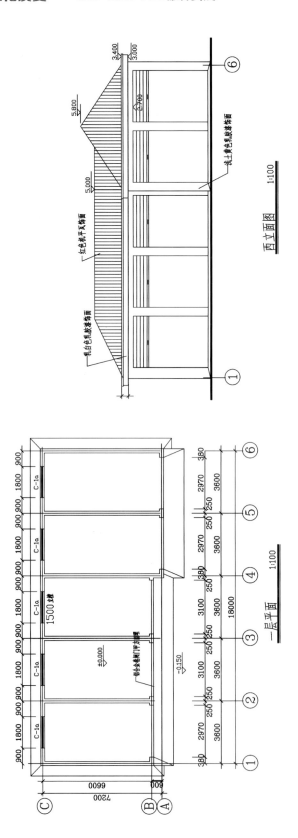

图10.2 工业厂房施工图

2. BIM 的应用

工业厂房结构设计团队使用 BIM 软件创建三维结构模型,如图 10.3 所示。BIM 包含了更丰富的信息,如结构构件的几何形状、材料属性、连接关系以及结构分析结果等。BIM 技术可以提供更准确的空间感知和结构元素之间的关联性。同时,BIM 可以与其他设计团队的模型进行协同工作,如机电、给排水等专业模型的整合,确保设计的一致性和协调性。

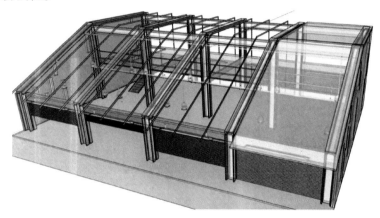

图 10.3　工业厂房屋盖结构

3. PMS 的应用

工业厂房结构设计团队使用 PMS 进行项目管理和协作。PMS 可以跟踪项目的进度、资源分配和设计变更等信息,并提供实时的协作平台供团队成员进行沟通与合作。此外,PMS 还可以与 BIM 进行集成,实现信息的无缝衔接和共享,以及设计变更的管理和追踪。

通过并行使用 CAD、BIM 和 PMS,工业厂房结构设计团队实现了设计过程的数字化转型。BIM 提供了更准确的设计信息和空间感知,使设计团队能够更好地理解和协调结构设计。同时,PMS 提供了项目管理和团队协作的平台,促进了设计团队的沟通与合作。这种并行使用的方法提高了设计效率和准确性,减少了信息断层和错误。

10.1.2　道路桥梁设计:城市人行天桥设计 CAD、BIM 和 PMS 并行使用的案例

城市人行天桥(图 10.4)设计是确保行人安全通行的重要交通设施。为了提高设计效率、减少错误和改进协作,城市人行天桥设计团队决定采用 CAD、BIM 和 PMS 的并行使用方法。

图 10.4　城市人行天桥效果图

1. CAD 的应用

（1）结构设计。CAD 软件可以帮助设计师进行详细的结构设计，包括主梁、桥墩和桥塔等结构的建模、分析和优化。通过精确的数值计算和模拟分析，可以确保天桥结构的稳定性和安全性。

（2）绘图与出图。根据 CAD 软件的绘图和出图功能，绘制桥梁各类施工图纸，包括桥梁平面图、立面图、剖面图、结构施工图和设备施工图等，如图 10.5 所示。这些图纸可以为后续的施工阶段提供准确的指导。

（3）造型与美学设计。通过 CAD 软件，设计师可以自由地进行造型和美学设计。例如，可以创建各种形状和风格的桥塔和装饰物等，以满足城市规划、景观协调等方面的要求。

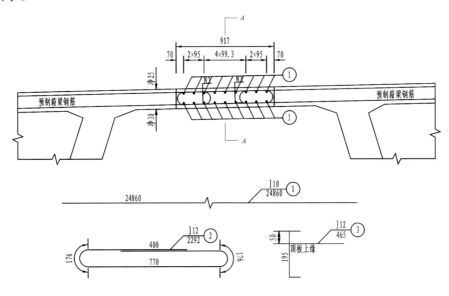

图 10.5　城市人行天桥接缝处钢筋构造施工图

(4)协同设计与数据共享。CAD 软件支持多专业协同设计,以实现不同专业之间的数据共享和交流。例如,结构工程师、土木工程师和电气工程师等可以在同一平台上进行设计,避免数据不一致和重复工作的问题。

(5)参数化与模块化设计。CAD 软件支持参数化和模块化设计,可以方便地对设计进行修改和优化。例如,设计师可以通过调整参数来改变结构的尺寸、形状等,从而快速生成多个设计方案进行比较。

2. BIM 的应用

(1)建立三维模型。通过 BIM 技术创建三维模型,使设计师可以在一个更加立体的空间中进行设计,如天桥的几何形状、结构构件、材料属性和连接关系等,如图 10.6 所示。这有助于更好地理解桥梁的结构,优化设计方案。

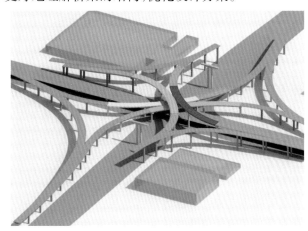

图 10.6 城市人行天桥模型示意图

(2)碰撞检测。BIM 技术可以进行碰撞检测,帮助设计师提前发现设计中存在的冲突和问题,避免在施工阶段出现返工和延误。

(3)协同设计。BIM 技术可以实现多专业协同设计,结构、建筑、电气等专业的设计师可以在同一模型上进行操作,如图 10.7 所示,根据 CAD 施工图绘制人行天桥楼梯结构模型,可以提高工作效率和信息的一致性。

(4)可持续性设计。结合 BIM 软件的能耗分析、日照分析和环境模拟等功能,可以评估天桥对周围环境的影响,并提出相应的优化措施,以满足可持续性发展的要求。

(5)建筑表现与可视化。通过 BIM 软件的渲染和动画功能,可以生成高质量的视觉效果图和动画,以便更好地展示天桥的设计理念和效果。

城市人行天桥设计团队使用 BIM 软件创建三维天桥模型。BIM 包含了更丰富的信息,能够提供更准确的空间感知和结构元素之间的关联性。同时,BIM 软件还可以与其他设计团队的模型进行协同工作,如道路、排水系统等专业模型的整合,确保设计的一致性和协调性。

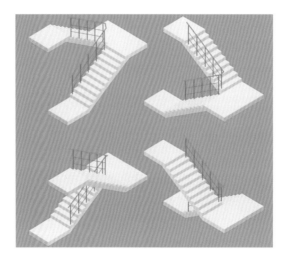

图 10.7　城市人行天桥楼梯结构

3. PMS 的应用

城市人行天桥设计团队使用 PMS 进行项目管理和协作。PMS 可以跟踪天桥设计的进度、资源分配和设计变更等信息,并提供实时的协作平台供团队成员进行沟通和合作。此外,PMS 还可以与 BIM 软件进行集成,实现信息的无缝衔接和共享,以及设计变更的管理和追踪。

通过并行使用 CAD、BIM 和 PMS,城市人行天桥设计团队实现了设计过程的数字化转型。BIM 模型提供了更准确的设计信息,使设计团队能够更好地理解和协调人行天桥设计。同时,PMS 提供了项目管理和团队协作的平台,促进了设计团队的沟通和合作。这种并行使用的方法提高了设计效率和准确性,减少了信息断层和错误。

10.1.3　工程项目设计:学校教学楼设计与项目管理 CAD、BIM 和 PMS 并行使用案例

优秀的学校教学楼设计是确保教学质量和学生舒适度的关键因素。为了提高设计效率、减少错误、改进项目管理,学校教学楼设计团队决定采用 CAD、BIM 和 PMS 并行使用的方法。

1. CAD 的应用

在设计阶段,学校教学楼设计团队使用 CAD 软件进行设计并绘制校园总平面规划图,校园各个建筑的建筑施工图,包括平面图、剖面图(图 10.8)、立面图、节点大样图、结构施工图和设备施工图等,规划校园建筑、道路、景观的规格布局、空间划分和功能要求。CAD 图纸用于指导校园内各建筑的建设、道路的规划等方面。

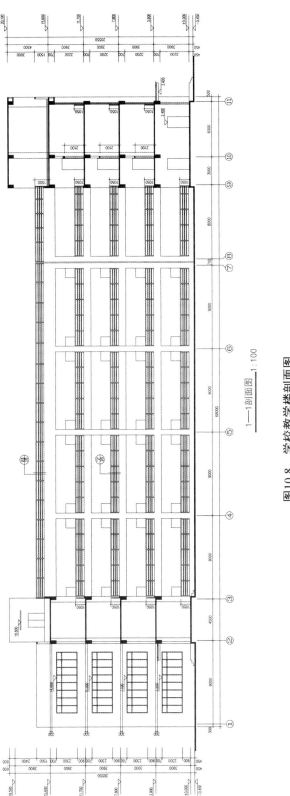

图10.8　学校教学楼剖面图

2. BIM 的应用

学校教学楼设计团队使用 BIM 软件创建三维的教学楼模型。BIM 包含了更丰富的信息,如建筑元素、结构构件、材料属性和设备安装等,如图 10.9 所示。BIM 能够提供更准确的空间感知和构件之间的关联性。同时,BIM 技术还可以与其他设计团队的模型进行协同工作,如结构、电气和机械等专业模型的整合,确保设计的一致性和协调性。

3. PMS 的应用

学校教学楼设计团队使用 PMS 进行项目管理和协作。PMS 可以跟踪教学楼设计的进度、资源分配和设计变更等信息,并提供实时的协作平台供团队成员进行沟通和合作。此外,PMS 还可以与 BIM 软件进行集成,实现信息的无缝衔接和共享,以及设计变更的管理和追踪。

通过并行使用 CAD、BIM 和 PMS,学校教学楼设计团队实现了设计过程的数字化转型。BIM 提供了更准确的设计信息,使设计团队能够更好地理解和协调教学楼设计。同时,PMS 提供了项目管理和团队协作的平台,促进了设计团队的沟通和合作。这种并行使用的方法提高了设计效率和准确性,减少了信息断层和错误。

图 10.9 学校教学楼建筑模型

10.1.4 工程预算:地铁线路工程项目预算 CAD、BIM 和 PMS 并行使用的案例

地铁线路工程项目预算是确保项目可行性和资金控制的关键环节。为了提高预算编制的效率、准确性和管理水平,地铁线路工程项目团队决定采用 CAD、BIM 和 PMS 并行使用的方法。

1. CAD 的应用

如图 10.10 所示,在预算编制阶段,工程项目团队使用 CAD 软件绘制的各类专业施工图并进行预算编制。根据设计图纸中的建筑元素和工程量信息,计算出各项工程的材料、设备和人工成本,并进行成本估算和预算编制,见表 10.1 所列。

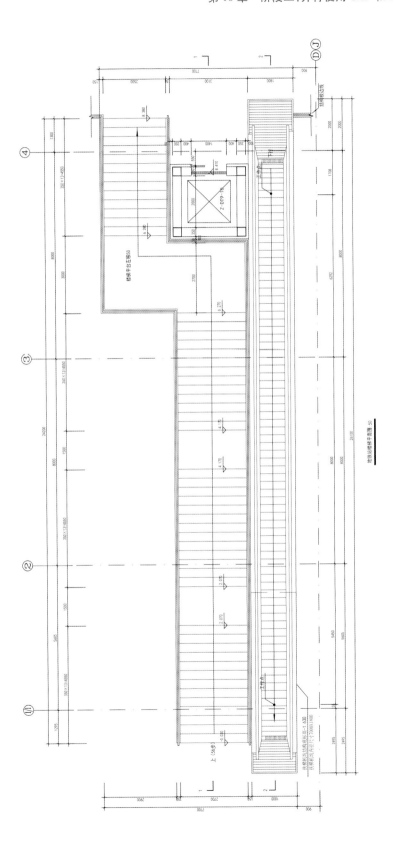

图10.10 地铁线路工程电缆施工图

273

表 10.1　地铁线路工程钢筋明细表

编号	直径/mm	长度/mm	数量/根	总长度/m
1	10	24 860	18	447. 48
2	12	2 292	250	573. 00
3	12	465	100	46. 50

2. BIM 的应用

工程项目团队使用 BIM 软件创建地铁线路工程的三维模型,如图 10. 11 所示。BIM 包含了各个建筑元素、设备和工程量信息。通过 BIM,工程项目团队可以提取准确的工程量数据,并与相应的造价数据库进行关联,实现自动化的预算编制。

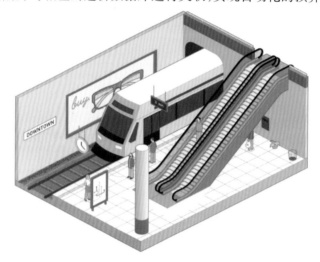

图 10. 11　地铁线路结构示意图

3. PMS 的应用

工程项目团队使用 PMS 进行项目预算管理和协作。PMS 可以跟踪工程项目的成本、预算和变更等信息,并提供实时的预算控制和报表生成功能。通过 PMS,团队成员可以共享预算数据、交流意见,并进行预算的审批和调整。

通过 CAD、BIM 和 PMS 的并行使用,地铁线路工程项目团队实现了预算编制过程的数字化转型。BIM 提供了准确的工程量信息,使预算编制更加精确和高效。PMS 提供了项目预算管理和团队协作的平台,促进了团队成员之间的沟通和合作。这种并行使用的方法提高了预算编制的准确性和效率,同时也加强了预算管理和控制的能力,为地铁线路工程项目的预算管理带来了显著的优势。

10.1.5　室内设计:现代化餐厅室内设计 CAD、BIM 和 PMS 并行使用的案例

现代化餐厅室内设计需要考虑空间布局、装饰元素、家具设备等方面,以创造舒适、美观和实用的就餐环境。为了提高设计效率、准确性和协作水平,餐厅室内设计团队决定采用 CAD、BIM 和 PMS 并行使用的方法。

1. CAD 的应用

在设计阶段,餐厅室内设计团队使用传统的 CAD 软件进行初始设计。他们根据餐厅平面图和设计要求,绘制出室内空间布局、墙体、天花板和地板等设计元素,并添加装饰细节和家具设备的符号,如图 10.12 所示。

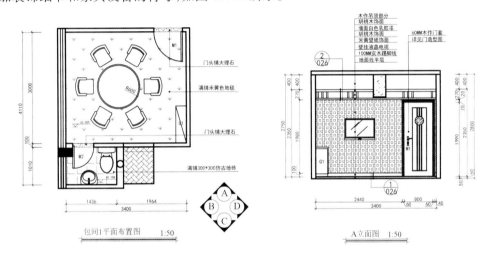

图 10.12　餐厅包间布局图

2. BIM 的应用

餐厅室内设计团队使用 BIM 软件创建餐厅的三维模型。BIM 包含了室内空间、家具设备、装饰元素和材料等信息。通过 BIM 模型,设计团队可以进行更详细的设计,包括颜色选择、材料质感和照明效果等,以便更好地呈现最终的室内设计效果,如图 10.13 所示。

3. PMS 的应用

餐厅室内设计团队使用 PMS 进行项目管理和协作。PMS 提供了项目进度、资源分配和团队协作等功能。设计团队可以在 PMS 中共享设计文档、沟通设计意图,并进行任务分配和进度跟踪。

通过 CAD、BIM 和 PMS 的并行使用,现代化餐厅室内设计团队实现了设计过程的数字化转型。CAD 的应用提供了初始设计的平面图,为室内设计奠定了基础。BIM 提供了更具体和详细的设计细节,使设计团队可以更好地理解和呈现设计方案。PMS 促进了团队成员之间的协作和信息共享,提高了项目管理的效率和准确性。

图 10.13　餐厅效果图模型

　　这种并行使用的方法提高了现代化餐厅室内设计的整体效果和质量,减少了错误和重复工作,提高了协作能力。同时,数字化工具的使用也为客户提供了更清晰、直观的设计展示和决策依据,提升了餐厅室内设计的满意度和用户体验。

10.1.6　风景园林设计:度假村景观设计 CAD、BIM 和 PMS 并行使用的案例

　　度假村景观设计需要考虑自然环境、景观特色、游客体验等方面,以打造宜人、独特的度假环境。为了提高设计效率、准确性和协作水平,景观设计团队决定采用CAD、BIM 和 PMS 并行使用的方法。

　　1. CAD 的应用

　　在设计阶段,景观设计团队使用 CAD 软件进行初步设计。根据度假村的总体规划和设计要求,绘制出度假村总规划图(图 10.14)、道路规划图、建筑施工图、建筑结构施工图、设备施工图、部分复杂构造施工图、景观节点详图和水体景观设计施工图等,并标注关键信息和尺寸,如图 10.15 所示。

　　2. BIM 的应用

　　景观设计团队使用 BIM 软件创建度假村的三维模型。BIM 包含了景观元素、建筑群、植被、水体和地形等信息。通过 BIM 软件,设计团队可以进行更详细和真实的设计,包括植物种类、材料质感、地形模拟等,以便更好地呈现最终的景观设计效果,如图 10.16 所示。

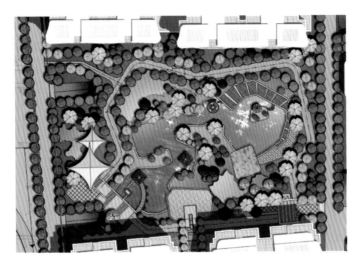

图 10.14　度假村景观设计总规划图

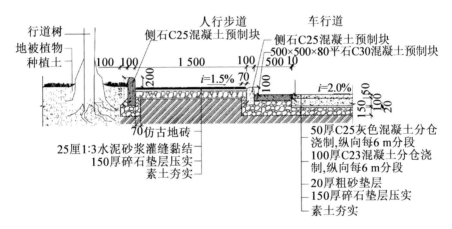

图 10.15　度假村道路竖向施工图

图 10.16　度假村效果图

3. PMS 的应用

景观设计团队使用 PMS 进行项目管理和协作。PMS 提供项目进度、资源分配和团队协作的功能。设计团队可以在 PMS 中共享设计文档、沟通设计意图，并进行任务分配和进度跟踪。此外,PMS可以让设计团队与客户和其他利益相关者进行有效的沟通和反馈。

通过CAD、BIM和PMS的并行使用,度假村景观设计团队实现了设计过程的数字化转型。CAD的应用提供了初始设计的平面图,为景观设计奠定了基础。BIM提供了更具体和详细的设计细节,使设计团队可以更好地理解和呈现设计方案。PMS促进了团队成员之间的协作和信息共享,提高了项目管理的效率和准确性。

这种并行使用的方法提高了度假村景观设计的整体效果和质量,减少了错误和重复工作,提高了团队协作能力。同时,数字化工具的使用也为客户和利益相关者提供了更清晰、直观的设计展示和决策依据,提升了度假村景观设计的满意度和游客体验。

10.2 施工阶段的并行使用

10.2.1 结构施工:地下停车场结构施工CAD、BIM和PMS并行使用的案例

本项目为某大型商业综合体计划建设一个地下停车场,以满足停车需求。要求结构设计安全、合理,施工中具备高度的协作和精确性。为了提高施工效率、质量和协作水平,同时满足相关建筑规范和业主需求,设计团队决定采用CAD、BIM及PMS并行使用的方法进行项目管理。

1. CAD的应用

CAD软件为平面施工图绘制和三维建模方面提供了强大的工具,有助于设计师快速绘制地下停车场的平面图、立面图和剖面图等。通过CAD软件,团队可以确定停车场的基本布局、结构和轮廓,并标注关键尺寸和构件要求,如图10.17所示。

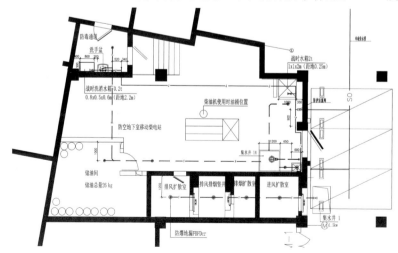

图 10.17 地下停车场设备间施工图

2. BIM 的应用

结构施工团队使用 BIM 软件创建地下停车场的三维模型，如图 10.18 所示。BIM 包含了施工所需的详细结构信息，如梁、柱、板、墙等构件的几何形状、尺寸和位置。在 BIM 软件的支持下，设计师可以进行以下工作。

（1）结构设计。利用 BIM 软件进行地下停车场的结构建模与设计，确保结构的安全性、稳定性和经济性。

图 10.18　地下停车场建筑模型

（2）机电设计与协同。对地下停车场的机电系统进行详细的设计，包括通风、排水和照明等系统，确保系统的协调性和功能性。

（3）碰撞检测与冲突管理。BIM 软件可以进行碰撞检测，提前发现设计中存在的冲突和问题，避免在施工阶段出现返工和延误的情况。

（4）可持续性设计。结合 BIM 软件的能耗分析、环境模拟等功能，提出相应的节能措施和可持续性设计方案。

（5）可视化与沟通。通过 BIM 软件的渲染和动画功能，生成高质量的视觉效果图和动画，以便更好地展示地下停车场的设计理念和效果。同时，方便设计团队与客户和施工团队的沟通与协调。

3. PMS 的应用

施工团队使用 PMS 进行项目管理和协作。PMS 提供了施工进度、资源分配和团队协作的功能。施工团队可以在 PMS 中跟踪施工进度，分配任务并进行工时管理。此外，PMS 可以让施工团队与其他相关方进行实时沟通和协作，以确保施工进展顺利。

通过 CAD、BIM 和 PMS 的并行使用，地下停车场结构施工团队实现了施工过程的数字化转型。CAD 的应用提供了初步的平面图纸，为施工奠定了基础。BIM 提供了更具体和详细的结构信息，使施工团队能够更好地理解和呈现结构施工方案。PMS

促进了团队成员之间的协作和信息共享,提高了施工项目的管理效率和准确性。

这种并行使用的方法提高了地下停车场结构施工的整体效果和质量,减少了错误和重复工作,提高了团队协作能力。数字化工具的使用也为施工团队提供了更清晰、直观的施工展示和决策依据,提升了地下停车场结构施工的精确性和安全性。

10.2.2 道路桥梁施工:乡村公路桥梁施工 CAD、BIM 和 PMS 并行使用的案例

如图 10.19 所示,乡村公路桥梁施工需要考虑地形复杂、施工环境艰苦等因素,要求高度的施工协调和管理。为了提高施工效率、质量和协作水平,施工团队决定采用 CAD、BIM 和 PMS 并行使用的方法。

图 10.19 乡村公路桥梁项目模型

1. CAD 的应用

在设计阶段,桥梁设计团队使用传统的 CAD 软件绘制乡村公路桥梁的结构图纸。他们根据设计方案绘制出桥梁的平面图、剖面图和细部图,并标注关键尺寸和构件要求。桥墩立面施工图如图 10.20 所示。

图 10.20 桥墩立面施工图

2. BIM 的应用

施工团队使用 BIM 软件创建乡村公路桥梁的三维模型。BIM 模型包含了施工所需的详细结构信息，如桥墩、桥面、支座等构件的几何形状、尺寸和位置，如图 10.21 所示。通过 BIM，施工团队可以更好地理解设计意图，并在施工过程中进行模拟和冲突检测。

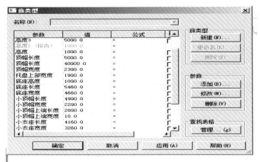

图 10.21　桥墩三维模型

3. PMS 的应用

施工团队使用 PMS 进行项目管理和协作。PMS 提供了施工进度、资源分配和团队协作的功能。施工团队可以在 PMS 中跟踪施工进度，分配任务并进行工时管理。此外，PMS 可以让施工团队与其他相关方进行实时沟通和协作，以确保施工进展顺利。

通过 CAD、BIM 和 PMS 的并行使用，乡村公路桥梁施工团队实现了施工过程的数字化转型。CAD 的应用提供了初步的平面图纸，为施工奠定了基础。BIM 提供了更具体和详细的结构信息，使施工团队能够更好地理解和呈现施工方案。PMS 促进了团队成员之间的协作和信息共享，提高了施工项目的管理效率和准确性。

这种并行使用的方法提高了乡村公路桥梁施工的整体效果和质量，减少了错误和重复工作，加快了施工进度。数字化工具的使用也为施工团队提供了更清晰、直观的施工展示和决策依据，提升了乡村公路桥梁施工的精确性和安全性。

10.2.3　工程项目施工：公共图书馆施工与项目管理 CAD、BIM 和 PMS 并行使用的案例

公共图书馆是一个复杂的建筑项目，需要兼顾空间布局、结构安全、设备配置、环保节能等多个方面，同时融合当地的文化元素。为了提高施工效率和项目管理水平，施工团队决定采用 CAD、BIM 和 PMS 并行使用的方法。

1. CAD 的应用

在设计阶段，建筑设计团队使用 CAD 软件绘制公共图书馆的平面图、立面图和剖

面图,如图10.22所示。他们根据设计方案,绘制出每个楼层的空间布局,包括书架、阅览区、办公室、会议室等区域,并标注关键尺寸和构件要求。

2. BIM 的应用

施工团队使用 BIM 软件创建公共图书馆的三维模型,如图 10.23 所示。BIM 包含了建筑的几何形状、尺寸和位置,以及各个构件的属性信息,如墙体、柱子和梁等。通过 BIM,施工团队可以更好地理解设计意图,并在施工过程中进行模拟冲突检测和优化。同时 BIM 软件还兼具以下几个功能。

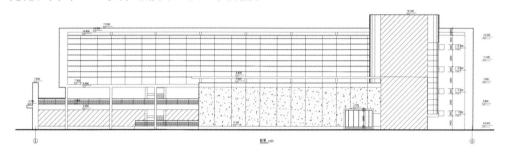

图 10.22　图书馆立面图

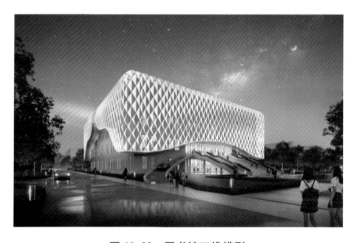

图 10.23　图书馆三维模型

(1)机电设计与协同。对图书馆的机电系统进行详细的设计,包括暖通空调、给排水和电气等系统,确保系统的协调性和功能性。

(2)可持续性设计。结合 BIM 软件的能耗分析、日照分析和环境模拟等功能,提出相应的节能措施和可持续性设计方案。

(3)可视化与沟通。通过 BIM 软件的渲染和动画功能,生成高质量的视觉效果图和动画,以便更好地展示图书馆的设计理念和效果。同时,方便设计团队与客户和施工团队的沟通与协调。

3. PMS 的应用

施工团队使用 PMS 进行项目管理和协作。PMS 提供了施工进度、资源分配和任务管理的功能。施工团队可以在 PMS 中创建工作计划,分配任务给相关人员,并跟踪施工进度。此外,PMS 还提供了实时协作和沟通的平台,方便团队成员之间的交流和信息共享。

通过 CAD、BIM 和 PMS 的并行使用,公共图书馆施工团队实现了施工过程的数字化转型。CAD 的应用提供了初步的平面图纸,为施工奠定了基础。BIM 提供了更具体和详细的建筑信息,使施工团队能够更好地理解和呈现施工方案。PMS 促进了团队成员之间的协作和信息共享,提高了施工项目的管理效率和准确性。

这种并行使用的方法提高了公共图书馆施工的整体效果和质量,减少了错误和重复工作,加快了施工进度。数字化工具的使用也为施工团队提供了更清晰、直观的施工展示和决策依据,提升了公共图书馆的建设质量和用户体验。

10.2.4　建筑工程监理:城市地铁站施工工程监理 CAD、BIM 和 PMS 并行使用的案例

城市地铁站的施工工程监理需要严格监控施工过程,确保施工符合设计要求和标准,保证施工质量和进度。为了提高监理效率和准确性,监理团队决定采用 CAD、BIM 和 PMS 并行使用的方法。

1. CAD 的应用

监理团队使用 CAD 软件对城市地铁站的施工图纸进行审查和修改,他们检查施工图纸的准确性、完整性和合规性,并与设计单位进行沟通和协调。通过 CAD 软件,监理团队可以标注和记录施工问题、变更和进展,确保施工按照设计要求进行。城市地铁站车行道钢筋布置图如图 10.24 所示

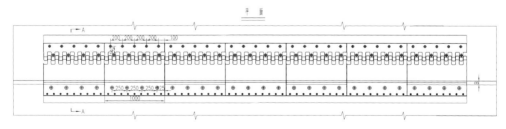

图 10.24　城市地铁站车行道钢筋布置图

2. BIM 的应用

监理团队使用 BIM 软件对地铁站的三维模型(10.25)进行监测和分析。BIM 包含了地铁站的几何形状、构件信息和属性数据。监理团队可以利用 BIM 软件进行冲突检测、安全分析和施工进度跟踪。他们可以识别潜在的设计问题和施工难点,并与

施工单位协商解决方案。

图 10.25　地铁站三维建模

3. PMS 的应用

监理团队使用 PMS 进行施工项目管理和进度控制。他们可以在 PMS 中创建和维护工程进度计划,跟踪施工进展,监控工程质量和安全问题,并及时采取措施进行调整。PMS 提供了实时的监测和报告功能,使监理团队能够随时了解施工情况。

通过 CAD、BIM 和 PMS 的并行使用,城市地铁站的施工工程监理团队实现了数字化监理和管理。CAD 的应用提供了详细的施工图纸和标注,为监理工作提供了准确的依据。BIM 帮助监理团队识别和解决设计和施工问题,提高了监理效率和质量。PMS 提供了实时的项目管理和进度控制,保证了施工的顺利进行。

这种并行使用的方法提高了城市地铁站施工工程监理的效率和质量。数字化工具的使用为监理团队提供了更直观、准确的数据和信息,帮助他们更好地监控和管理施工过程,确保地铁站的建设质量和安全性。

10.2.5　工程预算:大型医院工程项目预算 CAD、BIM 和 PMS 并行使用的案例

在大型医院工程项目中,预算的准确性和有效性对项目的成功实施至关重要。为了提高预算编制的效率和准确性,项目团队决定采用 CAD、BIM 和 PMS 并行使用的方法。

1. CAD 的应用

预算团队使用 CAD 软件对医院的平面图、立面图和剖面图进行分析和测量,如图 10.26 所示。他们通过 CAD 软件获取建筑结构的尺寸和面积数据,用于计算施工材料和人工成本。CAD 软件还能帮助团队绘制施工图纸,并标注相关的工程量和价格信息。

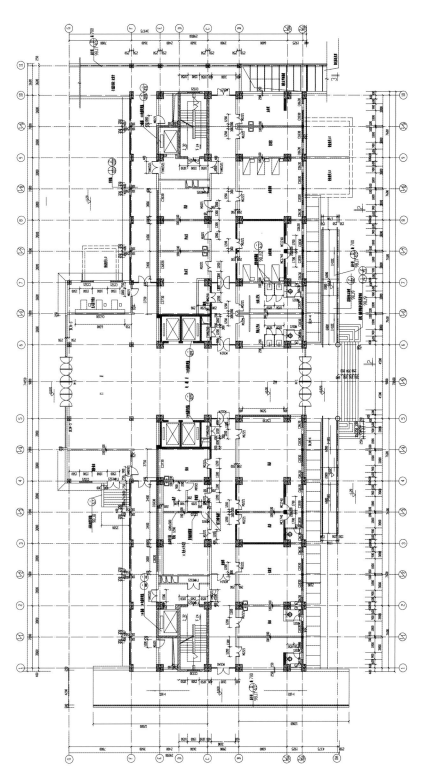

图10.26 医院总平面图

2. BIM 的应用

预算团队使用 BIM 软件对医院的三维模型进行量算和成本估算,如图 10.27 所示。BIM 包含了医院建筑的几何形状、构件信息和属性数据。通过 BIM 软件,预算团队可以从模型中提取工程量和材料信息,并结合市场价格和成本数据进行成本估算和预算编制。

图 10.27　医院建筑模型

3. PMS 的应用

预算团队使用 PMS 进行项目管理和成本控制。他们可以在 PMS 中创建和维护项目的预算计划,跟踪成本支出和预算执行情况。PMS 提供了实时的预算监控和报告功能,帮助团队及时调整预算和成本控制措施。

通过 CAD、BIM 和 PMS 的并行使用,大型医院工程项目的预算团队实现了数字化预算编制和管理。CAD 的应用提供了准确的建筑尺寸和面积数据,为预算工作提供了依据。BIM 帮助团队从模型中提取工程量和材料信息,减少了人工量算的时间和错误。PMS 提供了实时的预算监控和管理功能,帮助团队掌握预算执行情况。

这种并行使用的方法提高了大型医院工程项目预算编制的效率和准确性。数字化工具的使用为预算团队提供了更直观、准确的数据和信息,帮助他们更好地编制和管理项目预算,确保项目的经济可行性和成功实施。

10.2.6　室内设计施工:博物馆展览室内施工 CAD、BIM 和 PMS 并行使用的案例

在博物馆展览室内施工项目中,室内设计的精确性和施工的高效性对展览室内施工效果的呈现至关重要。为了确保设计意图的准确传达和施工的顺利进行,项目团队决定采用 CAD、BIM 和 PMS 并行使用的方法。

1. CAD 的应用

室内设计团队使用 CAD 软件创建室内设计方案的平面图、立面图和剖面图。CAD 软件可以帮助设计团队准确绘制展厅的布局、展品的摆放位置、墙体、地面和天花板等细节。CAD 软件还可以生成详细的构造图纸,帮助施工团队理解设计意图并进行准确的施工。博物馆楼梯施工图如图 10.28 所示

2. BIM 的应用

室内设计团队使用 BIM 软件创建室内设计的三维模型,如图 10.29 所示。BIM可以准确地展示室内空间的尺寸、布局和材料。通过 BIM 软件,设计团队可以模拟不同材料、照明效果和装饰细节,帮助客户和施工团队更好地理解设计方案。BIM 软件还可以与其他团队的模型进行协同工作,确保设计与结构、电气等方面的协调。

3. PMS 的应用

施工团队使用 PMS 进行项目管理和进度控制。PMS 可以帮助团队制订施工计划、分配资源和跟踪工作进展。PMS 提供实时的进度监控和报告功能,帮助团队及时调整施工计划并解决潜在问题。此外,PMS 还可以与 BIM 集成,实现模型与进度的协同管理。

通过 CAD、BIM 和 PMS 的并行使用,博物馆展览室内施工团队实现了设计与施工的高效协作。CAD 的应用提供了详细的设计图纸,确保设计意图准确地传达给施工团队。BIM 提供了直观的三维展示和设计验证,帮助团队理解设计方案并协调各专业工作。PMS 实现了施工计划和进度的有效管理。

这种并行使用的方法提高了博物馆展览室内施工的效率和质量。数字化工具的使用提供了准确的设计信息和施工数据,减少了误差和冲突,提高了团队的协同效率。同时,实时的进度监控和管理有助于项目按时完成。

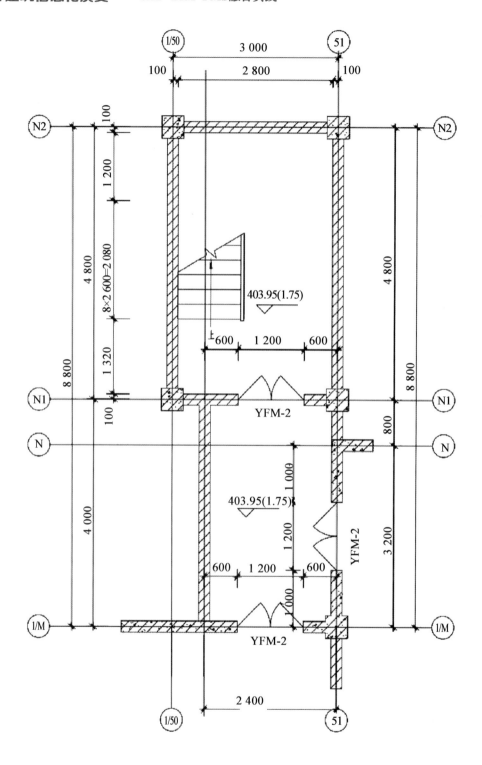

博物馆楼梯底层平面详图1:50

图 10.28　博物馆楼梯施工图

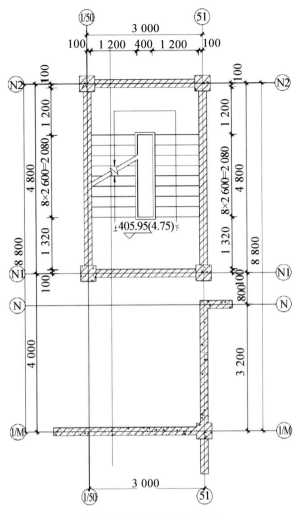

博物馆楼梯底层平面详图1:50

续图 **10.28**

图 **10.29**　博物馆室内效果图

10.2.7 风景园林施工:社区绿地施工 CAD、BIM 和 PMS 并行使用的案例

在社区绿地施工项目中,风景园林设计的准确性和施工的协调性对于创建美丽、功能齐全的绿地至关重要。为了实现设计与施工的无缝衔接,项目团队决定采用 CAD、BIM 和 PMS 并行使用的方法。

1. CAD 的应用

风景园林设计团队使用 CAD 软件创建社区绿地的平面图和剖面图,如图 10.30 所示。CAD 软件帮助设计团队绘制绿地布局、道路和景观元素等的详细图纸。通过 CAD 软件,设计团队可以精确规划植被、水体、路径和设施的位置,并确保设计方案符合相关规范和要求。

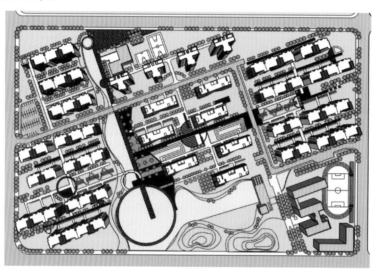

图 10.30　社区绿地平面图

2. BIM 的应用

设计团队使用 BIM 软件创建社区绿地的三维模型,如图 10.31 所示。BIM 可以准确展示绿地的地形、植被、景观元素和设施等细节。通过 BIM 软件,设计团队可以模拟不同材料、植物和光照条件,评估设计效果并进行优化。BIM 软件还可以与其他团队的模型进行协同工作,确保各专业的协调和一致性。

3. PMS 的并行使用

施工团队使用 PMS 进行项目管理和进度控制。PMS 帮助团队制订施工计划、资源分配和进度跟踪。通过 PMS,施工团队可以监控施工进度、资源使用和质量控制。PMS 提供实时的数据分析和报告功能,帮助团队及时做出决策和调整,以确保项目按计划进行。

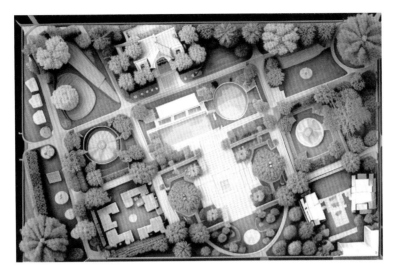

图 10.31　社区绿地模型

通过 CAD、BIM 和 PMS 的并行使用,社区绿地施工团队实现了设计与施工的高效协作。CAD 的应用提供了详细的设计图纸,确保设计意图准确传达给施工团队。BIM 提供了直观的三维展示和设计验证,帮助团队理解设计方案并协调各专业工作。PMS 实现了施工计划和进度的有效管理,确保施工按时完成。

这种并行使用的方法提高了社区绿地施工的效率和质量。数字化工具的使用提供了准确的设计信息和施工数据,减少了误差和冲突,提高了团队的协同效率。同时,实时的进度监控和管理有助于项目按时完成,确保社区绿地的顺利建设,提供美丽的生活环境。

10.2.8　建筑电气施工:科技园区电气施工 CAD、BIM 和 PMS 并行使用的案例

在科技园区电气施工中,CAD、BIM 和 PMS 的并行使用对于确保电气系统的设计、施工和管理的协调性和高效性非常重要。

1. CAD 的应用

电气设计团队使用 CAD 软件创建科技园区的电气布置图、线路图和设备布置图等详细图纸,如图 10.32 所示。CAD 软件帮助设计团队准确绘制电气设备、线路和配电系统的位置和布局,并考虑电气安全和规范要求。通过 CAD 软件,设计团队可以进行电气负荷计算、线路规划和设备选型,确保电气系统的设计满足科技园区的需求。

2. BIM 的应用

设计团队使用 BIM 软件创建科技园区的电气系统的三维模型,如图 10.33 所示。BIM 能够展示电气设备、线路和配电系统的空间布置和相互关系,帮助设计团队进行碰撞检测和冲突解决。通过 BIM 软件,设计团队可以模拟电气系统的运行情况,评估

电气设备的能效和性能,并优化设计方案。BIM 软件还可以与其他专业的模型进行协同工作,确保各专业之间的协调性。

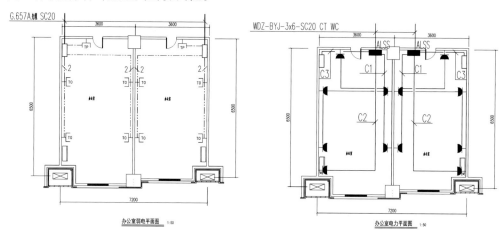

图 10.32 科技园区办公室电气布置图

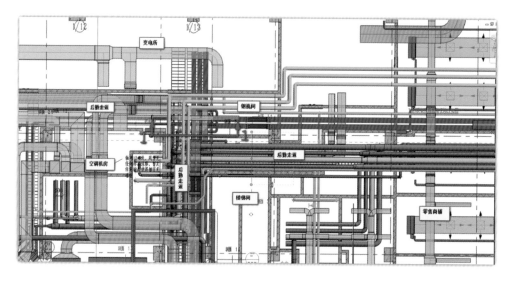

图 10.33 科技园电气系统三维模型

3. PMS 的应用

施工团队使用 PMS 进行电气施工项目的管理和进度控制。PMS 帮助团队制订施工计划、资源分配和进度跟踪,并提供实时的数据分析和报告功能。通过 PMS,施工团队可以监控电气施工进度、资源使用和质量控制,及时调整施工计划,确保项目按时完成。

这种并行使用的方法为科技园区电气施工中带来了许多好处:CAD 的应用提供了详细的设计图纸,确保电气系统的设计准确无误;BIM 软件提供了三维视觉化和碰撞检测的能力,确保电气系统与其他系统的协调;PMS 实现了电气施工的有效管理和进度控制,确保项目按计划进行。

通过 CAD、BIM 和 PMS 的并行使用,科技园区电气施工团队能够提高工作效率、降低错误和冲突,提供高质量的电气系统,并确保项目按时完成。这种数字化工具的综合应用使得电气系统施工过程更加协调和可控,有助于提高项目的成功率和客户满意度。

10.3　管理阶段的并行使用

10.3.1　结构管理:办公大楼结构管理 CAD、BIM 和 PMS 并行使用的案例

在办公大楼(图 10.34)结构管理中,CAD、BIM 和 PMS 的并行使用对于确保结构管理的协调性、准确性和高效性非常重要。

图 10.34　办公大楼建筑模型

1. CAD 的应用

结构管理团队使用 CAD 软件创建办公大楼的结构图、详细图、平面布置图、立面细节图和剖面图等,如图 10.35 所示。CAD 软件用于绘制办公楼立面施工图,通过 CAD 软件,管理团队可以进行结构分析、载荷计算和设计优化,确保建筑结构的安全性和稳定性。

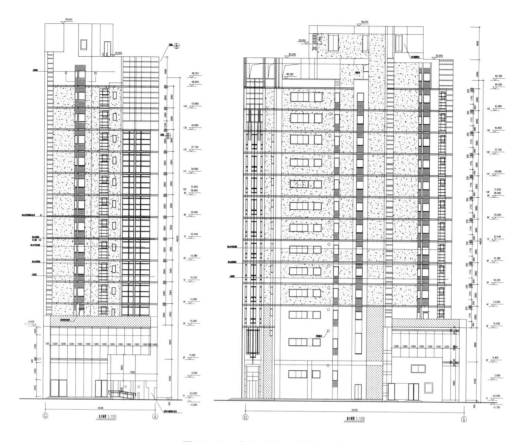

图 10.35　办公大楼立面施工图

2. BIM 的应用

管理团队使用 BIM 软件创建办公大楼的三维结构模型,如图 10.36 所示。BIM 能够展示建筑结构的空间布置、构件之间的关系和碰撞检测。通过 BIM 软件,管理团队可以进行结构分析、模拟载荷和应力分析,评估结构的性能并优化设计方案。BIM 软件还可以与其他专业的模型进行协同工作,确保各专业之间的协调性。

3. PMS 的应用

管理团队使用 PMS 进行结构管理项目的进度控制和资源管理。PMS 帮助团队制订结构施工计划、资源分配和进度跟踪,并提供实时的数据分析和报告功能。通过 PMS,管理团队可以监控结构施工的进度、资源使用和质量控制,及时调整施工计划,确保项目按时完成。

图 10.36 办公大楼结构模型

这种并行使用的方法为办公大楼结构管理带来了许多好处。CAD 的应用提供了详细的设计图纸,确保建筑结构的设计准确无误。BIM 提供了三维视觉化和碰撞检测的能力,确保建筑结构与其他系统的协调。PMS 实现了结构管理的有效进度控制和资源管理,确保项目按计划进行。

通过 CAD、BIM 和 PMS 的并行使用,办公大楼结构管理团队能够提高工作效率、降低错误和冲突,确保结构的安全性和稳定性,并确保项目按时完成。这种数字化工具的综合应用使得结构管理过程更加协调、准确和高效。

10.3.2 道路桥梁管理:城市快速路桥梁管理 CAD、BIM 和 PMS 并行使用的案例

在城市快速路桥梁管理中,CAD、BIM 和 PMS 的并行使用对于确保桥梁管理的协调性、准确性和高效性非常重要。

1. CAD 的应用

桥梁管理团队使用 CAD 软件创建桥梁的设计图纸和施工图纸,如图 10.37 所示。通过 CAD 软件,管理团队可以进行桥梁设计和分析,包括载荷计算、材料选型和结构优化等。CAD 图纸还用于桥梁施工的指导和监督。

2. BIM 的应用

管理团队使用 BIM 软件创建桥梁的三维模型。BIM 能够展示桥梁的空间布置、构件之间的关系和碰撞检测。通过 BIM 软件,管理团队可以进行桥梁设计和分析,包括结构性能模拟、材料与资源管理以及施工过程的可视化,如图 10.38 所示。BIM 模型还可以与其他专业模型进行协同工作,确保各专业之间的协调性。

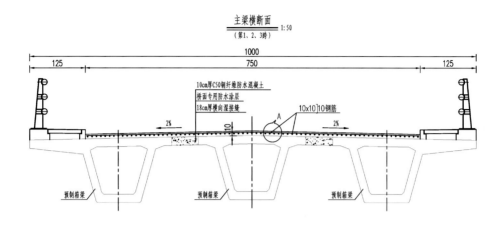

图 10.37　桥面结构施工图

3. PMS 的应用

在并行的 PMS 使用中,管理团队使用 PMS 进行桥梁项目的进度控制和资源管理,见表 10.2、10.3 所列。PMS 帮助团队制定桥梁施工计划、资源分配和进度跟踪,并提供实时的数据分析和报告功能。通过 PMS,管理团队可以监控桥梁施工的进度、资源使用和质量控制,及时调整施工计划,确保项目按时完成。

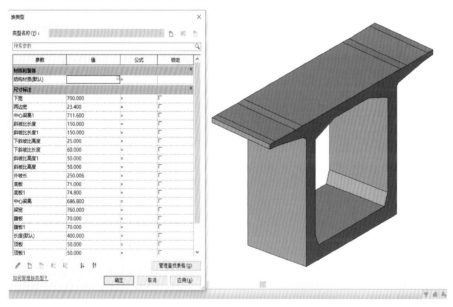

图 10.38　BIM 软件对箱梁进行参数化设计

这种并行使用的方法为城市快速路桥梁管理带来了许多好处。CAD 的应用提供了详细的设计和施工图纸,确保桥梁的准确建造。BIM 提供了三维视觉化和碰撞检测的能力,确保桥梁与其他系统的协调。PMS 实现了桥梁管理的有效进度控制和资源管理,确保项目按计划进行。

表 10.2　洞门端墙、翼墙、挡土墙模板安装质量标准

序号	项目	规定值或允许偏差	检查方法
1	基础边缘位置	+15,0	测量:每边不少于 4 处
2	基础顶面位置	±10	
3	边墙边缘位置	±10,0	
4	边墙拱脚、端翼墙面、顶面高程	±10	
5	模板表面平整度	5	2 m 靠尺测量:不少于 4 处
6	模板表面错台	2	尺量
7	预留孔洞	±10,0	尺量

表 10.3　预制梁施工控制要点

序号	标准化要点
1	预制梁场总体规划设计应结合所在区域的技术经济、自然条件等进行编制,满足生产、运输、防震、防洪、防火、安全、卫生、环境保护、节能和职工生活设施的需要
2	预制梁场应尽量按照"工厂化、集约化、专业化"的要求规划建设,每个预制梁场预制的梁板数量不宜过少。若个别受地形、运输条件限制的桥梁梁板需单独预制,规模可适当减小,但钢筋骨架定位胎膜、自动喷淋养护等设施仍应满足施工生产要求
3	设置自动喷淋养生设备。预制梁板采用土工布包裹喷淋养生(冬季应根据气候情况采用蒸汽保湿养生),养生水应循环使用。喷淋水压泵应能保证提供足够的水压,确保梁板的每个部位均能养护到位,尤其是翼缘板底面及横隔板部位
4	运梁通道场内部分应在所有存梁范围内设置,场外运梁道路不应过长,一般不应超过 300 m 长,在制梁场选址时应该提前考虑,做好规划

通过 CAD、BIM 和 PMS 的并行使用,城市快速路桥梁管理团队能够提高工作效率、降低错误和冲突,确保桥梁的质量和安全,并确保项目按时完成。这种数字化工具的综合应用使得桥梁管理过程更加协调、准确和高效。

10.3.3　工程项目管理:大型体育场馆工程管理 CAD、BIM 和 PMS 并行使用案例

随着体育赛事的不断发展,大型体育场馆的建设需求日益增长。这些场馆通常需要满足多种功能,包括举办国际赛事、进行大型演出以及日常的体育训练等。为了确保项目的顺利进行,在大型体育场馆工程管理中,CAD、BIM 和 PMS 的并行使用可以

显著提高项目管理的效率和质量,并确保项目按时完成。

1. CAD 的应用

项目管理团队可以使用 CAD 软件创建体育场馆的平面布局和详细图纸,如图 10.39 所示。CAD 软件可以帮助团队准确绘制场馆的结构、设备和设施的布置,并进行设计修改和优化。CAD 图纸可以用于指导建筑施工和设备安装过程,并作为管理和沟通工具。

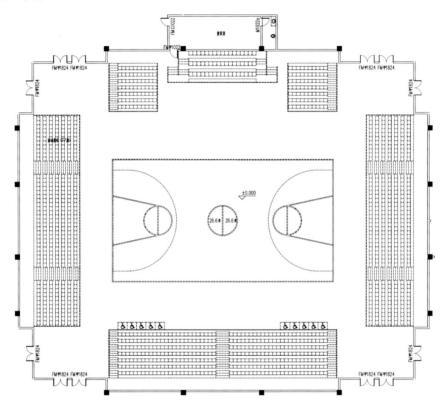

图 10.39　体育馆平面图

2. BIM 的应用

项目管理团队可以使用 BIM 软件创建体育场馆的三维模型。BIM 能够展示场馆的空间布局、建筑元素之间的关系以及设备和系统的安装。通过 BIM 软件,团队可以进行场馆的设计和协调,包括施工过程的模拟、碰撞检测和资源管理。BIM 模型还可以用于协调各专业之间的工作,并提供实时的项目状态和进度信息。

3. PMS 的应用

项目管理团队可以使用 PMS 进行项目计划、进度控制和资源管理。PMS 可以帮助团队制订项目计划、分配资源和跟踪进度,并提供实时的数据分析和报告功能。通过 PMS 软件,团队可以监控项目的进度、成本和质量,及时调整计划并做出决策。

这种并行使用的方法为大型体育场馆工程管理带来了许多好处:CAD 的应用提供了详细的设计图纸,确保场馆的准确施工和设备安装;BIM 提供了全面的场馆视觉化功能和碰撞检测功能,确保各专业之间的协调;PMS 实现了项目的全面控制和资源管理,确保项目按计划进行。

通过 CAD、BIM 和 PMS 的并行使用,大型体育场馆工程管理团队可以提高项目管理的效率、降低错误和冲突,确保项目的质量和进度控制,并提前识别和解决问题。这种数字化工具的综合应用使得工程项目管理过程更加协调、准确和高效。

10.3.4　建筑工程监理:公共设施建设项目工程监理 CAD、BIM 和 PMS 并行使用的案例

在公共设施(图 10.40)建设项目的工程监理中,CAD、BIM 和 PMS 的并行使用可以提高监理效率、减少错误和冲突,确保项目按照计划和质量要求进行。

图 10.40　公共设施模效果图

1. CAD 的应用

监理团队可以使用 CAD 软件来审查和分析建筑图纸和设计文件,如图 10.41 所示。CAD 软件可以帮助监理人员准确理解设计意图,检查建筑元素的合规性和可行性,并提供专业意见和建议。监理人员可以使用 CAD 软件标注和记录发现的问题,并与设计团队进行沟通和协调。

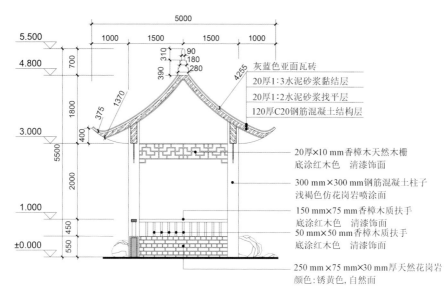

图 10.41 凉亭施工图

2. BIM 的应用

监理团队可以使用 BIM 软件对建筑模型进行审查和分析。BIM 可以提供更直观的场景展示,使监理人员能够更好地理解建筑结构、系统和设备的关系,如图 10.42 所示。通过 BIM 软件,监理人员可以检查碰撞、冲突和一致性,并及时提出建议和改进措施。此外,BIM 软件还可用于监测施工进度和质量,以及进行安全分析和施工仿真。

图 10.42 公共设施模型

3. PMS 的应用

监理团队可以使用 PMS 进行工程进度、质量和安全管理。PMS 可以帮助监理人员跟踪工程进度,确保施工按计划进行,并及时识别和解决延迟和问题。此外,PMS还可以用于监测施工质量和合规性,生成相关的报告和文档。

通过 CAD、BIM 和 PMS 的并行使用,监理团队可以更全面地审查、监督和管理建筑工程项目。CAD 软件帮助审查图纸和设计文件,BIM 软件提供更直观的场景展示和碰撞检测,而 PMS 则提供了全面的项目进度和质量管理工具。这种并行使用的方法有助于提高监理团队的工作效率,减少错误和冲突,确保建筑工程项目按照计划和要求进行,最终实现项目的成功交付。

10.3.5　工程预算管理:大型商业中心工程项目预算管理 CAD、BIM 和 PMS 并行使用的案例

在大型商业中心(图 10.43)工程项目的预算管理中,CAD、BIM 和 PMS 的并行使用可以提高预算编制、跟踪和控制的效率,减少错误和风险,并确保项目的经济可行性和财务可持续性。

1. CAD 的应用

预算管理团队可以使用 CAD 软件来准确计量和估算建筑物的各个构件和材料的数量和成本。通过 CAD 软件,可以快速生成建筑物的平面、立面和剖面图,如图 10.44 所示,并结合设计文档和规范要求进行材料清单和量化,CAD 软件可以帮助预算管理人员更准确地确定建筑物的成本,并进行成本优化和控制。

图 10.43　大型商业中心效果图

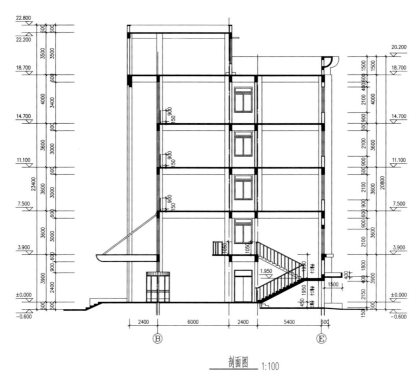

剖面图 1:100

图 10.44 大型商业中心立面图

2. BIM 的应用

预算管理团队可以使用 BIM 软件来建立建筑物的三维模型,并将材料、构件和设备的成本信息与模型关联,如图 10.45 所示。通过 BIM,预算管理人员可以更直观地了解建筑物的各个部分,识别和估算潜在的成本风险和变化。BIM 软件还可以支持预算管理人员进行模型分析和优化,以实现预算目标。

图 10.45 大型商业中心结构模型

3. PMS 的应用

预算管理团队可以使用 PMS 软件进行预算编制、跟踪和控制。PMS 可以帮助预算管理人员制订详细的项目预算计划,并跟踪实际支出和成本变化。通过 PMS,预算管理人员可以及时了解项目的预算执行情况,控制成本偏差,并生成相关的报告和分析。

通过 CAD、BIM 和 PMS 的并行使用,预算管理团队可以更全面地管理和控制大型商业中心工程项目的预算。CAD 软件帮助进行准确的数量估算和成本计量,BIM 软件提供直观的场景展示和成本分析,而 PMS 则支持预算编制、跟踪和控制。这种并行使用的方法有助于提高预算管理的准确性和效率,降低项目成本风险,并确保项目的经济可行性。

10.3.6　室内设计管理:创新科技公司办公室室内设计工程管理 CAD、BIM 和 PMS 并行使用的案例

在创新科技公司办公室的室内设计工程管理中,CAD、BIM 和 PMS 的并行使用可以提高设计管理的效率,确保设计质量和进度控制,优化资源利用。

1. CAD 的应用

设计团队可以使用 CAD 软件进行室内空间的平面布局、家具和设备布置,绘制详细的建筑图纸和施工图纸,如图 10.46 所示。CAD 软件可以帮助设计团队快速生成设计方案和效果图,并与相关方进行沟通和反馈。CAD 软件还能标注精确的尺寸和比例,帮助设计团队确保设计符合空间要求和功能需求。

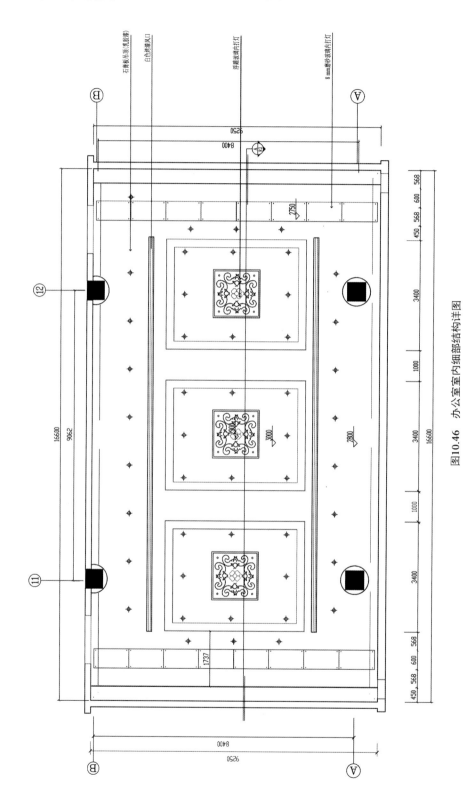

图10.46 办公室室内细部结构详图

2. BIM 的应用

设计团队可以使用 BIM 软件建立室内空间的三维模型,并添加具体的家具、设备和材料信息,如图 10.47 所示。通过 BIM 软件,设计团队可以将设计方案可视化,检查各个元素之间的协调性和冲突,并提前识别潜在的问题。BIM 软件还支持设计团队进行模拟和优化,提高设计效果和客户满意度。

图 10.47 科技公司办公室室内模型

3. PMS 的应用

设计团队可以使用 PMS 进行项目管理和进度控制。PMS 可以帮助设计团队制订详细的项目计划,并跟踪设计任务的完成情况和进度。通过 PMS,设计团队可以及时了解设计工作的状态和资源分配,协调设计人员之间的工作,确保项目按时完成。

通过 CAD、BIM 和 PMS 的并行使用,设计团队可以更好地管理和控制创新科技公司办公室的室内设计工程。CAD 软件绘制详细的设计图纸,BIM 软件提供全面的设计可视化和冲突检测功能,PMS 支持项目管理和进度控制。这种并行使用的方法有助于提高设计管理的效率,确保设计质量和进度控制,优化资源利用,以满足创新科技公司的需求和期望。

10.3.7 风景园林管理:滨海度假村景观工程管理 CAD、BIM 和 PMS 并行使用的案例

在滨海度假村的风景园林管理中,CAD、BIM 和 PMS 的并行使用可以提高景观工程管理的效率,确保工程质量和项目进度的控制,优化资源的利用。

1. CAD 的应用

景观设计团队使用 CAD 软件进行滨海度假村景观的平面布局和细节设计,如图 10.48 所示,包括道路、步行道、绿化区域、水景等元素的布置和连接。CAD 软件可以帮助设计团队快速生成设计图纸和施工图纸,并确保设计符合规范和要求。此外,CAD软件还支持景观设施的材料选择和成本估算。

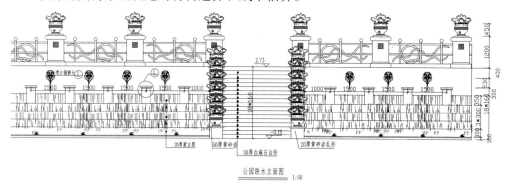

图10.48 度假村景观跌水立面施工图

2. BIM的应用

设计团队可以使用BIM软件建立滨海度假村景观的三维模型(图10.49),并添加具体的元素和属性信息。通过BIM软件,设计团队可以将景观设计方案可视化,并检查各个元素之间的协调性和冲突,提前识别潜在的问题。BIM软件还支持景观设计的可持续性分析和优化,提高工程质量和可持续性。

3. PMS的应用

景观工程团队可以使用PMS进行项目管理和进度控制。PMS可以帮助团队制订详细的项目计划,跟踪工程任务的完成情况和进度,协调资源的分配和使用,及时了解工程状态和质量控制的情况。通过PMS,团队可以更好地管理滨海度假村景观工程的施工进度和质量要求。

图10.49 滨海度假村景观模型

通过CAD、BIM和PMS的并行使用,景观工程团队可以更好地管理和控制滨海度假村的景观工程。CAD软件帮助进行平面布局和细节设计,BIM软件提供全面的设计可视化和冲突检测功能,PMS 支持项目管理和进度控制。这种并行使用的方法有助于提高景观工程管理的效率,确保工程质量和项目进度的控制,优化资源的利用,以实现滨海度假村的景观设计目标。

10.3.8　物业管理:生态农业园区物业管理 CAD、BIM 和 PMS 并行使用的案例

在生态农业园区的物业管理中,CAD、BIM 和 PMS 的并行使用可以提高物业管理效率、优化资源利用,实现可持续发展的目标。

1. CAD 的应用

物业管理团队可以使用 CAD 软件创建和管理生态农业园区的平面图和布局。CAD 软件可以帮助团队绘制园区的地形、道路、建筑物和设施等平面图,标注关键设备和管线,如图 10.50 所示。通过 CAD 软件,物业管理团队可以更好地理解园区的空间布局和设施位置,进行场地规划和资源配置。

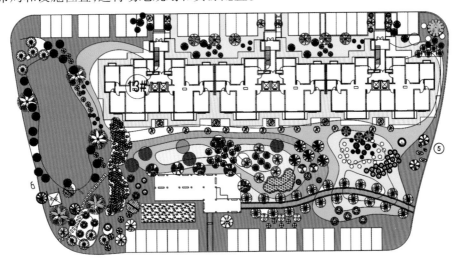

图 10.50　生态农业园区平面布局图

2. BIM 的应用

物业管理团队可以使用 BIM 软件建立生态农业园区的三维模型,并添加相关的设备和属性信息,如图 10.51 所示。BIM 可以包含园区的建筑物、设施、道路、管线等元素,并提供详细的几何、构造和属性数据。通过 BIM 软件,物业管理团队可以更好地可视化和管理园区的设施和资源,进行设备维护和更新计划,实现高效的能源管理和资源利用。

3. PMS 的应用

物业管理团队使用 PMS 进行生态农业园区的项目管理和运营控制。PMS 可以帮助团队制订和执行设备维护计划,跟踪设施的维修和保养情况,管理能源消耗和资源

利用,进行预算和费用管理。通过 PMS,物业管理团队可以实时监控园区设施的运营状态,及时响应问题和异常情况,确保园区的正常运行和安全性。

图 10.51　农业生态园区模型

通过 CAD、BIM 和 PMS 的并行使用,生态农业园区的物业管理团队可以更好地管理和控制园区的设施和资源。CAD 软件进行平面布局和设施规划,BIM 软件提供全面的三维可视化和属性管理功能,PMS 支持项目管理和运营控制。这种并行使用的方法有助于提高物业管理的效率,优化资源利用,实现生态农业园区的可持续发展目标。

10.3.9　建筑电气管理:教育培训中心电气工程管理 CAD、BIM 和 PMS 并行使用的案例

在教育培训中心的电气工程管理中,CAD、BIM 和 PMS 的并行使用可以提高电气系统设计、施工和运营的效率,确保电力供应的可靠性和安全性。

1. CAD 的应用

电气工程团队可以使用 CAD 软件进行电气系统的平面布局和细节设计。CAD 软件可以帮助团队绘制电气线路图、布置电气设备和配电盘,以及标注电气符号和接线方式,如图 10.52 所示。通过 CAD 软件,电气工程团队可以更好地规划和设计教育培训中心的电力供应系统,确保各个电气设备的合理布置和连接。

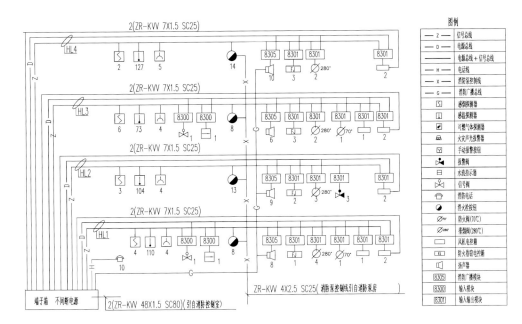

图 10.52　消防系统电气施工图

2. BIM 的应用

电气工程团队可以使用 BIM 软件建立教育培训中心的电气系统的三维模型,并添加相关的设备和属性信息。BIM 包含电气线路、设备和配电盘等元素,并提供详细的几何、构造和属性数据。通过 BIM 软件,电气工程团队可以将电气系统的设计可视化,检查冲突和碰撞,进行电气设备的空间占用分析,如图 10.53 所示。

3. PMS 的应用

电气工程团队可以使用 PMS 进行教育培训中心的电气工程的项目管理和运营控制。PMS 可以帮助团队制订和执行电气设备的维护计划,跟踪设备的维修和保养情况,管理电能消耗和用电费用,进行电力系统的监控和故障诊断。通过 PMS,电气工程团队可以实时监测电气设备的运行状态,及时响应故障和异常情况,保证电力供应的可靠性和安全性。

通过 CAD、BIM 和 PMS 的并行使用,教育培训中心的电气工程团队可以更好地管理和控制电气系统的设计、施工和运营。CAD 软件帮助进行电气系统的平面布局和细节设计,BIM 软件提供全面的三维可视化和冲突检测,PMS 支持电气设备的项目管理和运营控制。这种并行使用的方法有助于提高电气工程的效率,确保电力供应的可靠性和安全性,满足教育培训中心对电气系统的需求。

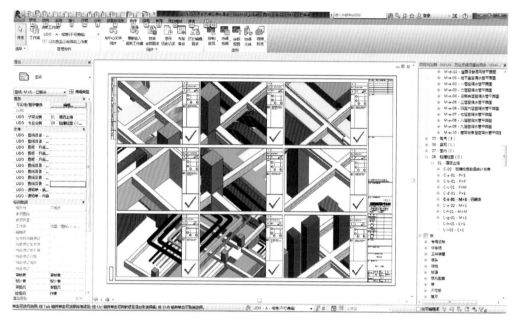

图 10.53　电气系统管线碰撞检查记录

第 11 章　阶段三:CAD 与 BIM 及 PMS 的集成

在本章中,将深入探讨在设计、施工和管理阶段将 CAD、BIM 和 PMS 集成使用的相关案例。

11.1　设计阶段的集成

11.1.1　结构设计:复杂大型体育场馆结构设计 CAD、BIM 和 PMS 集成应用的案例

随着科技的进步,现代体育场馆的设计和施工越来越复杂。为了满足功能多样性、结构安全性、绿色环保等方面的要求,设计者需要借助先进的技术手段进行高效、精确的设计。CAD、BIM 及 PMS 作为工程设计和管理中的重要工具,在复杂大型体育场馆的结构设计中发挥着不可或缺的作用。复杂大型体育场馆的结构设计涉及多个专业领域和复杂的结构系统。CAD、BIM 和 PMS 的集成应用可以提高设计效率、减少错误和冲突,优化结构设计的质量和可靠性。

在 CAD 和 BIM 的集成应用中,结构设计团队可以使用 CAD 软件进行结构的绘图和细节设计。CAD 软件可以帮助团队绘制结构平面、剖面和立面图,并标注结构构件、尺寸和材料信息。通过 CAD 软件,设计团队可以快速创建和修改结构图纸,并进行结构分析和设计计算。

BIM 的集成应用可以在 CAD 的基础上提供更全面的结构设计和协调。设计团队可以使用 BIM 软件创建体育场馆的三维模型,并在模型中添加结构元素、属性和关联信息。BIM 包含结构框架,支撑系统,梁、柱、墙、板等结构构件,并提供几何、构造和属性数据。通过 BIM 软件,设计团队可以进行结构分析和模拟,检查冲突和碰撞,并进行可视化的结构设计评估,如图 11.1 所示。

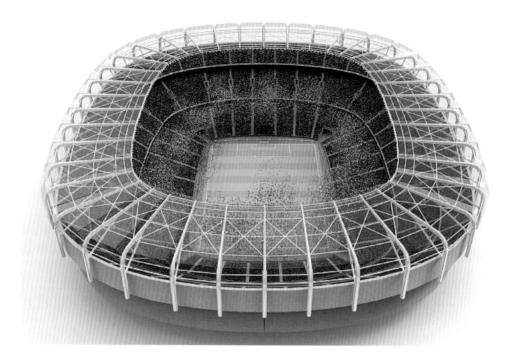

图 11.1　复杂大型体育场结构模型

PMS 的集成应用可以在设计阶段提供结构施工和项目管理的支持。PMS 可以与 BIM 软件集成,实现结构施工过程的规划、进度管理和资源分配。设计团队可以利用 PMS 软件跟踪结构施工的进度、质量和成本,并与其他专业进行协同工作。PMS 软件还可以提供实时监控和反馈,确保结构施工的安全和合规性。

综上所述,通过 CAD、BIM 和 PMS 的集成应用,复杂大型体育场馆的结构设计可以实现多专业的协同工作、提高设计效率、减少错误和冲突,优化结构设计的质量和可靠性。集成应用的优势在于提供全面的设计和管理支持,从设计阶段到施工阶段,确保结构设计与施工的无缝衔接和优化运行。这种集成应用的案例可以为未来类似项目的设计和管理提供借鉴和指导。

11.1.2　道路桥梁设计:城市桥梁 CAD、BIM 和 PMS 集成应用的案例

城市桥梁(图 11.2)设计涉及复杂的结构和土木工程,CAD、BIM 和 PMS 的集成应用可以提高设计效率、减少错误和冲突,更加高效地进行精细化设计和施工管理,优化设计质量和施工进度。

图 11.2　城市桥梁模型

在 CAD 和 BIM 的集成应用中,设计团队可以利用 CAD 软件进行桥梁的绘图和设计。CAD 软件可以帮助团队绘制桥梁的平面图、剖面图和立面图,并标注结构要素、尺寸和材料信息,如图 11.3 所示。通过 CAD 软件,设计团队可以进行结构分析和设计计算,并生成详细的施工图纸。

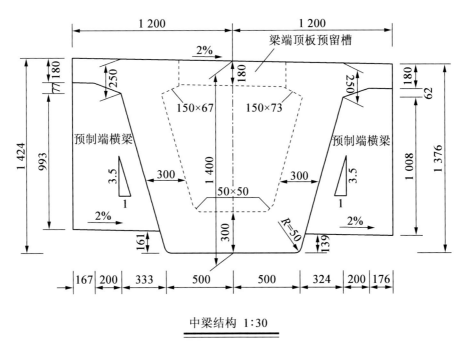

图 11.3　桥梁结构图

BIM 的集成应用可以在 CAD 的基础上提供更全面的桥梁设计和协调。设计团队可以使用 BIM 软件创建桥梁的三维模型,并在模型中添加结构、土建和道路等要素,如图 11.4 所示。BIM 包含桥梁的几何形状、构造细节和属性信息,同时可以进行结构

313

分析、可视化展示和碰撞检测。通过 BIM 软件,设计团队可以实现多专业的协同工作,提高设计的一致性和准确性。

PMS 的集成应用可以在设计阶段提供桥梁施工的管理支持。PMS 可以与 BIM 软件集成,实现施工过程的规划、进度管理和资源分配。设计团队可以利用 PMS 跟踪施工进度、材料和人力资源,并与其他专业进行协同工作。PMS 还可以提供实时监控和反馈,确保施工的安全和质量。

综上所述,通过 CAD、BIM 和 PMS 的集成应用,城市桥梁设计可以实现多专业的协同工作,提高设计效率,减少错误和冲突,并优化设计质量和施工管理。集成应用的优势在于提供全面的设计和管理支持,从设计阶段到施工阶段,确保设计与施工的无缝衔接和优化运行。这种集成应用的案例可以为未来类似项目的设计和管理提供借鉴和指导。

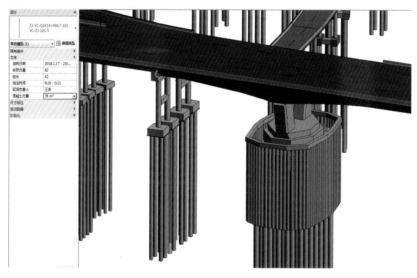

图 11.4　城市桥梁结构模型

11.1.3　工程项目设计:工程项目设计与管理 CAD、BIM 和 PMS 集成应用的案例

工程项目设计与管理的 CAD、BIM 和 PMS 的集成应用能够实现项目设计和管理的协同工作,提高设计质量、减少冲突和错误,优化项目进度和成本控制。

在 CAD 和 BIM 的集成应用中,设计团队可以利用 CAD 软件进行项目的绘图和设计。CAD 软件可以绘制项目的平面图、剖面图和立面图,并标注设计要素、尺寸和材料信息,如图 11.5 所示。通过 CAD 软件,设计团队可以进行项目分析和设计计算,并生成详细的施工图纸。

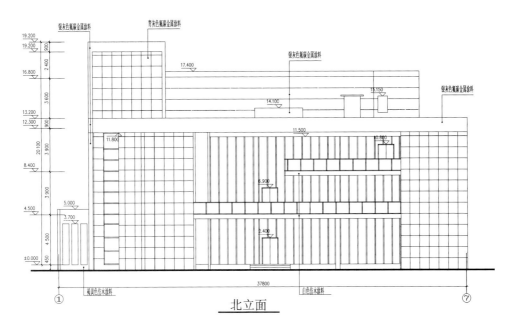

图 11.5　建筑立面施工图

BIM 的集成应用可以在 CAD 的基础上提供更全面的项目设计和协调。设计团队可以使用 BIM 软件创建项目的三维模型，并在模型中添加各个专业的设计要素。BIM 软件包含项目的几何形状、构造细节和属性信息，同时可以进行各种分析、可视化展示和冲突检测，如图 11.6 所示。通过 BIM 模型，设计团队可以实现多专业的协同工作，提高设计的一致性和准确性。

PMS 的集成应用可以在设计阶段提供项目管理的支持。PMS 可以与 BIM 软件集成，实现项目进度的规划、资源的管理和成本的控制。设计团队可以利用 PMS 跟踪项目进度、资源分配和成本预算，并与其他团队进行协同工作。PMS 还可以提供实时监控和反馈，帮助项目管理团队做出及时的决策。

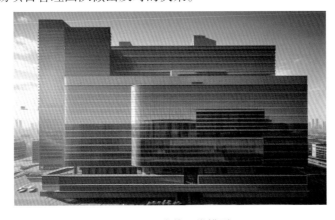

图 11.6　建筑三维模型

通过 CAD、BIM 和 PMS 的集成应用,工程项目设计与管理可以实现多专业的协同工作、提高设计效率、减少错误和冲突,优化项目进度和成本控制。集成应用的优势在于提供全面的设计和管理支持,确保设计与项目管理的无缝衔接和优化运行。这种集成应用的案例可以为未来类似项目的设计和管理提供借鉴和指导。

11.1.4 工程预算:工程项目预算与成本控制 CAD、BIM 和 PMS 集成应用的案例

工程项目预算与成本控制的 CAD、BIM 和 PMS 的集成应用能够实现项目预算的准确编制和成本控制的有效管理,提高预算精度、降低成本风险,并优化项目的资源利用。

在 CAD 和 BIM 的集成应用中,预算团队可以利用 CAD 软件进行项目的绘图和建模。CAD 软件可以绘制项目的平面图、剖面图和立面图,并标注设计要素、尺寸和材料信息,如图 11.7 所示。通过 CAD 软件,预算团队可以获取项目的几何数据和构造细节,并进行初步的成本估算。

BIM 的集成应用可以在 CAD 的基础上提供更全面的项目预算和成本控制。预算团队可以使用 BIM 软件创建项目的三维模型,并在模型中添加构件的数量、材料信息和成本数据,如图 11.8 所示。BIM 软件可以实时计算构件的数量和成本,生成详细的项目预算报告。通过 BIM 软件,预算团队可以更准确地预测项目的成本,进行成本优化和风险评估。

PMS 的集成应用可以在预算阶段提供成本管理的支持。PMS 可以与 BIM 软件集成,实现项目预算的规划、资源的管理和成本的控制。预算团队可以利用 PMS 跟踪项目的成本预算、资源分配和费用支付,并与其他团队进行协同工作。PMS 还可以提供实时的成本分析和报告,帮助预算团队做出合理的预算决策。

通过 CAD、BIM 和 PMS 的集成应用,工程项目预算与成本控制可以实现更准确、高效的预算编制和成本管理。集成应用的优势在于提供全面的项目预算和成本控制支持,确保预算与成本管理的一致性和准确性。这种集成应用的案例可以为未来类似项目的预算和成本控制提供借鉴和指导。

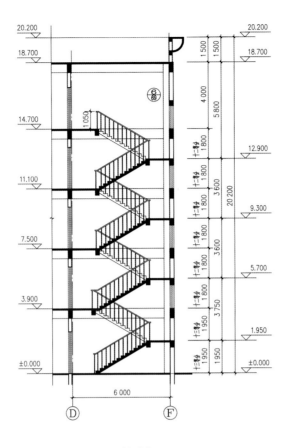

Ⅲ—Ⅲ剖面图 1∶100

图 11.7　某建筑剖面施工图

图 11.8　某建筑三维模型

11.1.5　室内设计:豪华别墅室内设计 CAD、BIM 和 PMS 集成应用的案例

在豪华别墅室内设计的集成应用中,CAD、BIM 和 PMS 的集成可以提高设计效率、优化项目管理、增强设计品质。

在室内设计阶段,设计团队可以使用 CAD 软件进行绘图和平面布局设计。CAD 软件可以绘制别墅的平面图、家具布置图和电气布置图等,并标注设计要素、尺寸和材料信息,如图 11.9 所示。CAD 软件还可以帮助设计团队实现快速修改和设计调整,提高设计的灵活性和可视化效果。

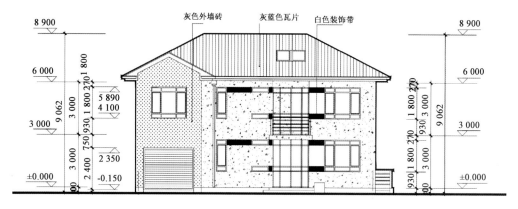

图 11.9　别墅立面施工图

BIM 的集成应用在豪华别墅室内设计中起到关键作用。设计团队可以使用 BIM 软件创建别墅的三维模型,如图 11.10 所示,并添加家具、装饰物和细节构件。BIM 软件可以提供更直观、逼真的空间感受和视觉效果,帮助业主和设计团队更好地理解设计方案。此外,BIM 软件还可以帮助设计团队进行碰撞检测、材料管理和预算计算,提高设计质量和效率。

PMS 的集成应用可以在室内设计阶段提供项目管理的支持。PMS 可以与 BIM 软件集成,实现设计进度的跟踪、资源的管理和任务分配。设计团队可以使用 PMS 进行项目计划、协同工作和沟通管理。PMS 还可以帮助设计团队掌握项目的时间和成本控制,确保设计按计划进行。

通过 CAD、BIM 和 PMS 的集成应用,豪华别墅室内设计可以实现更高效、准确的设计流程和管理。集成应用的优势在于提供全方位的设计支持和项目管理功能,促进设计团队、业主和项目利益相关方之间的协同工作和信息共享。这种集成应用的案例可以为未来类似项目提供指导和借鉴,提升设计效果和客户满意度。

图 11.10　豪华别墅三维建模

11.1.6　风景园林设计：公园景观设计 CAD、BIM 和 PMS 集成应用的案例

在公园景观设计中，CAD、BIM 和 PMS 的集成应用可以提高设计效率，实现协同工作和项目管理。

在公园景观设计阶段，设计团队可以使用 CAD 软件进行二维和三维绘图。CAD 软件可以绘制公园的平面布局图、植被布置图和道路网络图等，并标注设计要素、尺寸和材料信息，如图 11.11 所示。CAD 软件还可以帮助设计团队进行详细的绘图和细节设计，确保设计方案的准确性和可行性。

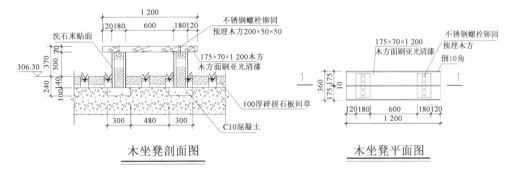

图 11.11　公园木座凳施工图

BIM 的集成应用在公园景观设计中具有重要作用。设计团队可以使用 BIM 软件创建公园的三维模型，并添加植被、景观元素和基础设施，如图 11.12 所示。BIM 软件可以提供更真实、可视化的场景展示和空间感受，帮助设计团队和业主更好地理解设计方案。此外，BIM 软件还可以进行碰撞检测、材料管理和可持续性分析，提高设计的质量和可持续性。

图 11. 12 公园景观三维模型

PMS 的集成应用可以在公园景观设计中实现项目管理和协同工作。PMS 可以与 BIM 集成,跟踪设计进度、资源管理和任务分配。设计团队可以使用 PMS 进行项目计划、工作流程管理和团队协作。PMS 还可以帮助设计团队进行成本控制和时间管理,确保设计按时交付。

通过 CAD、BIM 和 PMS 的集成应用,公园景观设计可以实现更高效、准确的设计流程和项目管理。集成应用的优势在于提供综合的设计支持和项目协同工作功能,促进设计团队、业主和项目利益相关方之间的沟通和合作。这种集成应用的案例可以为未来类似项目提供借鉴和指导,提升设计质量和项目成功率。

11. 1. 7 建筑电气设计:智能化办公楼电气系统设计 CAD、BIM 和 PMS 集成应用的案例

在智能化办公楼电气系统设计中,CAD、BIM 和 PMS 的集成应用可以提高设计效率,实现协同工作和项目管理。

在电气系统设计阶段,设计团队可以使用 CAD 软件进行电气布线图的绘制。CAD 软件可以绘制电气线路图、配电盘布置图和设备安装图等,并标注电气元素、尺寸和材料信息,如图 11. 13 所示。CAD 软件还可以帮助设计团队进行细节设计和布线优化,确保电气系统的安全性和有效性。

BIM 的集成应用在智能化办公楼电气系统设计中具有重要作用。设计团队可以使用 BIM 软件创建电气系统的三维模型,并添加电缆、开关设备和照明装置。BIM 软件可以提供更真实、可视化的电气系统展示,帮助设计团队和业主更好地理解设计方案。此外,BIM 软件还可以进行碰撞检测、能源分析和设备管理,提高设计的质量和效率。

PMS 的集成应用可以在智能化办公楼电气系统设计中实现项目管理和协同工

作。PMS 可以与 BIM 软件集成,跟踪设计进度、资源管理和任务分配。设计团队可以使用 PMS 进行工作计划、工作流程管理。PMS 还可以帮助设计团队进行成本控制和时间管理,确保设计按时交付。

通过 CAD、BIM 和 PMS 的集成应用,智能化办公楼电气系统设计可以实现更高效、准确的设计和项目管理。集成应用的优势在于提供综合的设计支持和项目协同工作功能,促进设计团队、业主和项目利益相关方之间的沟通和合作。这种集成应用的案例可以为未来类似项目提供借鉴和指导,提升设计质量和项目成功率。

11.2　施工阶段的集成

11.2.1　结构施工:超高层建筑结构施工 CAD、BIM 和 PMS 集成应用的案例

在超高层建筑结构施工中,CAD、BIM 和 PMS 的集成应用可以提高施工效率,实现协同工作和项目管理。

在施工前期,CAD 软件可以用于绘制超高层建筑的结构施工图。CAD 软件可以绘制楼层平面图、立面图和剖面图,并标注构件、尺寸和材料信息,如图 11.14 所示,CAD 软件可以帮助施工团队进行施工工艺设计和施工序列规划,确保施工过程的安全性和顺利进行。

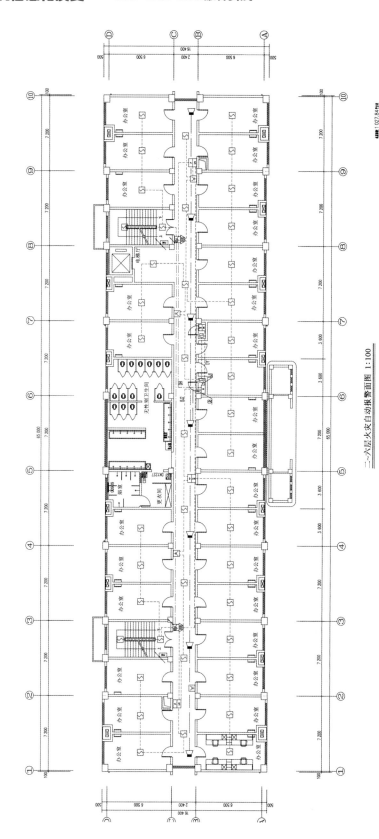

二~六层火灾自动报警平面图 1:100

图11.13 办公楼火灾自动报警电气系统平面图

　　BIM 的集成应用在超高层建筑结构施工中具有重要作用。设计团队可以使用 BIM 软件创建超高层建筑的三维模型，如图 11.15 所示，并添加结构构件、混凝土浇筑和钢筋布置。BIM 软件可以提供更直观、可视化的施工信息，帮助施工团队理解和协调施工任务。此外，BIM 软件还可以进行碰撞检测、施工时序规划和物料管理，提高施工的质量和效率。

　　PMS 的集成应用可以在超高层建筑结构施工中实现项目管理和协同工作。PMS 可以与 BIM 软件集成，跟踪施工进度、资源管理和任务分配。施工团队可以使用 PMS 进行工作计划、工作流程管理和团队协作。PMS 还可以帮助施工团队进行成本控制和时间管理，确保项目按时交付。

　　通过 CAD、BIM 和 PMS 的集成应用，超高层建筑结构施工可以实现更高效、准确的施工流程和项目管理。集成应用的优势在于提供综合的施工支持和项目协同工作功能，促进施工团队、业主和项目利益相关方之间的沟通和合作。这种集成应用的案例可以为未来类似项目提供借鉴和指导，提升施工质量和项目成功率。

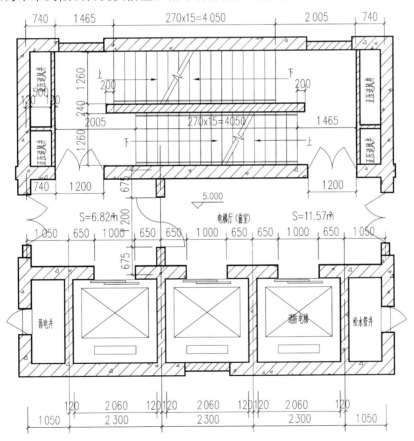

图 11.14　超高层建筑楼梯间结构施工图

图 11.15 超高层建筑结构模型

11.2.2 道路桥梁施工:城市地下隧道施工 CAD、BIM 和 PMS 集成应用的案例

在城市地下隧道施工中,CAD、BIM 和 PMS 的集成应用可以提高施工效率,实现协同工作和项目管理。

在施工前期,CAD 软件可以用于绘制城市地下隧道的施工图。CAD 软件可以绘制隧道的平面图、纵断面和横断面,并标注隧道构件、尺寸和材料信息,如图 11.16 所示。CAD 软件还可以帮助施工团队进行施工工艺设计和施工序列规划,确保施工过程的安全性和顺利进行。

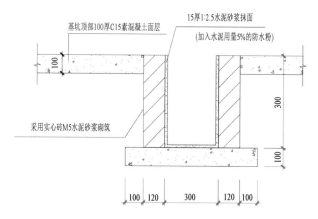

图 11.16 CAD 绘制隧道结构详图

BIM 的集成应用在城市地下隧道施工中具有重要作用。设计团队可以使用 BIM 软件创建地下隧道的三维模型,并添加隧道构件、管线布置和土方开挖。BIM 软件可以提供更直观、可视化的施工信息,帮助施工团队理解和协调施工任务。此外,BIM 软

件还可以进行碰撞检测、施工时序规划和物料管理，提高施工的质量和效率。

PMS 的集成应用可以在城市地下隧道施工中实现项目管理和协同工作。PMS 可以与 BIM 软件集成，跟踪施工进度、资源管理和任务分配。施工团队可以使用 PMS 进行工作计划、工作流程管理和团队协作。PMS 还可以帮助施工团队进行成本控制和时间管理，确保项目按时交付。

通过 CAD、BIM 和 PMS 的集成应用，城市地下隧道施工项目可以实现更高效、准确的施工流程和项目管理。集成应用的优势在于提供综合的施工支持和项目协同工作功能，促进施工团队、业主和项目利益相关方之间的沟通与合作。这种集成应用的案例可以为未来类似项目提供借鉴和指导，提升施工质量和项目成功率。

11.2.3　工程项目施工：城市更新工程施工与项目管理 CAD、BIM 和 PMS 集成应用的案例

在城市更新工程施工与项目管理中，CAD、BIM 和 PMS 的集成应用可以提高施工效率，实现协同工作和项目管理。

在城市更新工程的施工前期，CAD 软件可以用于绘制施工图。CAD 软件可以绘制建筑物的平面图、立面图和剖面图等，并标注建筑构件、尺寸和材料信息，如图 11.17 所示。CAD 软件还可以帮助施工团队进行施工工艺设计和施工序列规划，确保施工过程的安全性和顺利进行。

BIM 的集成应用在城市更新工程施工与项目管理中具有重要作用。设计团队可以使用 BIM 软件创建建筑物的三维模型，如图 11.18 所示，并添加建筑构件、管线布置和设备安装信息。BIM 软件可以提供更直观、可视化的施工信息，帮助施工团队理解和协调施工任务。此外，BIM 软件还可以进行碰撞检测、施工时序规划和物料管理，提高施工的质量和效率。

PMS 的集成应用可以在城市更新工程施工与项目管理中实现项目管理和协同工作。PMS 可以与 BIM 软件集成，跟踪施工进度、资源管理和任务分配。施工团队可以使用 PMS 进行工作计划、工作流程管理和团队协作。PMS 还可以帮助施工团队进行成本控制和时间管理，确保项目按时交付。

通过 CAD、BIM 和 PMS 的集成应用，城市更新工程施工与项目管理可以实现更高效、准确的施工流程和项目管理。集成应用的优势在于提供综合的施工支持和项目协同工作功能，促进施工团队、业主和项目利益相关方之间的沟通和合作。这种集成应用的案例可以为未来类似项目提供借鉴和指导，提升施工质量和项目成功率。

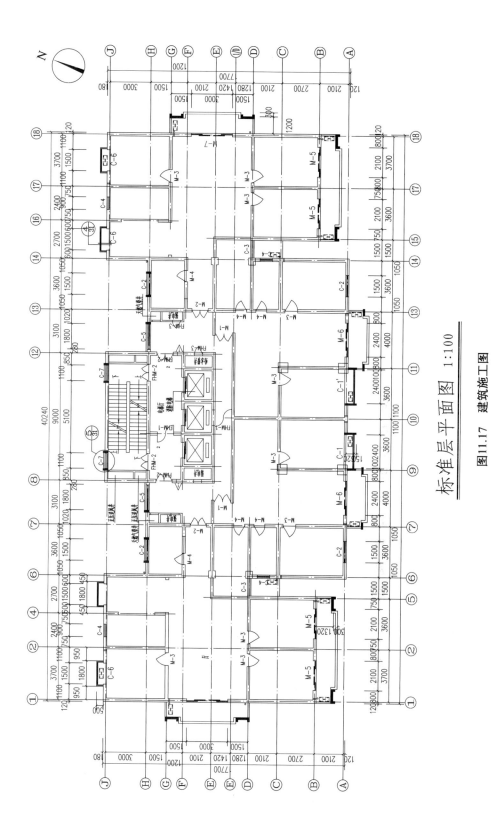

标准层平面图 1:100

图11.17 建筑施工图

图 11. 18　城市规划结构模型

11. 2. 4　建筑工程监理:城市文化中心建设工程监理 CAD、BIM 和 PMS 集成应用的案例

在城市文化中心建设工程的监理项目中,CAD、BIM 和 PMS 的集成应用可以提供更高效、精确的监理工作流程和协同管理。

在城市文化中心建设工程监理项目中,监理团队可以使用 CAD 软件查看和分析施工图纸,如图 11. 19 所示。CAD 软件可以帮助监理人员理解建筑设计和施工图纸,检查施工图纸的准确性和一致性。监理人员可以使用 CAD 软件标注问题、提出建议,并与设计师和施工方进行沟通和协调。

BIM 的集成应用在城市文化中心建设工程监理项目中具有重要作用。监理团队可以使用 BIM 软件查看和分析建筑物的三维模型,如图 11. 20 所示,与施工图纸进行比对,检查构件的准确性和一致性。BIM 软件可以帮助监理人员进行碰撞检测、空间协调和施工工艺评估。监理人员还可以使用 BIM 软件记录和跟踪施工过程中的问题、变更和进度。

PMS 的集成应用可以在城市文化中心建设工程监理项目中提供项目管理和协同工作支持。监理团队可以使用 PMS 进行跟踪施工进度和资源分配等工作。PMS 可以与 BIM 软件集成,实时更新施工进度和监理问题的状态。监理人员可以使用 PMS 进行文档管理、会议记录和沟通协作,确保监理工作的高效和准确性。

通过 CAD、BIM 和 PMS 的集成应用,城市文化中心建设工程监理项目可以实现更高效、协同的监督和管理。集成应用的优势在于提供全面的监理支持和项目协同管理功能,促进监理团队、设计师和施工方之间的沟通和合作。这样的集成应用案例可以为未来类似项目的监理工作提供借鉴和指导,提升监理工作的质量和效率。

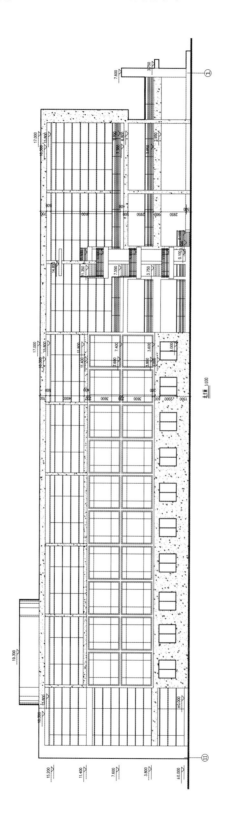

图11.19　城市文化中心建筑立面施工图

图 11.20　城市文化中心三维模型

11.2.5　工程预算:大型公共设施项目预算 CAD、BIM 和 PMS 集成应用的案例

CAD、BIM 和 PMS 的集成应用可以为大型公共设施项目的预算管理提供更高效、精确的预算编制和成本控制。

在大型公共设施项目预算管理过程中,预算团队可以使用 CAD 软件查看和分析工程图纸。CAD 软件可以帮助预算人员理解工程设计和图纸,提取相关信息,如构件数量、尺寸和材料需求,如图 11.21 所示。预算人员可以使用 CAD 软件进行图纸量算和造价估算,准确计算各项费用,并编制初始预算。

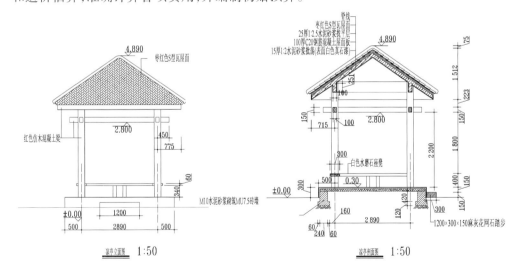

图 11.21　大型公共设施节点施工图

BIM 的集成应用在大型公共设施项目预算管理中起到重要作用。预算团队可以使用 BIM 软件查看和分析建筑物或设施的三维模型,如图 11.22 所示,从模型中提取构件数量和材料信息,自动生成预算清单。BIM 软件可以帮助预算人员进行材料定量

和成本估算,并与实际施工情况进行比对和调整。

图 11.22 大型公共设施模型

PMS 的集成应用可以为大型公共设施项目预算管理提供项目管理和协同工作支持。预算团队可以使用 PMS 记录和跟踪预算的各项数据,包括预算编制过程中的变更、调整和审批。PMS 可以与 CAD 软件和 BIM 软件集成,实时更新预算数据和成本控制信息。预算人员可以使用 PMS 进行预算分析、成本控制和风险评估,确保项目的预算可控性。

通过 CAD、BIM 和 PMS 的集成应用,大型公共设施项目的预算管理可以实现更高效、准确的成本控制和预算编制。集成应用的优势在于提供全面的预算管理支持和项目协同功能,促进预算团队、设计师和项目管理人员之间的沟通与合作。这样的集成应用案例可以为未来类似项目的预算管理工作提供借鉴和指导,提升预算管理的质量和效率。

11.2.6 室内设计施工:五星级酒店室内装饰施工 CAD、BIM 和 PMS 集成应用的案例

在五星级酒店室内设计施工过程中,CAD、BIM 和 PMS 的集成应用可以提高施工效率、优化协调工作,并确保项目按计划顺利进行。

在室内设计施工阶段,设计团队可以使用 CAD 软件创建和修改室内设计图纸。CAD 软件提供了各种工具和功能,用于绘制平面布局、展示细节设计、标注尺寸和注释说明等,如图 11.23 所示。施工团队可以在 CAD 图纸上进行标记、注释和测量,确保施工过程中的准确性和一致性。

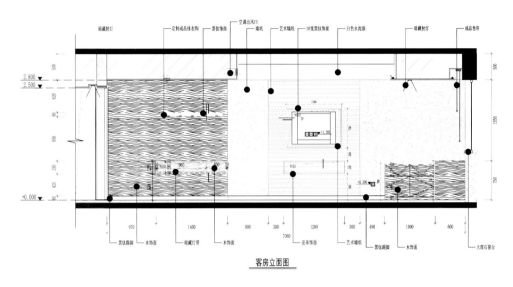

图 11.23　五星级酒店客房立面施工图

BIM 的集成应用在五星级酒店室内设计施工中扮演重要角色。设计团队可以使用 BIM 软件创建三维模型,模拟室内空间,并添加细节信息,如家具、装饰物和灯光等,如图 11.24 所示。BIM 可以提供视觉化的效果,使设计团队和施工团队更好地理解设计意图。施工团队可以通过 BIM 软件进行协调,检查空间冲突、材料选型和施工顺序等,减少施工期间的问题和误差。

图 11.24　室内效果图模型

PMS 的集成应用可以提供五星级酒店室内装饰施工的项目管理和协同工作支持。项目经理可以使用 PMS 跟踪施工进度、分配任务和资源,并记录施工过程中的问题和解决方案。PMS 还可以与 CAD 软件 BIM 软件集成,实时更新设计变更和施工进度信息。通过 PMS,设计团队、施工团队和项目管理团队可以共享信息和协作,提高项目的协同效率和施工质量。

通过 CAD、BIM 和 PMS 的集成应用,五星级酒店室内装饰施工可以实现设计与施工的无缝衔接,提高工作效率和质量控制。集成应用的优势在于提供全面的设计协同和项目管理支持,促进各方之间的沟通和合作。这样的集成应用案例可以为未来类似项目提供借鉴和指导,推动行业的发展和进步。

11.2.7 风景园林施工:城市绿化带施工 CAD、BIM 和 PMS 集成应用的案例

在城市绿化带的施工过程中,CAD、BIM 和 PMS 的集成应用可以提高施工效率、优化协调工作,并确保项目按计划顺利进行。

在城市绿化带的施工过程中,设计团队可以使用 CAD 软件创建和修改绿化带的平面布局图和细节图。CAD 软件提供了绘制工具和功能,可以精确地绘制植被区域、路径、座椅和其他景观元素,如图 11.25 所示。施工团队可以在 CAD 图纸上标记和注释施工细节,确保施工人员能够准确地理解设计意图。

BIM 的集成应用在城市绿化带施工中扮演重要角色。设计团队可以使用 BIM 软件创建三维模型,模拟绿化带的整体效果,如图 11.26 所示,并添加详细的景观元素。BIM 软件可以帮助设计团队和施工团队更好地理解设计意图,并进行协调和冲突检查。施工团队可以使用 BIM 软件检查材料数量和布置,确保施工过程中的准确性和一致性。

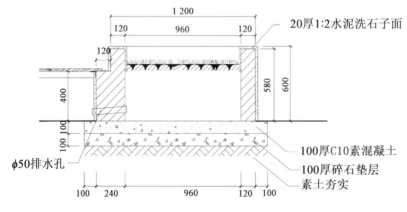

图 11.25 城市绿化带树池剖面图

PMS 的集成应用可以为城市绿化带施工项目提供项目管理和协同工作支持。项目经理可以使用 PMS 跟踪施工进度、分配任务和资源,并记录施工过程中的问题和解决方案。PMS 可以与 CAD 软件和 BIM 软件集成,实时更新设计变更和施工进度信息。通过 PMS,设计团队、施工团队和项目管理团队可以共享信息和协作,提高项目的协同效率和施工质量。

图 11.26 城市绿化带绿地节点模型

通过 CAD、BIM 和 PMS 的集成应用，城市绿化带的施工可以实现设计与施工的无缝衔接，提高工作效率和质量控制。集成应用的优势在于提供全面的设计协同和项目管理支持，促进各方之间的沟通与合作。这样的集成应用案例可以为未来类似项目提供借鉴和指导，推动城市绿化的发展和进步。

11.2.8 建筑电气施工：智能化生产工厂电气施工 CAD、BIM 和 PMS 集成应用的案例

在智能化生产工厂电气系统施工项目中，CAD、BIM 和 PMS 的集成应用可以提高施工效率、减少冲突并优化项目管理。

在智能化生产工厂电气系统施工过程中，设计团队可以使用 CAD 软件创建电气系统的平面布局图和详细图。CAD 软件提供了工具和功能，用于绘制电缆走向、电缆通道、电气设备和控制盘等电气元素，如图 11.27 所示。通过 CAD 软件，设计团队可以精确绘制电气布线和设备的位置，确保施工人员可以准确理解设计要求。

BIM 的集成应用在智能化生产工厂电气系统施工中起到关键作用。设计团队可以使用 BIM 软件创建三维电气模型，模拟电气系统的布局和连接。BIM 包括电气设备、线缆、配电盘等元素，并可与其他建筑模型进行协调检查，以避免冲突和碰撞。施工团队可以使用 BIM 软件进行空间分析、碰撞检测和数据提取，提高施工过程的效率和准确性。

PMS 的集成应用可以为智能化生产工厂电气系统施工提供项目管理和协同工作支持。项目经理可以使用 PMS 跟踪施工进度、资源分配和质量控制，并记录施工过程中的问题和解决方案。PMS 可以与 CAD 软件和 BIM 软件集成，实时更新设计变更和施工进度信息。通过 PMS，设计团队、施工团队和项目管理团队可以共享信息，提高项目的协同效率和施工质量。

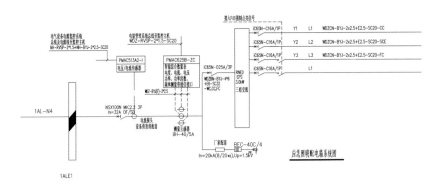

图 11.27　智能化生产工厂电气系统施工图

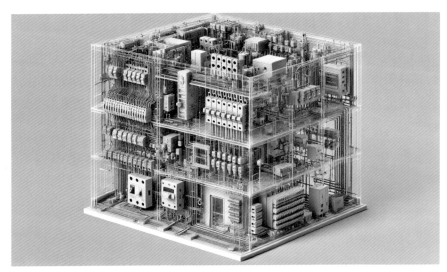

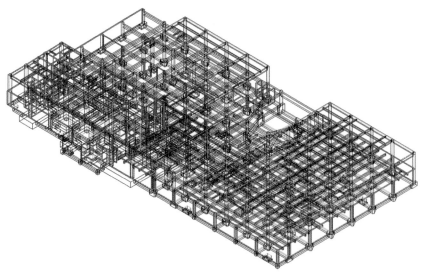

图 11.28　智能化生产工厂电气系统三维模型

通过 CAD、BIM 和 PMS 的集成应用,智能化生产工厂电气系统施工可以实现设计与施工的无缝衔接,提高工作效率和质量控制。集成应用的优势在于提供全面的设计协同和项目管理支持,促进各方之间的沟通和合作。这样的集成应用案例可以为未来类似项目提供借鉴和指导,推动智能化生产工厂的发展和进步。

11.3　管理阶段的集成

11.3.1　结构管理:商业大厦结构管理 CAD、BIM 和 PMS 集成应用的案例

在商业大厦结构管理中,CAD、BIM 和 PMS 的集成应用可以提高项目管理效率、加强结构监测和维护,优化建筑结构管理过程。

CAD 软件在商业大厦结构管理中起到重要作用。结构管理团队可以使用 CAD软件创建建筑结构的平面图、剖面图和立面图,如图 11.29 所示。CAD 软件提供了绘制结构构件、标注尺寸和注释说明的工具,帮助团队理解和传达设计要求。CAD 软件还可以用于绘制结构施工图纸和制定结构施工计划,确保施工按照设计要求进行。

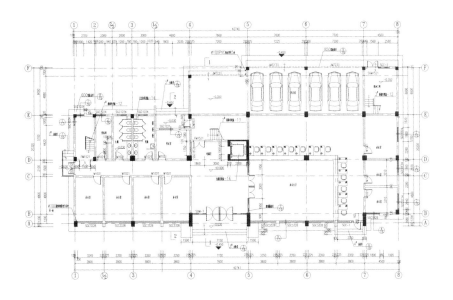

图 11.29　商业大厦一层平面图

BIM 的集成应用在商业大厦结构管理中起到关键作用。结构管理团队可以使用BIM 软件创建建筑结构的三维模型,如图 11.30 所示,包括柱、梁、楼板等构件。BIM可以与其他设计模型进行协调检查,发现并解决潜在的冲突问题。BIM 软件还可以用于结构分析和模拟,帮助团队评估结构的可行性和性能。此外,BIM 软件还可以作为维护和管理的基础,记录结构元素的属性和维护信息。

图 11. 30　商业大厦结构模型

PMS 的集成应用可以支持商业大厦结构管理的项目管理和维护工作。项目经理可以使用 PMS 跟踪结构施工进度、资源分配和质量控制,并记录施工过程中的问题和解决方案。PMS 可以与 CAD 软件和 BIM 软件集成,实时更新设计变更和施工进度信息。在维护阶段,PMS 可以记录结构的维护计划、维修记录和巡检数据,帮助团队进行及时的维护和管理。

通过 CAD、BIM 和 PMS 的集成应用,商业大厦结构管理可以实现设计与施工的协同工作和全面的项目管理支持。集成应用的优势在于提供了全面的结构管理功能,包括设计协同、施工管理和维护支持,促进各方之间的沟通和合作。这样的集成应用案例可以为未来类似项目提供借鉴和指导,推动建筑结构管理的发展和进步。

11. 3. 2　道路桥梁管理:城市快速路管理 CAD、BIM 和 PMS 集成应用的案例

城市快速路管理中的 CAD、BIM 和 PMS 集成应用可以提高道路桥梁管理的效率、准确性和可视化程度。

CAD 软件在城市快速路管理中起到重要作用。管理团队可以使用 CAD 软件创建道路和桥梁的平面图、剖面图、立面图和结构详图等,如图 11. 31 所示。CAD 软件提供了绘制道路几何形状、标注交通标志和标线的工具,帮助团队理解和传达设计要求。CAD 软件还可以用于制作施工图纸和制订施工计划,确保施工按照设计要求进行。

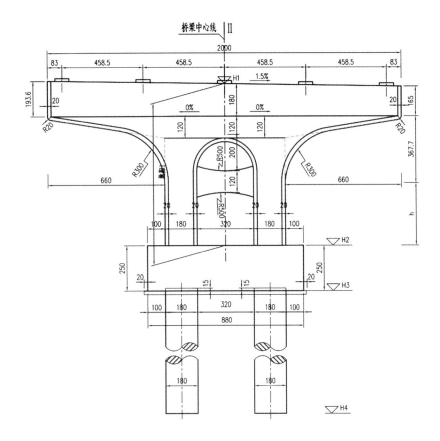

图 11.31　城市快速路桥台结构施工图

BIM 的集成应用在城市快速路管理中起到关键作用。团队可以使用 BIM 软件创建道路和桥梁的三维模型,包括路面、桥墩、护栏等构件,如图 11.32 所示。BIM 可以与其他设计模型进行协调检查,发现并解决潜在的冲突问题。BIM 软件还可以用于交通仿真和模拟,帮助团队评估交通流量和道路性能。此外,BIM 软件还可以作为维护和管理的基础,记录道路和桥梁的属性和维护信息。

PMS 的集成应用可以支持城市快速路管理的项目管理和维护工作。项目经理可以使用 PMS 跟踪施工进度、资源分配和质量控制,并记录施工过程中的问题和解决方案。PMS 可以与 CAD 软件和 BIM 软件集成,实时更新设计变更和施工进度信息。在维护阶段,PMS 可以记录道路和桥梁的维护计划、维修记录和巡检数据,帮助团队及时维护和管理道路和桥梁。

通过 CAD、BIM 和 PMS 的集成应用,城市快速路管理可以实现设计与施工的协同工作。集成应用的优势在于提供了全面的道路桥梁管理功能,包括设计协同、施工管理和维护支持,促进各方之间的沟通和合作。这样的集成应用案例可以为未来类似项目提供借鉴和指导,推动道路桥梁管理的发展和进步。

图 11.32　城市快速道路模型

11.3.3　工程项目管理:环保设施项目管理 CAD、BIM 和 PMS 集成应用的案例

环保设施项目管理的 CAD、BIM 和 PMS 集成应用可以提高项目管理的效率、协作性和可视化程度。

CAD 软件在环保设施项目管理中扮演重要角色。项目团队可以使用 CAD 软件创建环保设施的平面图、剖面图和立面图,如图 11.33 所示。CAD 软件提供了绘制设施构件、标注设备和管线的工具,帮助团队理解和传达设计要求。CAD 软件还可用于制作设施的施工图纸和制订施工计划,确保施工按照设计要求进行。

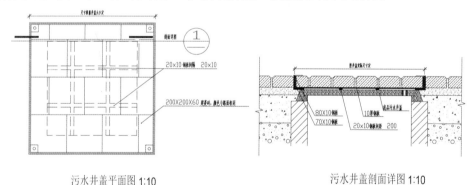

污水井盖平面图 1:10　　　　　　　　　　污水井盖剖面详图 1:10

图 11.33　环保设施污水井盖施工图

BIM 的集成应用在环保设施项目管理中起到关键作用。团队可以使用 BIM 软件创建环保设施的三维模型,包括设备、管道、结构等构件,如图 11.34 所示。BIM 可以与其他设计模型进行协调检查,发现并解决潜在的冲突问题。BIM 软件还可以用于设施的运行模拟和优化,评估设施的性能和可持续性。此外,BIM 软件还可以作为设施管理的基础,记录设施的属性、维护信息和运营数据。

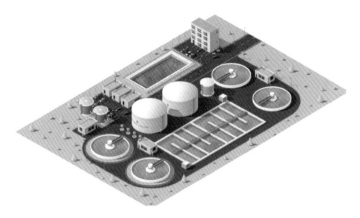

图 11.34　环保设施三维模型

PMS 的集成应用可以支持环保设施项目管理的项目计划、资源管理和绩效控制。项目经理可以使用 PMS 跟踪项目进度、进行资源分配和质量控制，并记录项目过程中的问题和解决方案。PMS 可以与 CAD 软件和 BIM 软件集成，实时更新设计变更和施工进度信息。在设施的运营和维护阶段，PMS 可以记录维护计划、维修记录和设施性能数据，以便于及时维护和管理设施。

通过 CAD、BIM 和 PMS 的集成应用，环保设施项目管理可以实现设计与施工的协同工作。集成应用的优势在于提供了全面的环保设施项目管理功能，包括设计协同、施工管理和设施维护支持，促进各方之间的沟通和合作。这样的集成应用案例可以为未来类似项目提供借鉴和指导，推动环保设施管理的发展和进步。

11.3.4　建筑工程监理：大型商业综合体工程监理 CAD、BIM 和 PMS 集成应用的案例

在大型商业综合体建设项目的工程监理中，CAD、BIM 和 PMS 的集成应用可以提高监理工作的效率、准确性和可视化程度。

CAD 软件在工程监理中发挥重要作用。监理团队可以使用 CAD 软件查看和分析建筑施工图纸，了解建筑设计的要求。通过 CAD 软件，监理人员可以标注和记录施工现场的问题和变更，并与设计团队进行沟通和协调，如图 11.35、11.36 所示。此外，CAD 软件还可以帮助监理人员生成报告、绘制监理图纸和记录施工进度。

BIM 的集成应用在大型商业综合体建设项目的工程监理中具有重要意义。监理团队可以使用 BIM 软件查看和分析建筑的三维模型，实时了解施工进度和质量，如图 11.37 所示。BIM 可以与监理的工程数据进行集成，帮助监理人员进行施工进度管理、问题跟踪和质量控制。通过 BIM 软件，监理团队可以快速定位和解决潜在的施工冲突和问题。

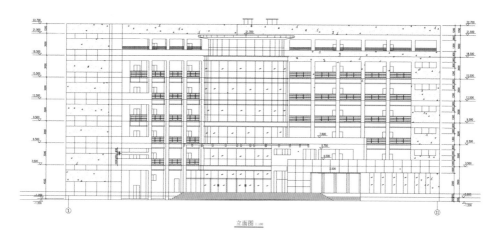

图 11.35 大型商业综合体立面施工图

门 窗 表

类别	编号	洞口尺寸(宽×高)	断面	数量								采用标准图集及型号		备注
				地下层	一层	二层	三层	四层	五层	六～十层	机房层	合计	图集代号	门窗型号	
窗	C24	1800×2700	铝合金						1			1	98ZJ721	仿TLC 70-17	窗高1800
	C25	1800×1500	铝合金						4			4	98ZJ721	仿TLC 70-12	
	C26	3000×1500	铝合金						1	1		2	98ZJ721	仿TLC 70-12	二组合
	C27	1800×1800	铝合金							5		5	98ZJ721	仿TLC 70-12	
	C28	500×2100	铝合金		1	1						2			详大样
	C29	1800×2100	铝合金		1	3	3	3				10			详大样
	C29'	1800×2100	铝合金		1							1			详大样
	C30	3600×2100	铝合金		1	1	1	1				4			详大样
	C31	3000×2100	铝合金		1							1			详大样
	C32	500×2100	铝合金			1	1	1				3			详大样
	C33	1200×1500	铝合金							1		1	98ZJ721	仿TLC 70-12	

图 11.36 大型商业综合体施工图中的门窗表

　　PMS 的集成应用可以支持大型商业综合体建设项目的工程监理工作。监理团队可以使用 PMS 记录和跟踪施工过程中的问题、变更和工作进展。PMS 可以与 CAD 软件和 BIM 软件集成,实现实时的数据更新和信息共享。通过 PMS,监理人员可以生成监理报告、评估施工质量,控制项目进度。

　　通过 CAD、BIM 和 PMS 的集成应用,大型商业综合体建设项目的工程监理可以实现信息的集成和共享,促进监理人员之间的协作和沟通。集成应用可以帮助监理团队更好地掌握项目进展和质量情况,及时发现和解决问题。这样的集成管理案例可以为未来类似项目提供借鉴和指导,提高工程监理的效率和质量。

图 11.37　大型商业综合体建筑模型

11.3.5　工程预算管理:城市管道改造工程预算 CAD、BIM 和 PMS 集成应用的案例

在城市管道改造工程的预算管理中,CAD、BIM 和 PMS 的集成应用可以提高预算编制和控制的效率、准确性和可视化程度。

CAD 软件在工程预算管理中发挥重要作用。预算编制团队可以使用 CAD 软件查看和分析管道改造工程的平面图和剖面图。通过 CAD 软件,预算编制人员可以准确测量管道的长度、直径和深度等参数,并进行相应的造价计算。此外,CAD 软件还可以帮助预算编制团队生成图纸和图表,使预算报告更加直观清晰。

BIM 的集成应用在城市管道改造工程的预算管理中具有重要意义。预算编制团队可以使用 BIM 软件查看和分析管道改造工程的三维模型。通过 BIM,预算编制人员可以更精确地量取管道的尺寸,并进行相应的造价估算。BIM 软件还可以与预算编制的数据进行集成,实现预算信息的可视化展示和共享。

PMS 的集成应用可以支持城市管道改造工程的预算管理工作。预算编制团队可以使用 PMS 记录和跟踪预算信息,包括材料成本、人工费用和设备租赁等。PMS 系统可以与 CAD 软件和 BIM 软件集成,实现预算数据的实时更新和信息共享。通过 PMS,预算编制人员可以生成预算报告、进行成本控制,进行预算分析。

通过 CAD、BIM 和 PMS 的集成应用,城市管道改造工程的预算管理可以实现数据的集成和共享,提高预算编制的准确性和效率。集成应用可以帮助预算编制团队更好地掌握管道改造工程的成本情况,进行预算控制和风险评估。这样的集成管理案例可以为未来类似项目提供借鉴和指导,提高预算编制的效率和准确性。

11.3.6 室内设计管理:豪华公寓室内装修管理 CAD、BIM 和 PMS 集成应用的案例

在豪华公寓室内装修管理中,CAD、BIM 和 PMS 的集成应用可以提高室内设计管理的效率、协调性和可视化程度。

CAD 软件在室内设计管理中扮演着重要的角色。设计团队可以使用 CAD 软件创建和编辑室内装修的平面图和布局图。通过 CAD 软件,设计师可以准确绘制房间的尺寸、布局和家具摆放,如图 11.38 所示,可以帮助项目管理团队进行装修工程的规划和预算。

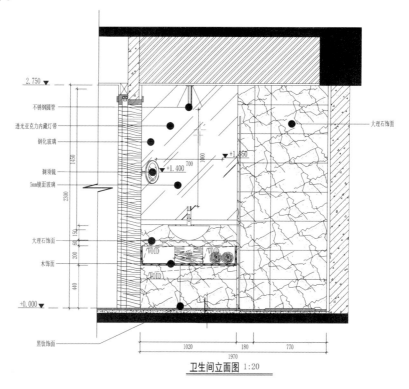

图 11.38 豪华公寓室内立面施工图

BIM 的集成应用对于豪华公寓室内装修管理非常有益。设计团队可以使用 BIM 软件创建室内装修的三维模型,并在模型中添加详细的构件信息和材料属性,如图 11.39 所示。通过 BIM 软件,设计团队可以实现室内设计与施工之间的无缝协作,确保设计意图的准确传达,同时提供给施工团队详细的构造和装饰信息。

PMS 的集成应用可以支持豪华公寓室内装修的管理工作。项目管理团队可以使用 PMS 记录和跟踪装修项目的进度、成本和资源分配情况。通过 PMS,管理团队可以实时监控室内装修工程的进展,确保施工进度和质量符合预期。同时,PMS 还可以协助管理团队进行资源管理、工期管理和成本控制。

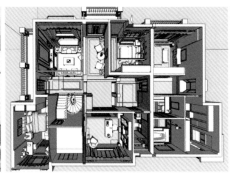

图 11.39　豪华公寓室内装修模型

通过 CAD、BIM 和 PMS 的集成应用,豪华公寓室内装修管理可以实现设计与施工之间的无缝协作和信息共享。集成应用可以提高设计团队与项目管理团队之间的沟通效率,减少信息传递的误差。同时,集成应用还能够提供可视化的装修效果和进度监控,帮助管理团队实时了解装修工程的状态。

以上案例为豪华公寓室内装修管理提供了集成应用的思路和参考。在实际应用中,可以根据项目的具体需求和团队的工作流程,选择适合的 CAD、BIM 和 PMS 软件,以实现更高效和精确的室内设计管理。

11.3.7　风景园林管理:城市公园管理 CAD、BIM 和 PMS 集成应用的案例

在城市公园管理中,CAD、BIM 和 PMS 的集成应用可以提高风景园林管理的效率、协调性和可视化程度。

CAD 软件在城市公园管理中扮演着重要的角色。园林设计团队可以使用 CAD 软件创建和编辑公园的平面图和景观设计图。通过 CAD 软件,设计师可以准确绘制公园的道路、绿化区域、景观设施等元素,如图 11.40 所示,帮助项目管理团队进行公园管理工作的规划和预算。

BIM 的集成应用对于城市公园管理非常有益。设计团队可以使用 BIM 软件创建公园的三维模型,并在模型中添加详细的景观元素和设施信息,如图 11.41 所示。通过 BIM 软件,设计团队可以实现景观设计与施工之间的无缝协作,确保设计意图的准确传达,同时提供给施工团队详细的施工指导和材料信息。

PMS 的集成应用可以支持城市公园管理工作。管理团队可以使用 PMS 记录和跟踪公园的日常维护工作、设备保养、绿化管理等方面的信息。通过 PMS,管理团队可以实时监控公园的运行情况,制订合理的维护计划,确保公园的良好运行状态。

图 11.40　城市公园总平面图

图 11.41　城市公园景观模型

通过 CAD、BIM 和 PMS 的集成应用,城市公园管理可以实现设计与施工之间的无缝协作和信息共享,维护工作的高效管理。集成应用可以提高设计团队与项目管理团队之间的沟通效率,减少信息传递的误差。同时,集成应用还能够提供可视化的公园设计和运行情况监控,帮助管理团队实时了解公园的状态。

以上案例为城市公园管理提供了集成应用的思路和参考。在实际应用中,可以根据公园的特点和管理需求,选择适合的 CAD、BIM 和 PMS 软件,以实现更高效和精确的风景园林管理。

11.3.8　物业管理：现代化写字楼物业管理 CAD、BIM 和 PMS 集成应用的案例

现代化写字楼物业管理涉及多个方面，包括设施管理、维护保养和租赁管理等。CAD、BIM 和 PMS 的集成应用可以提升现代化写字楼物业管理的效率、可视化程度和协同性。

CAD 软件在现代化写字楼物业管理中的应用广泛。物业管理团队可以使用 CAD 软件创建写字楼的平面图和布局图，标注房间、设备、管道等信息，如图 11.42 所示。CAD 软件可以帮助物业管理团队进行空间规划和设施管理，如确定办公室的布局、配电箱的位置等。

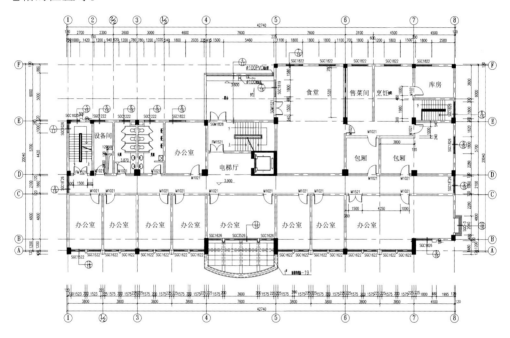

图 11.42　现代化写字楼建筑平面图

BIM 的集成应用可以提升现代化写字楼物业管理的效率和可视化程度。物业管理团队可以利用 BIM 软件创建写字楼的三维模型，图 11.43 所示，并在模型中添加设备、管道和电线等详细信息。通过 BIM 软件，物业管理团队可以实时查看写字楼的设施布局和运行情况，预测设备维护需求，进行设施管理和维护计划的制订。

PMS 的集成应用可以支持现代化写字楼物业管理的各个方面。物业管理团队可以使用 PMS 记录和跟踪写字楼的日常维护工作、设备保养和租赁管理等信息。PMS 可以实现租赁合同的管理、设备保养提醒和维修工单跟踪等功能，帮助物业管理团队高效管理写字楼的运营。

图 11.43　现代化写字楼三维模型

通过 CAD、BIM 和 PMS 的集成应用,现代化写字楼物业管理可以实现各个环节之间的协同工作和信息共享。集成应用可以提高物业管理团队的工作效率,减少人为错误和信息传递的偏差。同时,集成应用还能够提供可视化的写字楼设施管理和租赁情况监控,帮助物业管理团队实时了解写字楼的状态和运营情况。

以上案例为现代化写字楼物业管理提供了集成应用的思路和参考。在实际应用中,可以根据写字楼的特点和管理需求,选择适合的 CAD、BIM 和 PMS 软件,并进行系统的集成和定制,以实现更高效和智能化的现代化写字楼物业管理。

11.3.9　建筑电气管理:数据中心电气系统管理 CAD、BIM 和 PMS 集成应用的案例

数据中心电气系统管理是一项重要的任务,要确保数据中心电力供应的可靠性和安全性。CAD、BIM 和 PMS 的集成应用可以提升数据中心电气管理的效率、可视化程度和协同性。

CAD 软件在数据中心电气系统管理中的应用主要包括电气图纸的绘制和修改。通过 CAD 软件,电气工程师可以绘制数据中心的电气布线图、电路图和配电图,标注电气设备和线路的位置、规格和连接方式,如图 11.44 所示。CAD 软件可以帮助电气工程师进行布线规划、设备配置和电路设计,确保数据中心的电气系统符合安全标准和设计要求。

BIM 的集成应用可以提供更细致和可视化的数据中心电气系统管理。通过 BIM 软件,电气工程师可以创建数据中心的三维模型,并在模型中添加电气设备、线缆和配电柜等详细信息。BIM 软件可以展示电气系统的空间布局和连接关系,帮助电气工程师进行冲突检测、设备配线和设备运行模拟。此外,BIM 软件还可以提供实时监控和故障诊断,提高数据中心电气系统的可靠性和安全响应能力。

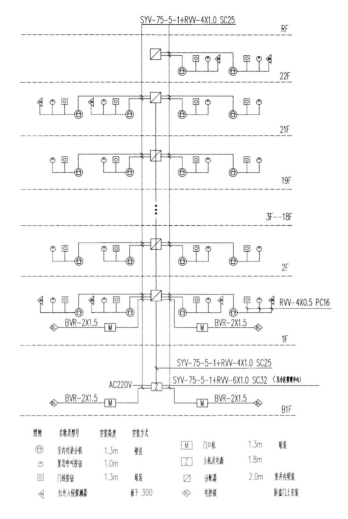

图 11.44 数据中心电气系统施工图

PMS 的集成应用可以实现数据中心电气系统的监控、管理和维护。PMS 可以实时监测数据中心的电力供应情况,包括电力负荷、供电质量和设备状态等。通过 PMS,电气工程师可以进行电力消耗分析、设备故障诊断和维护计划的制订。PMS 还可以提供报警功能,及时响应电气系统的异常情况,并支持远程监控和远程操作。

通过 CAD、BIM 和 PMS 的集成应用,数据中心电气管理可以实现各个环节之间的协同工作和信息共享。集成应用可以提高电气工程师的工作效率,减少人为错误和信息传递的偏差。同时,集成应用还能够提供可视化的电气系统管理和监控,帮助电气工程师实时了解数据中心的电力供应情况,进行智能化的管理和维护。

以上案例为数据中心电气系统管理提供了集成应用的思路和参考。在实际应用中,可以根据数据中心的特点和管理需求,选择适合的 CAD、BIM 和 PMS 软件,并进行系统的集成和定制,以实现更高效、可视化和智能化的数据中心电气系统管理。

第 12 章　未来展望

在本章中,将讨论 CAD、BIM 和 PMS 的未来应用和发展趋势。

12.1　CAD、BIM 和 PMS 在未来城市规划中的应用

在未来城市规划中,CAD、BIM 和 PMS 将发挥关键作用,推动城市规划的可视化和智能化。下面介绍 CAD、BIM 和 PMS 在未来城市规划中的应用。

1. CAD 的应用

CAD 软件在城市规划中的应用已经成为行业标准。CAD 可以帮助规划师绘制城市地图、道路网络、建筑布局和基础设施等图纸。CAD 的优势在于快速、精确地绘制图纸,并支持图层管理、编辑和修改。CAD 可以提供各种视角和尺度的展示,帮助规划师进行空间布局和设计决策。未来 CAD 软件可能会进一步发展,加入更多的智能化功能,如自动化设计、可持续性评估和虚拟现实技术,以支持更高效、环保和创新的城市规划。

2. BIM 的应用

BIM 是一种基于三维建模的集成设计和管理方法。在城市规划中,BIM 可以整合各种建筑、基础设施和环境数据,创建城市的数字模型,如图 12.1 所示。BIM 可以提供全方位的信息,包括空间布局、材料、成本和可持续性指标等。通过 BIM,规划师可以进行更全面、准确的城市规划分析和决策。BIM 还支持协同工作,多个利益相关方可以共享模型数据,实现规划过程的协同设计和冲突检测。未来 BIM 的发展趋势可能包括更多的数据集成、模拟和预测功能,以支持智慧城市的规划和管理。

3. PMS 的应用

PMS 是项目管理系统,可以帮助规划师和项目团队进行规划、执行和监控城市规划项目。PMS 可以管理项目的进度、资源、成本和质量,提供项目报告,决策支持。在城市规划中,PMS 可以整合 CAD 和 BIM 的数据,实现项目信息的集成和可视化。PMS 还支持团队协作、任务分配和项目文档管理。随着技术的发展,PMS 可能加入人

工智能和大数据分析等功能,提供更智能的项目管理工具,帮助规划师更好地管理和监控城市规划项目。

图 12.1 超高层建筑三维模型

综上所述,CAD、BIM 和 PMS 在未来城市规划中将扮演重要角色。CAD 将继续提供快速、精确的图纸绘制工具,BIM 将提供全方位的建筑和城市数据集成,PMS 将支持规划项目的管理和决策。这些工具的集成和应用将推动城市规划的效率和质量提升,促进可持续发展和智慧城市的实现。

12.2 智能建筑的发展趋势及智能建筑的发展对建筑信息化新的要求

12.2.1 智能建筑的发展趋势

智能建筑作为未来建筑行业的发展趋势,将在多个方面呈现出全面的发展。

1. 智能化技术的融合

智能建筑将集成多种技术,如物联网(IoT)、人工智能(AI)、大数据分析和云计算等。这些技术将通过传感器、智能设备和网络连接来实现建筑内外的信息交互和自动化控制。例如,智能照明系统可以根据光照和人流量自动调节亮度,智能温控系统可以根据室内外温度和人员活动调节室内温度,智能安全系统可以通过监控和识别技术保障建筑的安全性,等等。

2. 数据驱动的决策

智能建筑通过传感器和数据收集设备不断采集和分析建筑内外的数据,包括能耗、人流和环境质量等。这些数据可以用于优化建筑的能源效率、改善室内空气质量、提升运营效率等方面。基于数据分析的决策支持系统能够帮助建筑管理员和业主做出更明智的决策,如能源管理、设备维护和空间利用等。

3. 智能能源管理

智能建筑将采用可再生能源和能源存储技术,最大限度地减少对传统能源的依赖,并实现能源的高效利用。智能电网和智能电表技术将与建筑内的能源管理系统集成,实现能源的监控、调度和优化。此外,智能建筑还将探索新的能源收集技术,如太阳能、风能和地热能等,以满足建筑的能源需求。

4. 人机交互的改进

智能建筑将注重改善人机交互体验,使建筑与居住者之间的互动更加智能化和便捷。例如,智能家居系统可以通过手机应用或语音控制实现对照明、温度和安防等设备的远程控制,智能办公室系统可以根据员工的工作行为和喜好调整办公环境,智能医疗建筑可以通过传感器监测病人的生理指标并提供个性化的医疗服务。

5. 可持续发展和绿色建筑

智能建筑将与可持续发展和绿色建筑理念相结合,通过能源节约、减排和资源循环利用等措施,减少对环境的影响。智能建筑的设计注重环境友好性,如利用自然光、采用节能设备、建设绿色屋顶和墙壁等。

6. 安全和隐私保护

随着智能建筑数据的增加,安全和隐私保护变得更为重要。智能建筑需要加强网络安全措施,保护建筑和用户的数据免受黑客攻击。同时,智能建筑需要符合相关隐私法规,确保用户的隐私不被滥用。

综上所述,智能建筑将在技术融合、数据驱动决策、能源管理、人机交互、可持续发展、安全和隐私保护等方面展现出发展趋势。这些趋势将推动智能建筑在未来的城市规划中发挥更大的作用,提升建筑的舒适性、效率性和可持续性。

12.2.2 智能建筑的发展对建筑信息化提出的新要求

智能建筑的发展对建筑信息化新的要求提出了新的要求,以满足建筑行业对于智能化、数字化和可持续发展的需求。以下是智能建筑发展对建筑信息化的新要求。

1. 数据整合与共享

智能建筑需要将各种智能设备、传感器和系统的数据进行整合和共享,以实现建筑的智能化管理。建筑信息化需要提供高效的数据集成和共享平台,将来自不同系统和设备的数据整合在一起,为智能建筑提供全面的数据支持。

2. 数据分析与智能决策

智能建筑需要通过对大量数据的分析和挖掘,提供实时的智能决策支持。建筑信息化需要集成数据分析和机器学习技术,实现对建筑数据的智能化处理和应用,帮助建筑管理者做出更准确、科学的决策。

3. 互联互通与物联网技术

智能建筑要求建筑内部各个系统和设备之间实现互联互通,形成一个高效的物联网网络。建筑信息化需要提供支持物联网技术的设备和系统集成,实现设备之间的数据交换和互操作性。

4. 可视化与用户体验

智能建筑需要提供直观、易用的用户界面和可视化展示,方便建筑用户和管理者对建筑系统进行监控和控制。建筑信息化需要提供用户友好的界面设计和交互方式,使智能建筑的使用和管理更加便捷和舒适。

5. 安全与隐私保护

智能建筑涉及大量的数据传输和信息交互,对安全和隐私的保护提出了新的挑战。建筑信息化需要具备强大的安全措施和隐私保护机制,确保智能建筑系统和数据的安全性,防止潜在的网络攻击和数据泄露。

6. 可持续发展与能源效率

智能建筑致力于提高能源效率和可持续发展。建筑信息化需要提供能源管理和优化的工具和技术,实现对能源消耗的监控、分析和优化,帮助智能建筑实现节能、减排和可持续运营。

总的来说,智能建筑的发展对建筑信息化提出了更高的要求,包括数据整合与共享、数据分析与智能决策、互联互通与物联网技术、可视化与用户体验、安全与隐私保护,以及可持续发展与能源效率。建筑信息化需要不断创新和发展,以满足智能建筑发展的需求,推动建筑行业向智能化和可持续发展的方向迈进。

12.3　新兴技术在建筑设计中的应用:VR 与 AR

虚拟现实(Virtual Reality,VR)和增强现实(Augmented Reality,AR)在建筑设计中具有广泛的应用。它们通过模拟虚拟环境或在现实环境中添加虚拟元素,为建筑设计师、业主和用户提供更直观的沉浸式体验。以下是 VR 和 AR 在建筑设计中的应用。

1. 设计可视化与体验

通过 VR 和 AR 技术,设计师可以创建逼真的虚拟建筑模型,使设计方案更加直观、可视化。使用 VR 头戴设备,设计师和业主可以身临其境地漫游在建筑内部和外部,感受建筑的比例、空间感和材质质感。AR 技术可以在实际建筑场地上叠加虚拟元素,让设计师和业主直接在现实环境中看到设计效果。

2. 空间规划和布局

VR 和 AR 可以帮助设计师更好地规划和布局空间。设计师可以使用 VR 创建虚拟室内布局,调整家具、装饰物的位置和尺寸,以实时评估布局的效果。AR 技术可以在现实空间中添加虚拟家具和装饰,帮助设计师在实地考察时对布局进行实时修改和优化。

3. 建筑模拟与测试

通过 VR 和 AR 技术,建筑模型可以进行虚拟模拟和测试。设计师可以模拟建筑的光照、通风和能耗等,评估设计方案的效果和性能。VR 和 AR 还可以模拟建筑的施工过程,帮助建筑师和施工人员在实际施工前进行可视化的预演和冲突检测。

4. 用户参与和反馈

VR 和 AR 技术可以提升用户参与度。用户可以通过虚拟漫游体验建筑设计,提供对设计方案的建议。这样可以提高设计师的理解,满足用户的需求,最终实现更符合用户期望的设计。

5. 教育和培训

VR 和 AR 可以用于建筑设计的教育和培训。学生和新手设计师可以通过虚拟现实体验不同设计方案和建筑风格,提高设计技能和创造力。AR 技术可以在实地施工中提供实时指导和培训,提高施工效率和准确性。

6. 营销和展示

VR 和 AR 可以用于建筑项目的营销和展示。开发商和设计师可以创建虚拟漫游展示,让潜在买家在未建成的建筑中体验建筑效果。AR 技术可以在销售中心或展览中使用,为买家呈现建筑设计效果和特色。

综上所述,VR 和 AR 技术在建筑设计中具有广泛的应用,可以提升设计的效率、用户参与度和设计质量。随着技术的不断发展和普及,VR 和 AR 将在建筑设计领域发挥着越来越重要的作用。

12.4　人工智能和机器学习在建筑信息化中的应用和前景

人工智能(Artificial Intelligence,AI)和机器学习(Machine Learning,ML)在建筑信息化领域具有广阔的前景,可以为建筑行业带来许多创新和改进。以下是人工智能和机器学习在建筑信息化中的应用和前景。

1. 设计优化

人工智能和机器学习可以帮助建筑设计师优化设计方案。通过分析大量的设计数据和建筑知识,机器学习算法可以发现设计中的模式和规律,并提供优化建议。人工智能还可以通过生成和评估大量的设计方案来辅助设计决策,帮助设计师更快速、高效地找到最优解。

2. 自动化设计

人工智能和机器学习可以实现建筑设计的自动化。通过学习和理解设计规范、建筑标准和用户需求,机器学习算法可以生成符合要求的设计方案。人工智能还可以自动执行设计任务,如生成平面布局、立面设计等。这样可以节省设计师的时间和精力,并加快设计过程。

3. 建筑性能预测

人工智能和机器学习可以通过分析建筑数据和历史性能,预测建筑的性能表现。例如,可以通过机器学习算法预测建筑的能耗、室内舒适性等指标。这样可以帮助设计师和建筑师在设计阶段做出更准确的决策,提高建筑的性能和能源效益。

4. 施工过程优化

人工智能和机器学习可以优化建筑施工过程。通过分析施工数据和施工计划,机器学习算法可以提供最佳的施工顺序和资源分配方案。人工智能还可以监测施工过程中的质量和安全问题,并提供实时的预警和建议。

5. 智能建筑管理

人工智能和机器学习可以实现建筑的智能化管理。通过分析建筑传感器数据和使用情况,机器学习算法可以学习建筑的运行模式,并提供智能的能源管理、设备维护和安全控制功能。人工智能还可以通过语音识别和自然语言处理技术,实现与建筑系统的自动对话和交互。

6. 建筑数据分析

人工智能和机器学习可以帮助建筑行业分析和利用大数据。通过处理和分析海量的建筑数据,机器学习算法可以提取有价值的信息,帮助建筑师和设计师做出更好的决策。人工智能还可以通过数据挖掘技术,发现隐藏的模式和关联,提供新的设计思路和创新方案。

综上所述,人工智能和机器学习在建筑信息化中具有巨大的潜力。它们可以改变传统的建筑设计和施工方式,提高建筑设计的效率和质量。随着技术的不断发展和应用范围的扩大,人工智能和机器学习将在建筑行业中发挥越来越重要的作用,推动建筑信息化进一步发展。

12.5 建筑信息化面临的挑战与机遇

建筑信息化在推动建筑行业的发展和变革方面面临重要的挑战和机遇。

1. 挑战

（1）技术复杂性。建筑信息化涉及多种技术和系统的集成,包括CAD、BIM、PMS、物联网和人工智能等,技术复杂性对于建筑行业来说是一大挑战。需要建筑专业人员具备广泛的技术知识和能力,以有效地应用和管理建筑信息化技术。

（2）数据质量与一致性。建筑信息化依赖于大量的数据,包括设计数据、施工数据和运营数据等。确保数据的质量和一致性是一个挑战,因为数据来源多样、格式不一致、精度有差异。需要建立有效的数据管理机制和标准,确保数据的准确性和可靠性。

（3）组织和文化变革。建筑信息化要求建筑企业进行组织和文化的变革,从传统的线性工作流程转向协同和跨部门合作的工作方式。这需要培养团队合作和信息共享的文化,打破部门之间的壁垒,提高信息化应用的整体效能。

（4）安全与隐私保护。建筑信息化涉及大量的数据和信息传输,对于数据的安全和隐私保护提出了挑战。建筑企业需要加强网络安全措施,确保数据的机密性和完整性,防止潜在的数据泄露和恶意攻击。

（5）技术标准和互操作性。建筑信息化需要建立一致的技术标准和互操作性,以确保不同系统和软件之间的无缝集成和数据交换。建筑行业需要积极参与制定和推广技术标准,促进建筑信息化的统一和标准化发展。

2. 机遇

（1）效率提升。建筑信息化可以提高建筑设计、施工和运营的效率。通过CAD、BIM和PMS的集成应用,可以实现建筑信息的无缝传递和共享,减少信息传递和沟通的时间和成本。同时,建筑信息化还可以优化施工进度和资源管理,提高建筑项目的整体效率。

（2）创新与设计优化。建筑信息化提供了更多创新和设计优化的机会。通过虚拟现实和增强现实技术,设计团队可以在设计阶段进行沉浸式体验和交互,快速验证和调整设计方案。同时,通过建筑信息化的数据分析和模拟仿真,可以优化建筑的能源利用和通风设计等,提高建筑的性能和可持续性。

（3）数据驱动决策。建筑信息化产生大量的数据和信息,可以为决策提供更全面和准确的依据。通过数据分析和可视化技术,建筑企业可以从大数据中获取有价值的信息,帮助管理层做出更明智的决策。同时,建筑信息化还可以实现实时监测和反馈,及时发现和解决问题,提高项目管理的质量和效果。

(4)资源节约与环境保护。建筑信息化可以帮助实现资源的有效利用和环境的保护。通过 BIM 和 PMS 的集成应用,可以优化建筑材料的选择和使用,减少浪费和能耗。同时,建筑信息化可以提供实时的能耗监测和管理,帮助建筑企业实现节能、减排的目标,推动可持续发展。

(5)项目协同与共享。建筑信息化促进了项目各方之间的协同和共享。通过 BIM 和 PMS 的集成应用,设计团队、施工团队和监理团队等可以实现实时信息的共享和协同工作,提高项目的协调性和一体化管理。

综上所述,建筑信息化在面临挑战的同时也带来了巨大的机遇。通过克服挑战,建筑行业可以更好地应用信息化技术,推动行业的创新和发展,实现建筑的智能化、高效性和可持续性。

参考文献

［1］ 中国建筑业信息化发展报告编写组.装配式建筑信息化应用与发展［M］.北京：中国电力出版社,2021.

［2］ 中国建筑信息化发展报告（2021）智能建造应用与发展编委会.中国建筑行业信息化发展报告（2021）智能建造应用与发展［M］.北京：中国建筑工业出版社,2021.

［3］ 萨克斯,伊斯曼,李刚,等.BIM 手册［M］.张志宏,郭江领,刘辰,译.北京：中国建筑工业出版社,2023.

［4］ 刘孟良.建筑信息模型（BIM）［M］.北京：中国建筑工业出版社,2019.

［5］ 张鹏飞,李嘉军.基于 BIM 技术的大型建筑群体数字化协同管理［M］.上海：同济大学出版社,2019.

［6］ 李晨,张秦.建筑信息化设计［M］.北京：中国建筑工业出版社,2020.

［7］ 苏国平.信息化项目建设与管理［M］.北京：北京航空航天大学出版社,2021.

［8］ 周子炯.建筑工程项目设计管理手册［M］.北京：中国建筑工业出版社,2022.

［9］ 夏耀西.建设单位项目管理实务［M］：北京.中国建筑工业出版社,2017.

［10］ 夏玲涛.建筑 CAD［M］.北京：中国建筑工业出版社,2022.